Lars Herrmann

Innovationsmanagement in Business-to-Business-Geschäftsbeziehungen

AF209212

GABLER RESEARCH

Neue Perspektiven der marktorientierten Unternehmensführung

Herausgegeben von
Professor Dr. Ruth Stock-Homburg, Technische Universität Darmstadt
Professor Dr. Jan Wieseke, Ruhr-Universität Bochum

Lars Herrmann

Innovationsmanagement in Business-to-Business-Geschäftsbeziehungen

Eine informationsbezogene Perspektive

Mit einem Geleitwort von Prof. Dr. Ruth Stock-Homburg

GABLER

RESEARCH

Bibliografische Information der Deutschen Nationalbibliothek
Die Deutsche Nationalbibliothek verzeichnet diese Publikation in der
Deutschen Nationalbibliografie; detaillierte bibliografische Daten sind im Internet über
<http://dnb.d-nb.de> abrufbar.

Dissertation Technische Universität Darmstadt, 2009

D 17

1. Auflage 2009

Alle Rechte vorbehalten
© Gabler | GWV Fachverlage GmbH, Wiesbaden 2009

Lektorat: Claudia Jeske | Britta Göhrisch-Radmacher

Gabler ist Teil der Fachverlagsgruppe Springer Science+Business Media.
www.gabler.de

Umschlaggestaltung: KünkelLopka Medienentwicklung, Heidelberg
Gedruckt auf säurefreiem und chlorfrei gebleichtem Papier
Printed in Germany

ISBN 978-3-8349-2017-1

Vorwort der Reihenherausgeber

Aktuelle Entwicklungen wie sich rasant wandelnde Kundenbedürfnisse, verkürzte Produktlebenszyklen, zunehmende Globalisierung und demographischer Wandel in Verbindung mit Fach- und Führungskräftemangel stellen Unternehmen vor völlig neue Herausforderungen. Der erfolgreiche Umgang mit diesen Herausforderungen erfordert die Entwicklung neuer Konzepte der Unternehmensführung. Diese sollten insbesondere an folgenden Punkten ansetzen:

- der Steigerung der Markt- und Innovationsorientierung des Unternehmens (z. B. durch Anpassung von Unternehmensstrukturen bzw. die Förderung der Innovations- bzw. Kundenorientierung der Mitarbeiter),
- der Implementierung neuer Arbeitsformen (z. B. kundenbezogene und virtuelle globale Teams),
- der langfristigen Sicherung der Beschäftigungsfähigkeit von Führungskräften und Mitarbeitern (z. B. durch den Auf- und Ausbau interkultureller Kompetenzen bzw. gezielte Maßnahmen zur Förderung der Work-Life-Balance) bis hin zum
- Erhalt und Ausbau humaner Ressourcen (z. B. durch Personalmarketingaktivitäten bzw. gezielte Maßnahmen zur Förderung älterer und weiblicher Mitarbeiter als Unternehmenspotenzial).

Die Vielfalt möglicher Ansatzpunkte macht deutlich: Eine wissenschaftliche Auseinandersetzung allein aus einer einzigen betriebswirtschaftlichen Disziplin heraus wird diesen mannigfaltigen Herausforderungen nur in Ansätzen gerecht. Der Reihe „Neue Perspektiven der marktorientierten Unternehmensführung", die sich Konzepten des erfolgreichen Umgangs mit aktuellen und zukünftigen Entwicklungen in der Unternehmenspraxis widmet, liegt daher eine interdisziplinäre Perspektive zugrunde. Der Interdisziplinarität wird dadurch Rechnung getragen, dass verschiedene Disziplinen innerhalb der Betriebswirtschaftslehre beleuchtet werden (insbesondere Marketing, Innovationsmanagement und Personalmanagement). Darüber hinaus erfährt die Schnittstelle zwischen verschiedenen Facetten der Betriebswirtschaftslehre und der Psychologie (insbesondere Arbeits- und Organisationspsychologie) besondere Bedeutung.

Die in der Reihe „Neue Perspektiven der marktorientierten Unternehmensführung" erscheinenden Arbeiten orientieren sich inhaltlich und konzeptionell an internationalen wissenschaftlichen Standards. Ausgehend von einer stringenten theoretischen Fundierung erfolgt die qualitative bzw. quantitative empirische Untersuchung des jeweiligen Forschungsgegenstands.

Die vorliegenden Titel setzen sich mit zentralen Fragestellungen der marktorientierten Unternehmensführung auseinander. Damit bieten die einzelnen Bände für Wissenschaftler neue Erkenntnisse und Anregungen für Forschungen in den jeweils behandelten Themengebieten. Für die Unternehmenspraxis liefern die verschiedenen Arbeiten Implikationen für den Umgang mit aktuellen und zukünftigen Herausforderungen marktorientierter Unternehmensführung.

Darmstadt und Bochum, im Januar 2009   Ruth Stock-Homburg und Jan Wieseke

Geleitwort

In der Marketing-Literatur besteht seit mehreren Jahrzehnten Einigkeit darüber, dass die Innovativität der Produkte eines Unternehmens ein wichtiger Erfolgsfaktor im Rahmen von Business-to-Business-Geschäftsbeziehungen darstellt. Die vorgelegte Arbeit nähert sich dieser wichtigen Thematik aus einer informationsbezogenen Perspektive: Konkret soll der Einfluss der Generierung von Informationen aus verschiedenen Quellen (Kunden, Mitarbeiter, Experten und Kooperation) auf die Innovativität des Produktprogrammes von Unternehmen sowohl in theoretischer als auch in empirischer Hinsicht umfassend untersucht werden. Die Arbeit von Herrn Lars Herrmann bereichert das Gebiet der marktorientierten Unternehmensführung sowohl in wissenschaftlicher als auch in praktischer Hinsicht:

- Der Verfasser legt erstmals einen theoretisch fundierten Bezugsrahmen zur systematischen Identifikation relevanter Informationen zur Generierung von Innovationen vor. Die verwendeten, primär ökonomischen, theoretischen Ansätze werden gleichermaßen umfassend wie fundiert angewendet.
- Hervorzuheben ist auch das hohe Niveau der empirischen Analyse. Der Verfasser stützt sich auf einen triadischen Datensatz (Befragung von Marketingmanagern, Forschungs- und Entwicklungsleitern *und* ihren Kunden) über mehr als 100 Unternehmen verschiedener Branchen. Er deckt hierbei sowohl den produzierenden Bereich als auch den Dienstleistungssektor ab. Im Rahmen der Datenanalyse wird das leistungsstarke Verfahren der Kovarianzstrukturanalyse verwendet. Insbesondere die Analyse moderierender Effekte mithilfe des kausalanalytischen Mehrgruppenvergleichs ist positiv zu erwähnen. Der Verfasser legt somit eine triadische Untersuchung, basierend auf der Mehrgruppenkausalanalyse vor, die im Rahmen der Forschung zur marktorientierten Unternehmensführung einen starken Seltenheitswert aufweist.

Die vorgelegte Dissertationsschrift erweitert somit den wissenschaftlichen Kenntnisstand über relevante Informationsquellen für Unternehmen zur Generierung von Innovationen in hohem Maße. Darüber hinaus erarbeitet der Verfasser interessante Erkenntnisse für die Unternehmenspraxis.

Beispielsweise erfahren Unternehmen, unter welchen Rahmenbedingungen bestimmte Informationsquellen mehr oder minder hilfreich sind, um Ansatzpunkte für ein innovatives

Produktprogramm zu generieren. Der Arbeit ist eine weite Verbreitung in Wissenschaft und Praxis zu wünschen.

Darmstadt, im Juli 2009   Ruth Stock-Homburg

Vorwort

In der Unternehmenspraxis stellen Produktinnovationen einen wichtigen Erfolgsfaktor dar. In den letzten Jahren wird zunehmend die Bedeutung der Gewinnung von Informationen zur Realisierung von Produktinnovationen hervorgehoben. Dabei können Unternehmen Informationen sowohl intern als auch extern, wie beispielsweise von Kunden oder internen Entwicklungsabteilungen, gewinnen. Aus wissenschaftlicher Perspektive ist die Gewinnung von Informationen aus unterschiedlichen Quellen zur Realisierung von Produktinnovationen jedoch bislang relativ unbeachtet geblieben.

Die vorliegende Arbeit setzt an dieser Problemstellung an und untersucht die unterschiedlichen Quellen zur Gewinnung von Informationen in einem integrativen Rahmen. Dabei geht die Arbeit der Frage nach, welchen Einfluss Rahmenbedingungen auf den Zusammenhang zwischen der Gewinnung von Informationen aus unterschiedlichen Quellen und der produktbezogenen Innovativität haben. Darüber hinaus wird untersucht, inwieweit die Integration von Informationen die produktbezogene Innovativität beeinflusst.

Die Fragestellungen werden mithilfe von empirischen Daten aus dem Business-to-Business-Kontext untersucht. Dabei wird ein triadisches Untersuchungsdesign gewählt, welches zum einen die Befragung von Marketing- bzw. Vertriebsleitern sowie F&E- bzw. Produktionsleitern aus Anbieterunternehmen und zum anderen die Befragung von mindestens einem Kunden der Anbieterunternehmen umfasst.

Die vorliegende Arbeit entstand am Fachgebiet für Marketing & Personalmanagement an der Technischen Universität Darmstadt. Zunächst möchte ich mich besonders bei Frau Professorin Dr. Ruth Stock-Homburg für Ihre stets hervorragende Betreuung bedanken.

Ein großer Dank gilt auch Herrn Professor Dr. Peter Buxmann für die Erstellung des Zweitgutachtens. Zudem möchte mich bei Herrn Professor Dr. Dr. h.c. mult. Christian Homburg für die freundliche Unterstützung meiner Datenerhebung bedanken, für welche er 200 Exemplare des Lehrbuchs „Marketingmanagement" zur Verfügung gestellt hat. Ebenfalls gilt allen wissenschaftlichen Hilfskräften des Fachgebiets mein Dank für ihre Unterstützung bei der Datenerhebung.

Darüber hinaus möchte ich mich bei meinen Kolleginnen und Kollegen für die angenehme Zusammenarbeit bedanken. Insbesondere danke ich Frau Dipl.-Psych. Julia Roederer für die Durchsicht einer früheren Version der Arbeit.

Im besonderen Maße danke ich auch meiner Freundin Juliane. Durch ihr Verständnis und ihre liebevolle Art hat sie mir einen hohen persönlichen Rückhalt gegeben.

Nicht zuletzt gebührt ein sehr großer Dank meinen Eltern. Sie haben mir eine hervorragende Ausbildung ermöglicht. Ihnen widme ich diese Arbeit.

Darmstadt, im Juni 2009   Lars Herrmann

Inhaltsverzeichnis

Abbildungsverzeichnis

Tabellenverzeichnis

Abkürzungsverzeichnis

bzgl.	bezüglich
bzw.	beziehungsweise
d.h.	das heißt
insb.	insbesondere
u.a.	unter anderen
vgl.	vergleiche
z. B.	zum Beispiel

1 Einleitung

1.1 Relevanz der Untersuchung

Innovationen stellen in der Unternehmenspraxis einen wichtigen Erfolgsfaktor dar (vgl. Tellis/Prabhu/Chandy 2009). Dies wird durch Praktikerzitate wie „innovation is the key to survival" (Schwartz 2006, S. 1) oder „we will fight our battles not on the low road to commoditization, but on the high road of innovation" (Stringer 2005, S. 1) verdeutlicht. Das Wachstum (vgl. Cash/Earl/Morison 2008; Warschat/Spath/Ohlhausen 2006) und der wirtschaftliche Erfolg (vgl. Andrew et al. 2006) stellen wesentliche Ziele dar, die Unternehmen mit Innovationen verfolgen.

Parallel zur Unternehmenspraxis befasst sich die Forschung mit Innovationen (vgl. u.a. Aboulnasr et al. 2008; Sorescu/Spanjol 2008). Die folgenden Erfolgsauswirkungen von Innovationen können in wissenschaftlichen Untersuchungen nachgewiesen werden:

- Steigerung der Wettbewerbsfähigkeit (vgl. u.a. Guan et al. 2006; Hitt et. al. 1996),
- Steigerung des Wachstums (vgl. u.a. O'Connor/DeMartino 2006; Prajogo/Ahmed 2007),
- Erhöhung des Commitments der Mitarbeiter bzw. Erhöhung der Attraktivität des Unternehmens als (innovativer) Arbeitgeber (vgl. u.a. Agarwala 2003; Lievens/ Highhouse 2003) sowie
- Steigerung des finanziellen Erfolgs (vgl. u.a. De Brentani/Kleinschmidt 2004; Sorescu/Spanjol 2008).

Die Literatur befasst sich mit unterschiedlichen Arten von Innovationen (vgl. hierzu ausführlich Abschnitt 2.1.2.1). Im Kern werden zwei Arten von Innovationen unterschieden (vgl. Hauschildt 1993, S. 11): produktbezogene und organisationsbezogene Innovationen.

- *Produktbezogene Innovationen* beziehen sich auf Sachgüter bzw. Dienstleistungen, die neuartig und von Nutzen für Kunden sind (in Anlehnung an Damanpour 1991, S. 561). Beispielhaft seien hier neuartige Mikroprozessoren genannt (vgl. Yadav/Prabhu/ Chandy 2007).

- *Organisationsbezogene Innovationen* umfassen Strukturen, Prozesse und Systeme, die neuartig und von Nutzen für das entsprechende Unternehmen sind (in Anlehnung an Damanpour 1991). Ein Beispiel dafür stellen neuartige wissensorientierte Strukturen in Beratungsunternehmen dar (vgl. Anand/Gardner/Morris 2007).

Die vorliegende Arbeit konzentriert sich auf produktbezogene Innovationen. Die wesentlichen Merkmale von produktbezogen Innovationen stellen die Neuartigkeit und der Nutzen für Kunden dar. Wie noch zu erläutern ist, bilden der Grad der Neuartigkeit und der Grad des Nutzens von Sachgütern und Dienstleistungen die produktbezogene Innovativität ab (vgl. Abschnitt 2.1.2.1). Aus diesem Grund steht die produktbezogene Innovativität im Fokus der vorliegenden Untersuchung. Konkret wird die produktbezogene Innovativität auf der Ebene des Produktprogramms betrachtet (vgl. Danneels/Kleinschmidt 2001). In Abschnitt 2.1.2.1 soll auf diesen Aspekt ebenfalls noch weiter eingegangen werden.

Das Innovationsmanagement umfasst die Aufgaben, die zur Realisierung der produktbezogenen Innovativität nötig sind (vgl. Pleschak/Sabisch 1996, S. 44). Im Zentrum dieser Aufgaben steht die Identifikation von positiven Einflussgrößen der produktbezogenen Innovativität (vgl. u.a. Hauser/Tellis/Griffin 2006). Die vorliegende Arbeit verfolgt als grundlegendes Ziel, einen Erkenntnisbeitrag zu den Einflussgrößen der produktbezogenen Innovativität zu leisten.

In der Forschung existiert eine Reihe von Arbeiten, die sich mit den Einflussgrößen der produktbezogenen Innovativität beschäftigen (vgl. hierzu im Überblick u.a. Hauser/Tellis/ Griffin 2006). Diese Arbeiten können dahin gehend unterschieden werden, ob sie die Einflussgrößen auf der individuellen, der teambezogenen oder der organisationalen Ebene untersuchen (vgl. Anderson/De Dreu/Nijstad 2004, S. 149 ff.).

In Untersuchungen zu den Einflussgrößen auf *individueller Ebene* kann beispielsweise ein positiver Einfluss der Kreativität nachgewiesen werden (vgl. u.a. Miron/Erez/Naveh 2004; Bharadwaj/Menon 2000). Zudem werden folgende Einflussfaktoren der produktbezogenen Innovativität analysiert:

- Persönlichkeitseigenschaften, wie beispielsweise die Toleranz von Polysemie (vgl. u.a. Patterson 1999),
- Motivation, darunter vor allem intrinsische Motivation (vgl. u.a. West 1987),
- kognitive Fähigkeiten, wie beispielsweise Fachwissen (vgl. u.a. West 1987) und
- arbeitsspezifische Charakteristika, wie beispielsweise die Unterstützung der Umsetzung von Ideen (vgl. u.a. Anderson/De Dreu/Nijstad 2004; Axtell et al. 2000).

Ein weiterer Strom an Arbeiten beschäftigt sich mit den *Einflussgrößen* der produktbezogenen Innovativität auf der *teambezogenen Ebene*. In diesem Zusammenhang wird auch von „Innovationsteams" gesprochen (vgl. hierzu im Überblick Stock 2005). In diesen Arbeiten wird insbesondere untersucht, welchen Einfluss die Zusammensetzung der Teams (vgl. u.a. Sethi/Smith/Park 2001), die Heterogenität von Teams (vgl. u.a. Sethi 2000) bzw. das Klima in Teams (vgl. u.a. Mathisen/Torsheim/Einarsen 2006) auf die produktbezogene Innovativität hat.

Im Rahmen von Untersuchungen zum Teamklima wird beispielsweise nachgewiesen, dass Dissens in Teams in Kombination mit der Partizipation der Teammitglieder an der Entscheidungsfindung die produktbezogene Innovativität positiv beeinflusst (vgl. De Dreu/West 2001). In Bezug auf die Heterogenität von Teams kann zudem ein positiver Effekt der Teamzusammenstellung aus unerfahrenen und erfahrenen Teammitgliedern auf die produktbezogene Innovativität gezeigt werden (vgl. Perretti/Negro 2007). In einer weiteren Untersuchung wird nachgewiesen, dass die erfolgsorientierte Vergütung und Beurteilung sowie die strategische Vision von Top-Management-Teams den Innovationserfolg positiv beeinflussen (vgl. Camelo-Ordaz/Fernández-Alles/Valle-Cabrera 2008). Darüber hinaus wird der Einfluss des Wissens der Teammitglieder auf die produktbezogene Innovativität hervorgehoben (vgl. Smith/Collins/Clark 2005).

Auf *organisationaler Ebene* lassen sich die Einflussgrößen der produktbezogenen Innovativität unterscheiden in:

- strategiebezogene Einflussgrößen (vgl. u.a. Atuahene-Gima/Ko 2001; Chandy/Tellis 1998; Langerak/Hultink/Robben 2004),
- kulturbezogene Einflussgrößen (vgl. u.a. Han/Kim/Srivastava 1998; Hurley/Hult 1998),
- struktur- und prozessbezogene Einflussgrößen (vgl. u.a. Argyres/Silverman 2004; Sivadas/Dwyer 2000),
- ressourcenbezogene Einflussgrößen (vgl. u.a. Katila/Shane 2005; Sorescu/Spanjol 2008),
- managementsystembezogene Einflussgrößen (vgl. u.a. Eisenhardt/Tabrizi 1995; Hoffman/Hegarty 1993) und
- informationsbezogene Einflussgrößen (vgl. u.a. Katila/Ahuja 2002; Li/Calantone 1998).

In den letzten Jahren wird in der Innovationsforschung vor allem die Relevanz von *informationsbezogenen Einflussfaktoren* hervorgehoben (vgl. Atuahene-Gima 2005; Olsen/ Sallis 2006). Dazu stellen Miller/Fern/Cardinal (2007, S. 308) fest: „A firm must continually acquire a diverse and novel body of knowledge that will serve as the seed for future [...] developments". In diesem Zusammenhang besteht eine weitgehend einheitliche Auffassung darüber, dass Informationen einen Auslöser für Produktideen darstellen (vgl. Herstatt/Lüthje 2005). Die Gewinnung von Informationen, aus welchen Ideen für Innovationen hervorgehen, ist somit von zentraler Bedeutung für Unternehmen (vgl. Anand/Gardner/Morris 2007).

Trotz der Relevanz der Gewinnung von Informationen für die Praxis (vgl. Hansen/Birkinshaw 2007) besteht hinsichtlich der informationsbezogenen Einflussgrößen der produktbezogenen Innovativität noch weiterer Forschungsbedarf. Im Detail geht Abschnitt 2.2.3 auf die Defizite der bisherigen Forschung ein. An dieser Stelle sollen jedoch wesentliche Forschungslücken aufgezeigt werden.

- In Bezug auf die Realisierung von produktbezogener Innovativität wurden in bisherigen Forschungsarbeiten fast ausschließlich einzelne Quellen zur Gewinnung von Informationen untersucht. In diesem Zusammenhang wird festgestellt, dass „organizations [...] are limited in their ability to produce knowledge purely through internal R&D investments" (Wadhwa/Kotha 2006, S. 819). Eine integrative Untersuchung von unterschiedlichen Quellen zur Gewinnung von Informationen wurde trotz der Bedeutung in Bezug auf die produktbezogene Innovativität bislang nicht vorgenommen.
- In der Unternehmenspraxis wird zudem vermutet, dass die Integration von Informationen die produktbezogene Innovativität beeinflusst (vgl. u.a. Hansen/Birkinshaw 2007). Dieser Zusammenhang wurde in der Forschung bislang nur ansatzweise untersucht.
- Ebenfalls besteht Forschungsbedarf in Bezug auf die Bedingungen, welche einen Einfluss auf den Zusammenhang zwischen der Gewinnung von Informationen und der produktbezogenen Innovativität besitzen. Darüber hinaus mangelt es an einer theoretischen Fundierung der genannten Zusammenhänge.

Die vorangegangenen Ausführungen haben die Relevanz von informationsbezogenen Einflussgrößen der produktbezogenen Innovativität aufgezeigt. Wie angedeutet, besteht hinsichtlich der informationsbezogenen Einflussgrößen jedoch noch Forschungsbedarf. Die vorliegende Arbeit soll deshalb einen Erkenntnisbeitrag zu den informationsbezogenen Einflussgrößen der produktbezogenen Innovativität leisten. Dazu werden im folgenden Abschnitt fünf Forschungsfragen formuliert.

1.2   Forschungsfragen und Zielsetzungen der Arbeit

Der vorliegende Abschnitt befasst sich zunächst mit der Formulierung der Forschungfragen. Anschließend werden die Zielsetzungen zur Beantwortung der Forschungsfragen erläutert. Die Zusammenhänge zwischen der Gewinnung von Informationen aus den zentralen Quellen und der produktbezogenen Innovativität werden mithilfe der folgenden fünf Forschungsfragen untersucht:

In *Forschungsfrage 1* geht es darum, welche Dimensionen die produktbezogene Innovativität umfasst. Eine erste Literatursichtung zeigt, dass der Begriff produktbezogene Innovativität uneinheitlich definiert wird. Damit einher geht die Untersuchung der produktbezogenen Innovativität mithilfe von jeweils unterschiedlichen Dimensionen (vgl. Garcia/Calantone 2002). Aufgrund dieser Heterogenität lassen sich nur schwer Implikationen zu den informationsbezogenen Einflussgrößen ableiten. Ein erstes Ziel der vorliegenden Arbeit besteht deshalb darin, die zentralen Dimensionen der produktbezogenen Innovativität zu identifizieren. Homburg/Giering (1996, S. 5) bezeichnen die Erarbeitung von Dimensionen als Konzeptualisierung (vgl. Homburg/Giering 1996). Die *erste Forschungsfrage* lautet deshalb wie folgt:

1. Wie lässt sich die produktbezogene Innovativität konzeptualisieren?

Die *zweite Forschungsfrage* beschäftigt sich mit den zentralen Quellen zur Gewinnung von Informationen. Empirischen Arbeiten der Unternehmenspraxis zufolge kann man die Gewinnung von Informationen auf interne und externe Quellen zurückführen (vgl. IBM Studie 2007). Wie in Abschnitt 2.2 noch zu zeigen ist, konzentrieren sich bisherige Forschungsarbeiten hingegen im Wesentlichen entweder auf externe oder auf interne Quellen. Darüber hinaus weisen diese Arbeiten in Bezug auf die Auswahl der Quellen auf organisationaler Ebene theoretische Defizite auf. Daher lautet die zweite Forschungsfrage:

2. Welche zentralen Quellen zur Gewinnung von Informationen gibt es auf der organisationalen Ebene?

Auf Forschungsfrage 2 aufbauend, untersucht die *Forschungsfrage 3*, inwieweit die Gewinnung von Informationen aus den zentralen Quellen die Integration von Informationen beeinflusst. In der Unternehmenspraxis kommt der Integration von Informationen ein hoher Stellenwert zu (vgl. Hansen/Birkinshaw 2007). Parallel dazu stellt eine Reihe von wissenschaftlichen Arbeiten die Bedeutung der Integration von Informationen im Unternehmen heraus (vgl. u.a. Prabhu/Chandy/Ellis 2005). In diesen Arbeiten wird argumentiert, dass Informationen im Unternehmen integriert werden müssen, um die produktbezogene Innovativität zu erhöhen (vgl. Sheremata 2000). Dazu existieren jedoch vergleichsweise wenige empirische Erkenntnisse. Die Gewinnung von Informationen wird in Arbeiten der letzten Jahre konzeptionell von der Integration von Informationen getrennt (vgl. u.a. De Luca/ Atuahene-Gima 2007). Vor diesem Hintergrund existieren jedoch kaum Arbeiten dazu, inwieweit die Gewinnung von Informationen aus den zentralen Quellen die Integration von Informationen beeinflusst. Daher lautet die dritte Forschungsfrage:

3. Welche Auswirkungen hat die Gewinnung von Informationen aus den zentralen Quellen auf die Integration von Informationen und welche Auswirkung hat die Integration von Informationen auf die produktbezogene Innovativität?

Die *Forschungsfrage 4* beschäftigt sich mit dem direkten Effekt der Gewinnung von Informationen auf die produktbezogene Innovativität. In der empirischen Literatur gibt es Hinweise darauf, dass die Gewinnung von Informationen aus unterschiedlichen Quellen die produktbezogene Innovativität beeinflusst (vgl. u.a. Shu/Wong/Lee 2005). Bisherige empirische Arbeiten haben sich allerdings in Bezug auf die Gewinnung von Informationen im Wesentlichen auf die isolierte Untersuchung von einzelnen Quellen, wie beispielsweise auf Kunden konzentriert (vgl. Fang 2008). Eine Untersuchung, die Aufschlüsse darüber liefern kann, inwieweit die Gewinnung von Informationen aus den zentralen Quellen im Rahmen einer integrativen Betrachtung die produktbezogene Innovativität beeinflusst, steht jedoch bislang aus. Daraus lässt sich die vierte Forschungsfrage ableiten:

4. Welche Auswirkungen hat die Gewinnung von Informationen aus den zentralen Quellen auf die produktbezogene Innovativität?

Die *fünfte Forschungsfrage* untersucht, unter welchen Bedingungen die Zusammenhänge zwischen der Gewinnung von Informationen aus den zentralen Quellen und der produktbezogenen Innovativität stärker bzw. schwächer sind. Eine für die Unternehmenspraxis äußerst relevante Fragestellung lautet beispielsweise, welchen Einfluss die Marktdynamik auf den Zusammenhang zwischen der Gewinnung von Informationen aus den zentralen Quellen und der produktbezogenen Innovativität besitzt. Die Relevanz der Untersuchung solcher Bedingungen soll in Abschnitt 2.2 ausführlich verdeutlicht werden. In Bezug auf die oben beschriebenen Zusammenhänge liegen allerdings bislang kaum Erkenntnisse zu solchen Bedingungen vor. Aus diesem Grund lautet die vierte Forschungsfrage:

5. Unter welchen Bedingungen ist die Auswirkung der Gewinnung von Informationen aus den zentralen Quellen auf die produktbezogene Innovativität stärker bzw. schwächer?

Zur Beantwortung der fünf Forschungsfragen verfolgt die vorliegende Arbeit grundsätzlich zwei Zielsetzungen. Die *erste Zielsetzung* besteht darin, auf Basis der definitorischen Grundlagen, der Literaturbestandsaufnahme sowie der theoretischen Bezugspunkte zwei theoretisch fundierte Untersuchungsmodelle zu entwickeln. Das *erste Untersuchungsmodell* bezieht sich hierbei auf den Zusammenhang zwischen der Integration von Informationen und der produktbezogenen Innovativität. Das *zweite Untersuchungsmodell* behandelt zum einen die direkten Effekte der Gewinnung von Informationen aus den zentralen Quellen auf die produktbezogene Innovativität und zum anderen den Einfluss von Bedingungen auf diese Zusammenhänge.

Die *zweite Zielsetzung* der Arbeit besteht in der empirischen Untersuchung der zwei Untersuchungsmodelle. Hierbei werden insbesondere die folgenden zwei Anforderungen an die durchzuführende empirische Untersuchung gestellt. Die *erste Anforderung* bezieht sich auf die Wahl des Untersuchungsdesigns. In einer Reihe bisheriger Untersuchungen wurden die empirischen Daten zum Zusammenhang zwischen der Gewinnung von Informationen und der produktbezogenen Innovativität lediglich bei einer Person im Unternehmen erhoben (vgl. u.a. Li/Calantone 1998). Diese Form der Datenerhebung ist jedoch beispielsweise aufgrund des Informant Bias und des Common Method Bias nicht unproblematisch (vgl. Homburg/Schilke/ Reimann 2009; Podsakoff/Organ 1986). Im Rahmen der Literaturbestandsaufnahme (vgl. Abschnitt 2.2) soll auf diesen Aspekt noch weiter eingegangen werden. Zudem wird in der Literatur die Relevanz der Bereiche Marketing sowie Forschung und Entwicklung (F&E) zur Realisierung von produktbezogenen Innovationen hervorgehoben (vgl. hierzu ausführlich Abschnitt 2.2). Daher wird in der vorliegenden Arbeit ein triadisches Untersuchungsdesign mit den folgenden Charakteristika gewählt:

- Befragung von Anbieterunternehmen und mindestens einem Kundenunternehmen pro Anbieterunternehmen,
- Befragung von Marketing- bzw. Vertriebsleitern *und* F&E- bzw. Produktionsleitern auf der Seite der Anbieterunternehmen *sowie* Befragung von einem Ansprechpartner pro Kundenunternehmen und
- Erhebung der produktbezogenen Innovativität auf der Seite der Kundenunternehmen.

Die *zweite Anforderung* bezieht sich auf die Auswahl der Branche. Untersuchungen zu den Einflussgrößen der Innovativität konzentrieren sich oftmals auf einzelne Branchen (vgl. u.a. Eisenhardt/Tabrizi 1995). Die Ergebnisse von Untersuchungen aus einzelnen Branchen sind jedoch schwer generalisierbar. Deshalb sollen in der durchzuführenden Untersuchung Unternehmen aus mehreren Branchen befragt werden. Insbesondere sollen Unternehmen aus Branchen befragt werden, die einen hohen „Innovationsgrad" aufweisen. In einer Reihe bisheriger Arbeiten werden die empirischen Untersuchungen zu den Einflussgrößen der produktbezogenen Innovativität in der Konsumgüterbranche durchgeführt (vgl. u.a. Sorescu/Spanjol 2008). Aufgrund der Relevanz von Industriegütern (vgl. u.a. Kim/Oh 2002) soll die empirische Erhebung jedoch in der Industriegüterbranche durchgeführt werden. Wie oben dargestellt, sollen Anbieterunternehmen und deren Kunden befragt werden. Hierbei handelt es sich um sogenannte Business-to-Business-Geschäftsbeziehungen (vgl. u.a. Kandampully 2003).

1.3   Aufbau der Arbeit

Der Aufbau der Arbeit wird in Abbildung 1-1 veranschaulicht. Hierbei stellt die Abbildung die Untersuchungsschritte in den jeweiligen Kapiteln und die zwei Zielsetzungen (vgl. Abschnitt 1.2) miteinander in Bezug.

Abbildung 1-1:   Aufbau der Arbeit im Überblick

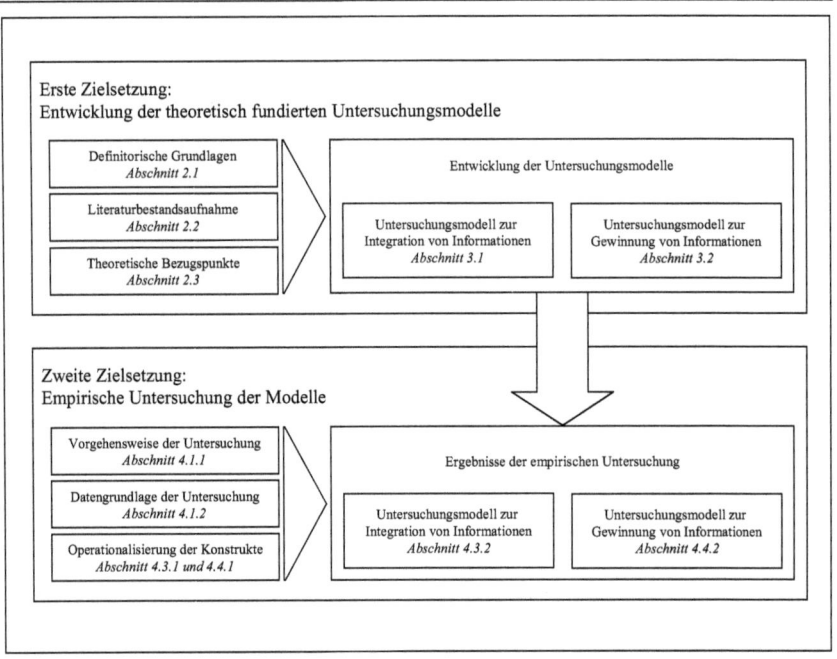

Das *zweite Kapitel* der Arbeit umfasst die konzeptionellen Grundlagen der vorliegenden Arbeit. Zunächst werden in Abschnitt 2.1 die unterschiedlichen Disziplinen der Innovationsforschung (vgl. Abschnitt 2.1.1) dargestellt und die definitorischen Grundlagen für die Arbeit gelegt (vgl. Abschnitt 2.1.2). Auf Basis der definitorischen Grundlagen soll insbesondere die erste Forschungsfrage beantwortet werden. Anschließend erfolgt in Abschnitt 2.2 eine umfassende Bestandsaufnahme zu den Einflussgrößen der produktbezogenen Innovativität. Abschnitt 2.3 beinhaltet die theoretischen Bezugspunkte der vorliegenden Arbeit. Im Rahmen dieses Abschnitts werden neben dem Ressourcenbasierten Ansatz und dem Wissensbasierten Ansatz auch die Informationsökonomie und die Transaktionskostentheorie behandelt. Zudem wird deren Erkenntnisbeitrag für die vorliegende Arbeit aufgezeigt.

Im *dritten Kapitel* werden die zwei Untersuchungsmodelle vorgestellt. Abschnitt 3.1 beschäftigt sich mit dem Untersuchungsmodell zur Integration von Informationen. Hierbei sollen die konzeptionellen Grundlagen zur Beantwortung der zweiten und dritten Forschungsfrage gelegt werden. In Abschnitt 3.2 wird das Untersuchungsmodell zur Gewinnung von Informationen dargestellt. Dieser Abschnitt legt die konzeptionellen Grundlagen zur Beantwortung der vierten und fünften Forschungsfrage.

Der Schwerpunkt *des vierten Kapitels* bildet die empirische Untersuchung. In Abschnitt 4.1 wird sowohl die Vorgehensweise zur Erhebung der empirischen Daten als auch die gewonnene Datengrundlage beschrieben. Anschließend werden in Abschnitt 4.2 die Grundlagen zur Konstruktmessung und Dependenzanalyse aufgezeigt. In Abschnitt 4.3 bzw. 4.4 werden die empirischen Ergebnisse der Hypothesenprüfung des Untersuchungsmodells zur Integration von Informationen bzw. des Untersuchungsmodells zur Gewinnung von Informationen aufgeführt. Das letztere Modell umfasst neben Haupteffekten auch moderierende Effekte.

Abschließend werden im *fünften Kapitel* die zentralen Ergebnisse der vorliegenden Untersuchung präsentiert (vgl. Abschnitt 5.1). Auf Basis dieser Ergebnisse werden Implikationen für die Forschung (vgl. Abschnitt 5.2) und Implikationen für die Praxis (vgl. Abschnitt 5.3) abgeleitet.

2 Konzeptionelle Grundlagen der Arbeit

Die erste Zielsetzung der vorliegenden Arbeit stellt die Entwicklung von zwei theoretisch fundierten Untersuchungsmodellen dar. Die konzeptionellen Grundlagen dafür werden durch die folgenden Abschnitte des vorliegenden Kapitels gelegt:

- definitorische Grundlagen (vgl. Abschnitt 2.1.2),
- Bestandsaufnahme der Literatur zu den organisationsbezogenen Einflussgrößen der produktbezogenen Innovativität (vgl. Abschnitt 2.2.2) sowie zu den informationsbezogenen Einflussgrößen der produktbezogenen Innovativität (vgl. Abschnitt 2.2.3) und
- theoretische Bezugspunkte (vgl. Abschnitt 2.3).

Zunächst werden in Abschnitt 2.1.1 die Disziplinen der Innovationsforschung und deren Forschungsschwerpunkte überblicksartig vorgestellt. Anschließend werden in Abschnitt 2.1.2 die definitorischen Grundlagen gelegt.

2.1 Disziplinen der Innovationsforschung und definitorische Grundlagen

Aufgrund der Vielfalt an Disziplinen und der damit verbundenen Vielfalt an Definitionen in der Innovationsforschung sollen die Disziplinen zunächst überblicksartig dargestellt werden (vgl. Abschnitt 2.1.1). Anschließend werden die definitorischen Grundlagen der Arbeit gelegt.

2.1.1 Disziplinen der Innovationsforschung

Es existiert eine Reihe von unterschiedlichen Disziplinen, die sich der Innovationsforschung zuordnen lassen. Dazu gehören die Disziplinen Volkswirtschaftslehre, Soziologie, Psychologie und Betriebswirtschaftslehre. An dieser Stelle sei darauf hingewiesen, dass auch in der Disziplin Wirtschaftsgeschichte Arbeiten existieren, die sich mit Innovationen beschäftigen (vgl. Grupp 1997). Die Erkenntnisse aus dieser Disziplin werden jedoch aufgrund der geringen inhaltlichen Nähe zu den zu untersuchenden Zusammenhängen nicht weiter vertieft. In Abbildung 2-1 wird ein Überblick zu den relevanten Disziplinen und ihren jeweiligen Forschungsschwerpunkten gegeben.

Die Innovationsforschung in der *Volkswirtschaftslehre* reicht bis zu Beginn des 20. Jahrhunderts zurück (vgl. Grupp 1997). Insbesondere der Name Schumpeter (vgl. hierzu Schumpeter 1911) ist mit den grundlegenden Arbeiten der Innovationsforschung verbunden (vgl. Grupp 1997, S. 3). Die Arbeiten von Schumpeter beschäftigten sich vor allem mit der Bedeutung von Innovationen in Wirtschaftszyklen. Zudem analysiert Schumpeter die Rolle von Unternehmern (Entrepreneur) im Rahmen der Entwicklung von Innovationen (vgl. Schumpeter 1934).

Die Arbeiten in der Volkswirtschaftslehre beschäftigen sich sowohl auf makroökonomischer als auch mikroökonomischer Ebene mit Innovationen (vgl. Castellaci et al. 2005).

Abbildung 2-1: Disziplinen der Innovationsforschung und deren Forschungsschwerpunkte

Disziplinen der Innovationsforschung			
Volkswirtschaftslehre	**Soziologie**	**Psychologie**	**Betriebswirtschaftslehre**
Forschungsschwerpunkt …	Forschungsschwerpunkt …	Forschungsschwerpunkt …	Forschungsschwerpunkt …
… in der **Makroökonomie** Untersuchung des Einflusses von Rahmenbedingungen auf die Entwicklung von Innovationen in Volkswirtschaften sowie Untersuchung des Einflusses von Innovationen auf die Produktivität und das ökonomische Wachstum von Volkswirtschaften … in der **Mikroökonomie** Untersuchung des Einflusses von Unternehmensmerkmalen (insbesondere Unternehmensgröße) auf die Entwicklung von Innovationen sowie die Untersuchung des Einflusses von Innovationen auf die Profitabilität von Unternehmen	… in der **Soziologie** Untersuchung von sozialen Prozessen im Rahmen der Diffusion von Innovationen	… in der **differentiellen Psychologie** Untersuchung des Einflusses von Persönlichkeitseigenschaften auf die Entwicklung von Kreativität und Innovationen … in der **Arbeits- und Organisationspsychologie** Untersuchung des Einflusses von Motivation und sozialer Prozesse im Unternehmen auf die Entwicklung von Innovationen	… im **Innovations- und Technologiemanagement** Untersuchung von (insb. projektbezogenen) Einflussfaktoren auf den Innovationserfolg … im **Marketing** Untersuchung des Einflusses von Gestaltungsvariablen des Marketingmanagements im Rahmen der Entwicklung und Markteinführung von Innovationen sowie Untersuchung des Einflusses von Innovationen auf den Markterfolg … in der **Personal- und Organisationsforschung** Untersuchung des Einflusses von organisationalen Gestaltungsvariablen (insb. von Strukturen und Prozessen) sowie der Personalführung und Personalmanagementsystemen auf die Entwicklung und Adoption von Innovationen

Die Innovationsforschung auf dem Gebiet der *Makroökonomie* untersucht Innovationen auf der gesamtwirtschaftlichen bzw. internationalen Ebene. Der Schwerpunkt liegt hier auf der Untersuchung von Einflussgrößen (vgl. u.a. Hoti/McAleer 2006) und Auswirkungen (vgl. u.a. Moguillansky 2006) von Innovationen. In der Arbeit von Hoti/McAleer (2006) wird beispielsweise der Einfluss von ökonomischen, finanziellen und politischen Risiken auf die Innovationsaktivitäten in 12 unterschiedlichen Nationen analysiert. Dabei ist anzumerken, dass die Innovationsaktivität in dieser Arbeit anhand von Patentdaten gemessen wird. Patentdaten dienen dabei als Stellvertreter für innovative Produkte (vgl. Abschnitt 2.1 zur Diskussion dieser Nachteile).

Im Gegensatz zur Innovationsforschung auf dem Gebiet der Makroökonomie werden in der *Mikroökonomie* Einflussfaktoren und Auswirkungen von Innovationen auf der Unternehmensebene untersucht. Hierbei werden häufig Unternehmensmerkmale als Einflussgrößen der produktbezogenen Innovativität untersucht (vgl. Gopalakrishnan/Damanpour 1997, S. 19). Als ein Unternehmensmerkmal wird vielfach die Unternehmensgröße herangezogen. In der empirischen Untersuchung von Acs/Audretsch (1990) kann beispielsweise gezeigt werden, dass relativ kleinen Unternehmen eine steigende Bedeutung hinsichtlich der Entwicklung von technologischen Innovationen zukommt.

Neben Einflussgrößen beschäftigt sich die Mikroökonomie ebenfalls mit Auswirkungen von Innovationen. In einer Reihe von Arbeiten kann ein positiver Effekt von Innovationen auf den Unternehmenserfolg festgestellt werden (vgl. Feeny/Rogers 2003). In der Arbeit von Feeny/Rogers (2003) wird beispielsweise gezeigt, dass sich die Innovativität positiv auf den Unternehmenserfolg auswirkt. Dabei wird die Variable Innovativität durch einen additiven Index gebildet, wobei die Gewichte der Summanden mithilfe einer Regressionsanalyse berechnet werden. Hinsichtlich der Arbeiten zur Innovationsforschung in der Volkswirtschaftslehre ist festzustellen, dass häufig harte Faktoren, wie beispielsweise die Unternehmensgröße (vgl. Acs/Audretsch 1990) oder die Anzahl von Patenten (vgl. Hoti/McAleer 2006), untersucht werden.

In der *Soziologie* liegt der Schwerpunkt der Innovationsforschung auf der Untersuchung von sozialen Einflussfaktoren der Diffusion von Innovationen. Ein zentraler Betrachtungsgegenstand ist hierbei die Geschwindigkeit der Diffusion von Innovationen (vgl. Rogers 1962, 2003; Wejnert 2002). In den Arbeiten der Soziologie werden die folgenden Einflussfaktoren der Diffusion von Innovationen diskutiert (vgl. hierzu ausführlich Wejnert 2002):

- Charakteristika von Innovationen, wie beispielsweise die Entstehung von Kosten durch Anpassung an technologische Innovationen (vgl. u.a. James 1993),
- Charakteristika des Adoptierenden, wie beispielsweise sozioökonomische Aspekte (vgl. u.a. DiMaggio/Powell 1983) und
- externe Rahmenbedingungen, wie beispielweise geografische Gegebenheiten (vgl. u.a. Saltiel/Bauder/Palakovich 1994).

Die *Psychologie* setzt sich ebenfalls mit den Einflussfaktoren und Auswirkungen von Innovationen auseinander. Im Wesentlichen beschäftigen sich Arbeiten der differenziellen Psychologie (vgl. u.a. Rank/Pace/Frese 2004) sowie der Arbeits- und Organisationspsychologie (vgl. u.a. Frese/Teng/Wijnen 1999) mit dieser Thematik.

Beiträge der *differenziellen Psychologie* untersuchen im Wesentlichen den Zusammenhang zwischen Persönlichkeitseigenschaften (wie beispielsweise die Intelligenz und die Introversion) und der Kreativität. In dieser Disziplin wird die Innovation im Wesentlichen als Implementation von Ideen, die durch Kreativität erzeugt werden, aufgefasst (vgl. Feist 1999; Rank/Pace/Frese 2004, S. 520). Darüber hinaus beschäftigen sich Arbeiten mit dem Einfluss der Offenheit von Individuen auf Innovationen (vgl. Patterson 1999).

In der *Arbeits- und Organisationspsychologie* wird vor allem untersucht, inwieweit die Motivation die Entwicklung von Innovationen fördert (vgl. Frese/Teng/Wijnen 1999). Darüber hinaus beschäftigen sich die Arbeiten mit den sozialpsychologischen Prozessen von Arbeitsgruppen im Rahmen der Entwicklung von Innovationen (vgl. West 2002).

In der *Betriebswirtschaftslehre* existieren zahlreiche Arbeiten zu Innovationen. Dabei hat in den letzten Jahren die Zahl von wissenschaftlichen Arbeiten zu Innovationen stark zugenommen (vgl. Anderson/De Dreu/Nijstad 2004, S. 148). Insbesondere in den Disziplinen Innovations- und Technologiemanagement (vgl. u.a. Biemans/Griffin/Moenaert 2007; Herrmann/Gassmann/Eisert 2007; O'Connor 2008), Marketing (vgl. u.a. Hauser/Tellis/Griffin 2006; Slotegraaf/Pauwels 2008; Sorescu/Spanjol 2008) sowie Personal- und Organisationsforschung (vgl. u.a. Anderson/De Dreu/Nijstad 2004; Brown/Eisenhardt 1995) werden Innovationen behandelt.

Im Forschungsstrom des *Innovations- und Technologiemanagements* liegt der Forschungsschwerpunkt im Wesentlichen auf Einflussfaktoren des Innovationserfolgs (vgl. hierzu im Überblick Biemans/Griffin/Moenaert 2007). In diesen Arbeiten wird häufig untersucht, welche organisationalen und projektbezogenen Faktoren einen Einfluss auf die Steigerung des Erfolgs von Innovationen haben (vgl. u.a. Salomo/Weise/Gemünden 2007; O'Connor/De-Martino 2006). Innovationserfolg wird in diesen Arbeiten der Innovationsforschung häufig anhand von finanziellen oder marktbezogenen Erfolgsgrößen neuer Produkte untersucht (vgl. u.a. Knudsen 2007).

Auch in der *Marketingforschung* haben Innovationen in den letzten Jahren zunehmend an Bedeutung gewonnen. Hier lassen sich drei Forschungsschwerpunkte erkennen (in Anlehnung an Hauser/Tellis/Griffin 2006, S. 701):

- Ein *erster Forschungsschwerpunkt* liegt in der Untersuchung von organisationalen Gestaltungsvariablen, die sich positiv auf die Entwicklung von neuen Produkten auswirken (vgl. u.a. Chandy et al. 2006; Prabhu/Chandy/Ellis 2005; Zhou/Yim/Tse 2005).
- Ein *zweiter Forschungsschwerpunkt* ist in wissenschaftlichen Arbeiten zu den Einflussfaktoren der Markteinführung beziehungsweise Diffusion von neuen Produkten zu sehen (vgl. u.a. Danaher/Hardie/Putsis 2001; Fourt/Woodlock 1960; Wood/Moreau 2006).

- Im Rahmen eines *dritten Forschungsschwerpunktes* werden darüber hinaus Erfolgs-auswirkungen von produktbezogenen Innovationen untersucht (vgl. u.a. De Luca/Atuahene-Gima 2007; Sorescu/Spanjol 2008).

Im Rahmen der *Personalforschung* wird vor allem der Einfluss der Personalführung (vgl. u.a. Beatty/Lee 1992; Stoker et al. 2001) und der Personalmanagementsysteme (vgl. u.a. Shipton et al. 2006) auf die Entwicklung von Innovationen betrachtet. Darüber hinaus wird die Adoption von innovativen Personalmanagementsystemen diskutiert (vgl. u.a. Weinstein/Obloj 2002; Wolfe 1995). In der *Organisationsforschung* liegt der Forschungsschwerpunkt im Wesentlichen auf dem Zusammenhang zwischen der Gestaltung von Strukturen und Prozessen (vgl. u.a. Dougherty 2001; Rothaermel/Hess 2007) und der Adoption von Inno-vationen (vgl. u.a. Boland/Lyytinen/Youngjin 2007; Westerman/McFarlan/Iansiti 2006).

Eine inhaltliche Nähe zum Untersuchungsgegenstand der vorliegenden Arbeit weisen vor allem die Arbeiten zur Marketingforschung, zum Innovation- und Technologiemanagement sowie zur Personal- und Organisationsforschung auf. Aus diesem Grund werden die Erkennt-nisse aus diesen Arbeiten in einer vertiefenden Bestandaufnahme in Abschnitt 2.2 gegenüber-gestellt.

2.1.2 Definitorische Grundlagen

Wie der folgende Abschnitt zeigen wird, existieren in der Literatur zahlreiche unterschied-liche Definitionen der Begriffe „produktbezogene Innovation" und „produktbezogene Innovativität". Deshalb werden diese Begriffe in Abschnitt 2.1.2.1 definiert und voneinander abgegrenzt. Hierbei wird der Begriff produktbezogene Innovativität konzeptualisiert (Forschungsfrage 1). Aufgrund der Relevanz von Informationen für die vorliegende Arbeit werden im Rahmen der definitorischen Grundlagen zudem die Begriffe „Wissen" und „Informationen" definiert (vgl. Abschnitt 2.1.2.2).

2.1.2.1 Definition des Begriffs „produktbezogene Innovativität"

Die Gegenüberstellung der Disziplinen der Innovationsforschung (vgl. Abschnitt 2.1.1) hat gezeigt, dass zahlreiche unterschiedliche Forschungsschwerpunkte in der Innovations-forschung existieren. Analog zur Vielfalt der Forschungsströme beschäftigt sich die Literatur mit unterschiedlichen Arten von Innovationen. Zudem existiert eine Vielzahl heterogener Definitionen der Begriffe produktbezogene Innovation und produktbezogene Innovativität. Daher sollen zunächst die unterschiedlichen Arten von Innovationen dargestellt werden und darauf aufbauend die Begriffe produktbezogene Innovation und produktbezogene Innovativität definiert werden. Hierbei sollen insbesondere die Grundlagen zur Beantwortung der Forschungsfrage 1 gelegt werden.

Die unterschiedlichen *Arten von Innovationen* lassen sich anhand von fünf Perspektiven kategorisieren (vgl. Abbildung 2-2). Die Perspektiven können durch die folgenden fünf Fragen beschrieben werden:

1. Wie ist die Innovation entstanden?
2. Was stellt die Innovation dar?
3. Welche wesentlichen Bestandteile hat die Innovation?
4. Wie neuartig ist die Innovation?
5. Für wen ist es eine Innovation?

Abbildung 2-2: Perspektiven zur Kategorisierung von Innovationsarten im Überblick

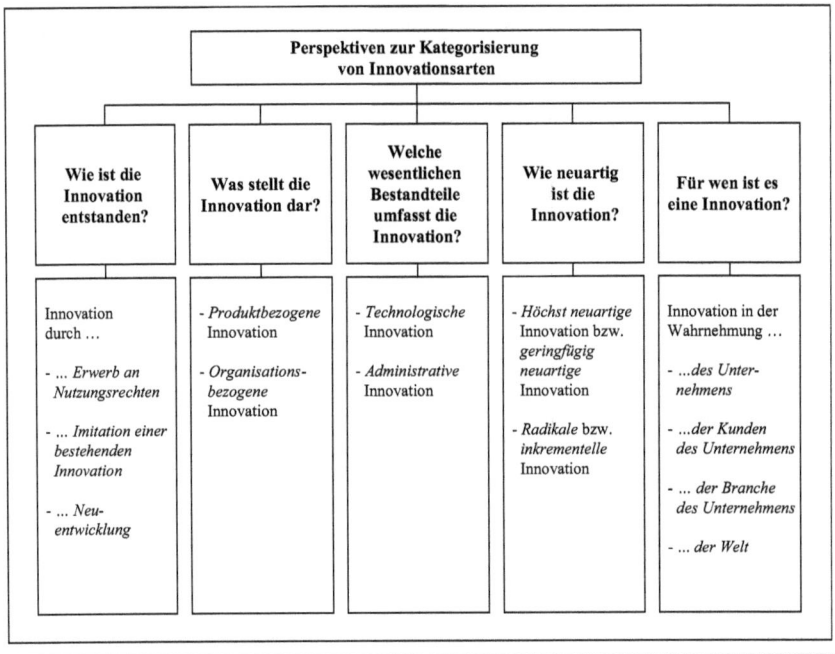

Die *erste Perspektive* zur Kategorisierung der Innovationsarten unterscheidet Innovationen nach ihrer Entstehung. In Bezug auf die Entstehung lassen sich Innovationen nach dem *Erwerb an Nutzungsrechten* (vgl. Katz/Shapiro 1985), der *Imitation von bestehenden Innovationen* (vgl. Hun et al. 2000) und der *Neuentwicklung* unterscheiden (vgl. O'Connor 2008). Es sei an dieser Stelle darauf hingewiesen, dass Imitationen für das imitierende Unternehmen oder dessen Kunden eine Innovation darstellen kann. In diesem Zusammenhang ist anzumerken, dass Imitationen für Unternehmen eine Herausforderung darstellen (vgl. McEvily/Chakravarthy 2002). In der Innovationsforschung beschäftigt sich deshalb eine Reihe von Arbeiten mit den Einflussgrößen und Auswirkungen von Imitationen (vgl. u.a. Hun et al. 2000; McEvily/Chakravarthy 2002).

Hinsichtlich der *zweiten Perspektive* lassen sich Innovationen in produktbezogene und organisationsbezogene Innovationen unterscheiden.

- *Produktbezogene Innovationen* beziehen sich auf Sachgüter- bzw. Dienstleistungs-innovationen (vgl. Damanpour 1991; Hull 2004).
- *Organisationsbezogene Innovationen* umfassen dagegen Veränderungen in Organi-sationen (vgl. Damanpour 1991). Somit lassen sich Struktur-, Prozess- und System-innovationen den organisationsbezogenen Innovationen zuordnen (vgl. Frambach/ Schillewaert 2002; García-Morales/Matías-Reche/Hurtado-Torres 2008).

In Bezug auf die *dritte Perspektive* der Innovationsarten werden Innovationen nach ihren wesentlichen charakteristischen Bestandteilen unterschieden. Hierbei lassen sich *techno-logische Innovationen* (vgl. u.a. Miller/Fern/Cardinal 2007; Slater/Mohr 2006) und *ad-ministrative Innovationen* (vgl. u.a. Fennell 1984) unterscheiden. Insbesondere der Techno-logieanteil von Innovationen steht im Rahmen dieser Perspektive im Vordergrund (vgl. u.a. Kim/Cavusgil/Calantone 2006).

Die *vierte Perspektive* zur Kategorisierung der Innovationsarten bezieht sich auf den Neu-artigkeitsgrad von Innovationen. In der Literatur wird diesbezüglich beispielsweise zwischen *radikalen Innovationen* (vgl. u.a. O'Connor 1998; Sood/Tellis 2005) und *inkrementellen Innovationen* (vgl. u.a. Min/Kalwani/Robinson 2006) unterschieden (vgl. Gopalakrishnan/Damanpour 1997). Wie noch zu erläutern ist, konzentriert sich die vor-liegende Arbeit auf die Dichotomie höchst neuartige Innovationen bzw. geringfügig neuartige Innovationen.

Die *fünfte Perspektive* zur Unterscheidung von Innovationsarten bezieht sich auf die Frage, für wen es Innovationen sind. In der Literatur wird vor allem zwischen den folgenden vier Wahrnehmungsperspektiven differenziert (vgl. dazu ausführlich Garcia/Calantone 2002):

- Perspektive des *Unternehmens* (vgl. u.a. Green/Gavin/Aiman-Smith 1995; Cooper/De Brentani 1991),
- Perspektive der *Kunden des Unternehmens* (vgl. u.a. Ali/Krapfel/LaBahn 1995; Olson/ Walker/Ruekert 1995),
- Perspektive der *Branche des Unternehmens* (vgl. u.a. Atuahene-Gima 1995) und
- Perspektive der *Welt* (vgl. u.a. Sivadas/Dwyer 2000).

Wie in Abschnitt 1.1 erläutert, beschäftigt sich die vorliegende Arbeit mit produktbezogenen Innovationen, welche sich auf Sachgüter- bzw. Dienstleistungsinnovationen beziehen. An dieser Stelle ist festzuhalten, dass in der Literatur in einer Reihe von Arbeiten zwischen den Begriffen „Innovation" und „Innovativität" unterschieden wird (vgl. hierzu ausführlich Garcia/Calantone 2002). In einigen Arbeiten wird der Begriff produktbezogene Innovation mit dem Produktentwicklungsprozess assoziiert (vgl. u.a. Anderson/De Dreu/Nijstad 2004). Wie noch zu zeigen ist, stellen die Neuartigkeit und der Nutzen die zwei Hauptmerkmale von produktbezogenen Innovationen dar. Da sich die produktbezogene Innovativität auf den Grad der Neuartigkeit und den Grad des Nutzens von Produkten bezieht, werden im Folgenden die Begriffe „produktbezogene Innovation" und „produktbezogene Innovativität" definiert und voneinander abgegrenzt.

In Tabelle 2-1 wird zunächst eine Übersicht der Definitionen des Begriffs produktbezogene Innovation gegeben. Auf Basis der Gegenüberstellung und Diskussion der einzelnen Definitionen soll der Begriff produktbezogene Innovation definiert werden. Zunächst ist fest-zustellen, dass der Fokus der Definitionen auf einem Spektrum von der Entwicklung bzw. Implementierung von Ideen (vgl. Van de Ven 1986, S. 591) über die Adoption von neuartigen Sachgütern und Dienstleistungen (vgl. Damanpour 1991, S. 556) bis hin zum wirtschaftlichen Erfolg von Sachgüter- und Dienstleistungsinnovationen (vgl. Dougherty/Hardy 1996, S. 1121) reicht. Eine Reihe von Arbeiten siedelt den Begriff produktbezogene Innovation in der Mitte des Spektrums zwischen der Ideengenerierung und dem wirtschaftlichen Erfolg von Innovationen an (vgl. u.a. Sorescu/Spanjol 2008, S. 115; Zhou/Yim/Tse 2005, S. 49). So wird zum einen argumentiert, dass sich die Implementierung von Ideen auf einen Teil des Ent-wicklungsprozesses bezieht und nicht das Produkt selbst darstellt (vgl. u.a. Zhou/Yim/Tse 2005). Zum anderen wird der wirtschaftliche Erfolg von neuartigen Sachgütern und Dienst-leistungen in einer Reihe von Arbeiten als eigenständige Variable aufgefasst (vgl. u.a. Sorescu/Spanjol 2008, S. 116) und der Zusammenhang zwischen Innovationen und dem Erfolg untersucht (vgl. u.a. Bausch/Rosenbusch 2006).

Ein wesentliches Merkmal in den Definitionen zum Begriff produktbezogene Innovation ist die Neuartigkeit der Produkte. Diesbezüglich besteht in den Definitionen weitgehende Übereinstimmung. Darüber hinaus wird in ausgewählten Definitionen betont, dass neben der Neuartigkeit von Produkten zusätzlich ein *Nutzen für Kunden* bestehen muss (vgl. u.a. Aboulnasr 2008, S. 94; Damanpour 1991, S. 556). Wie im Rahmen der Kategorisierung der Innovationsarten dargestellt, können Innovationen danach unterschieden werden, ob eine Innovation neuartig in der Wahrnehmung des Anbieterunternehmens, der Kunden, der Branche oder der Welt ist. Hinsichtlich der Wahrnehmungsperspektive des Anbieterunter-nehmens ist anzumerken, dass sich die Wahrnehmung einer produktbezogenen Innovationen stark zwischen Unternehmen unterscheiden kann. Garcia/Calantone (2002, S.120) betonen in diesem Zusammenhang: „What one firm identifies as a really new innovation, can be labelled as an incremental innovation by another firm". Deshalb wird die Wahrnehmungsperspektive der Kunden zur Definition des Begriffs produktbezogene Innovation aufgenommen. In Anlehnung an Damanpour (1991, S. 556) werden produktbezogene Innovationen demzufolge verstanden als *Sachgüter und Dienstleistungen, die als neuartig und Nutzen bringend von Kunden wahrgenommen werden.*

Tabelle 2-1: Definitionen des Begriffs „produktbezogene Innovation" im Überblick

Autor(en) (Jahr, Seite)	Definition des Begriffs „produktbezogene Innovation"	Schwerpunkt der Definition
Albers/Eggers (1991, S. 45)	Produktbezogene Innovationen „(umfassen) alle Produkte […], die neu für das Unternehmen sind".	*Neuartigkeit* der Produkte
Damanpour (1991, S. 561)	Produktbezogene Innovationen „are new products or services introduced to meet an external user or market need".	*Kundennutzen* der neuartigen Produkte
Damanpour (1991, S. 556)	Produktbezogene Innovation „(is the) adoption of an internally generated or purchased device, system, policy, program, process, product, or service that is new to the adopting organization".	*Adoption*
Dougherty/Hardy (1996, S. 1121)	Produktbezogene Innovationen „(are) the generation of multiple new products, as strategically necessary over time, with a reasonable rate of commercial success".	*Häufigkeit von Innovationen* und *wirtschaftlicher Erfolg*
Li/ Atuahene-Gima (2001, S. 1124)	Produktbezogene Innovation „refers to a new product that an organization has created for the market; it represents the commercialization of an invention, where invention is an act of insight".	*Neuartigkeit* und *wirtschaftlicher Erfolg*
Sivadas/Dwyer (2000, S. 38)	Produktbezogene Innovation: „Radical innovations are new-to-the-world. Incremental innovations refer to improvements and revisions to existing products and additions that supplement a company's existing product lines".	*Neuartigkeit* der Produkte (Unterscheidung in radikale und inkrementelle Innovationen)
Sorescu/Spanjol (2008, S. 115)	Produktbezogene Innovationen: („breakthrough innovations") „(are) new products that are the first to bring novel and significant consumer benefits to the market".	*Neuartigkeit* der Produkte und *Kundennutzen* der neuartigen Produkte
Sorescu/Spanjol (2008, S. 115)	Produktbezogene Innovationen: („incremental innovations") „(are) new products that do not deliver novel and significant consumer benefits to the market".	*Neuartigkeit* der Produkte und *Kundennutzen* der neuartigen Produkte
Van de Ven (1986, S. 591)	Produktbezogene Innovation „(is the) development and implementation of new ideas by people who over time engage in transactions with others within an institutional context".	*Entwicklung und Implementierung von neuartigen Ideen*
Zhou/Yim/Tse (2005, S. 49)	Produktbezogene Innovation „(is the) newness of the technology and the consumer benefit".	*Neuartigkeit* der Produkte und *Kundennutzen* der neuartigen Produkte

Wie die Definitionen in Tabelle 2-1 zeigen, wird in Bezug auf den Grad der Neuartigkeit von produktbezogenen Innovationen keine Unterscheidung vorgenommen. Zur Differenzierung von produktbezogenen Innovationen ist dieses Merkmal jedoch von Bedeutung (vgl. u.a. Garcia/Calantone 2002; Sorescu/Spanjol 2008). Wie in Abbildung 2-2 zu den Innovationsarten dargestellt wird, können im Wesentlichen zwei Dichotomien zum Neuartigkeitsgrad von

Innovationen unterschieden werden (vgl. hierzu ausführlich Garcia/Calantone 2002). Dabei handelt es sich zum einen um höchst neuartige Innovationen bzw. geringfügig neuartige Innovationen und zum anderen um radikale bzw. inkrementelle Innovationen (vgl. u.a. Sivadas/Dwyer 2000, S. 38; Sorescu/Spanjol 2008, S. 115; Zhou/Yim/Tse 2005). In der vorliegenden Arbeit wird die erste Dichotomie verfolgt.

In der Literatur wird der Grad der Neuartigkeit von produktbezogenen Innovationen durch die produktbezogene Innovativität ausgedrückt. Zur Beantwortung der Forschungsfrage 1 soll im Folgenden die produktbezogene Innovativität konzeptualisiert werden. Dazu werden zunächst die Definitionen des Begriffs produktbezogene Innovativität in Tabelle 2-2 gegenübergestellt.

Tabelle 2-2: Definitionen des Begriffs „produktbezogene Innovativität" im Überblick

Autor(en) (Jahr, Seite)	Definition des Begriffs „produktbezogene Innovativität"	Schwerpunkt der Definition
Langerak/ Hultink (2006, S. 2006)	Produktbezogene Innovativität „is defined as the extent to which the new product is new to the target market and to the developing firm".	*Grad der Neuartigkeit der Produkte*
Lee/O'Connor (2003, S. 11 f.)	Produktbezogene Innovativität „refers to the degree of newness of a product to the firm, in terms of the technology used [...], the relationship of the new product to products typically offered by the firm [...], and the degree to which current markets are strayed from as targets for the innovation".	*Grad der Neuartigkeit der Produkte* *Grad des Kundennutzens der neuartigen Produkte*
Sethi/Smith/Park (2001, S. 74)	Produktbezogene Innovativität „refers to the extent to which the product differs from competing alternatives in a way that is meaningful to costumers".	*Grad des Kundennutzens der neuartigen Produkte*
Stock-Homburg (2007, S. 117)	Produktbezogene Innovativität „wird definiert als das Ausmaß an Veränderungen an den Leistungen (Sachgüter bzw. Dienstleistungen) eines Anbieter-Unternehmens selbst sowie im näheren Umfeld der Leistungen".	*Grad der Veränderung*

Anhand der Gegenüberstellung der Definitionen des Begriffs produktbezogene Innovativität ist zu erkennen, dass sich die Definitionen im Wesentlichen auf den Grad der Neuartigkeit von Produkten (vgl. Langerak/Hultink 2006; Lee/O'Connor 2003) und den Grad des Kundennutzens (vgl. Sethi/Smith/Park 2001) von neuartigen Sachgütern und Dienstleistungen beziehen. In diesem Zusammenhang führen Sethi/Smith/Park (2001, S. 74) aus: „For an outcome to be innovative it must be novel and appropriate [...]. Appropriateness is the extent to which a given output is viewed as useful or beneficial to some audience". Analog zur Definition des Begriffs produktbezogene Innovation wird hier also der Grad des Nutzens von neuartigen Sachgütern und Dienstleistungen hervorgehoben. Demzufolge stellen die zwei Facetten „Grad der Neuartigkeit von Produkten" und „Grad des Nutzens von neuartigen Produkten" zwei Dimensionen der Konzeptualisierung des Begriffs produktbezogene Innovativität dar.

In der Literatur wird des Weiteren argumentiert, dass Unternehmen mehrere neuartige Sachgüter und Dienstleistungen hervorbringen sollten, um innovativ zu sein (vgl. Dougherty/Hardy 1996). Der Fokus liegt in diesen Arbeiten auf der Häufigkeit von auf den Markt eingeführten Innovationen eines Unternehmens. Der Begriff produktbezogene Innovativität lässt sich also um die Dimension „Häufigkeit der Markteinführung von neuartigen Produkten" ergänzen. Zusammenfassend werden die drei Dimensionen der produktbezogenen Innovativität in Abbildung 2-3 dargestellt.

Abbildung 2-3:   Dimensionen der produktbezogenen Innovativität

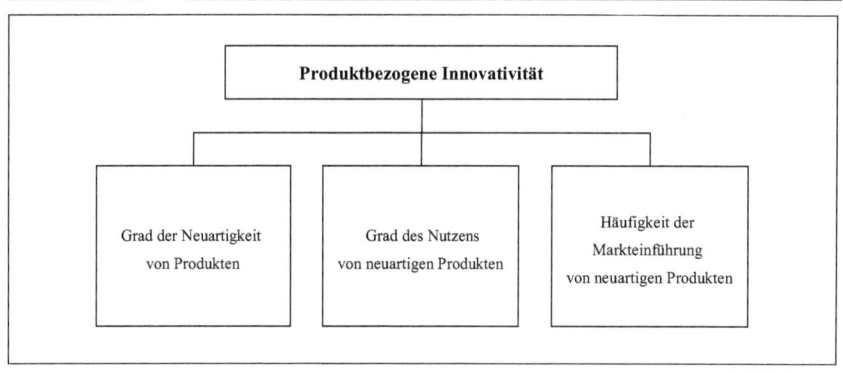

Der Begriff produktbezogene Innovativität wird also anhand dieser drei Dimensionen konzeptualisiert. Die Definition des Begriffs produktbezogene Innovativität lautet demzufolge (in Anlehnung an Damanpour 1991; Sethi/Smith/Park 2001):

Produktbezogene Innovativität bezieht sich auf den Grad der Neuartigkeit von Produkten, den Grad des Nutzens von neuartigen Produkten und die Häufigkeit der Markteinführung von neuartigen Produkten eines Unternehmens in der Wahrnehmung von Kunden des Unternehmens.

An dieser Stelle ist darauf hinzuweisen, dass die produktbezogene Innovativität in der vorliegenden Arbeit auf der Produktprogrammebene untersucht wird (vgl. u.a. Danneels/Kleinschmidt 2001). Die produktbezogene Innovativität bezieht sich daher auf alle Produkte eines Unternehmens. Wie in Abschnitt 2.2 noch zu erläutern ist, wird in Untersuchungen beispielsweise auch die Innovativität einzelner Produkte eines Unternehmens analysiert. Insbesondere aufgrund der strategischen Relevanz des Produktprogramms, wird in der vorliegenden Arbeit die produktbezogene Innovativität jedoch auf der Produktprogrammebene untersucht.

2.1.2.2 Definition der Begriffe „Wissen" und „Informationen"

Der Begriff „Informationen" wird in der Literatur oft als Synonym für den Begriff Wissen verwendet (vgl. Nonaka 1994, S. 15). Dazu betont Nonaka (1994): „Although the terms 'information' and 'knowledge' are often used interchangeably, there is a clear distinction between information and knowledge" (Nonaka 1994, S. 15). Deshalb soll im Folgenden sowohl der Begriff „Wissen" als auch der Begriff „Informationen" definiert werden. Wie die in Tabelle 2-3 aufgeführten Definitionen zeigen, besteht bislang keine einheitliche Definition des Begriffs Wissen. Die Auseinandersetzung in der Literatur mit der Definition des Begriffs Wissen reicht sogar bis in die Antike zurück (vgl. Grant 1996b; Nonaka 1994), in welcher der Begriff Wissen als „justified true belief" (Nonaka 1994, S. 15) eingegrenzt wurde. Da sich die vorliegende Arbeit mit der Gewinnung von Informationen beschäftigt wird der Begriff Wissen in Anlehnung an Akbar (2003) als *gespeicherte, aggregierte Informationen* definiert.

Tabelle 2-3:   Definitionen des Begriffs „Wissen" im Überblick

Autor(en) (Jahr, Seite)	Definition des Begriffs „Wissen"
Akbar (2003, S. 1999)	Wissen „is the subjective storage of aggregate information [...] or expertise".
Davenport/Prusak (1998, S. 5)	Wissen „is a flux mix of framed experiences, values, contextual information, and expert insight that provides a framework for evaluating and incorporating new experiences and information".
Glazer (1991, S. 3)	Wissen ist „information that has been codified further".
Grant (1996b, S. 110)	Wissen ist „that which is known".
Nonaka (1994, S. 15)	Wissen ist ein „justified true belief".
Tsoukas/Vladimirou (2002, S. 979)	Wissen „is the individual ability to draw distinctions within a collective domain of action, based on an appreciation of context or theory, or both".

Hinsichtlich der Definition des Begriffs Informationen wird in der Literatur die naturwissenschaftliche Perspektive und die humane Perspektive unterschieden (vgl. Jacoby 1977). Im Rahmen der *naturwissenschaftlichen Perspektive*, deren Grundlagen durch Weiner (1949) und Shannon/Weaver (1949) gelegt wurden, stellen sogenannte bits (binary digits) „the basic unit of information" (Jacoby 1977, S. 570) dar. Da in der vorliegenden Arbeit „humane" Quellen zur Gewinnung von Informationen untersucht werden, wird in der vorliegenden Arbeit die *humane Perspektive* (vgl. Jacoby 1977) zur Eingrenzung des Begriffs Informationen eingenommen.

Wie die Gegenüberstellung der Definitionen des Begriffs Informationen in Tabelle 2-4 zeigt, besteht in der Literatur kein einheitliches Verständnis des Begriffs. Um bestimmte Facetten des Begriffs Informationen nicht auszuklammern, wird deshalb in dieser Arbeit ein umfassendes Verständnis des Begriffs zugrunde gelegt. Somit beziehen sich Informationen in

Anlehnung an Glazer (1991, S. 2) auf *strukturierte Daten, die in einem bestimmten Kontext eine Bedeutung besitzen.*

Tabelle 2-4: Definitionen des Begriffs „Informationen" im Überblick

Autor(en) (Jahr, Seite)	Definition des Begriffs „Informationen"
Akbar (2003, S. 1999)	„information is the conversion of unorganized sludge of data [...] into relevant and purposeful information".
Dretske (1981 S. 86)	„commodity capable of yielding knowledge".
Glazer (1991, S. 2)	„data that have been organized or given structure - that is, placed in context - and thus endowed with meaning".
Nonaka (1994, S. 15)	„a flow of messages".
Nonaka/Takeuchi (1995, S. 58f.)	„information is a flow of messages, while knowledge is created by that very flow of information, anchored in the beliefs and commitment of its holder".
Salaün/Flores (2001, S. 25)	„information is what forms or transforms a representation in the relation which links a system to its environment".

2.2 Literaturbestandsaufnahme

Die Bestandsaufnahme von relevanter Literatur stellt neben den definitorischen Grundlagen (vgl. Abschnitt 2.1) und den theoretischen Bezugspunkten (vgl. Abschnitt 2.3) einen wichtigen Aspekt im Rahmen der konzeptionellen Grundlagen dar. In der Literaturbestandsaufnahme sollen empirische Arbeiten der Innovationsforschung gesichtet werden, die sich mit den Einflussgrößen sowie den Erfolgsauswirkungen der produktbezogenen Innovativität beschäftigen. In Abschnitt 2.2.1 wird zunächst ein Bezugsrahmen zur Literatursichtung erstellt. Der Bezugsrahmen umfasst insgesamt drei Kategorien von Arbeiten, die jeweils in den Abschnitten 2.2.2, 2.2.3 und 2.2.4 behandelt werden.

2.2.1 Bezugsrahmen zur Literatursichtung

In der Innovationsforschung finden sich zahlreiche Arbeiten zu den Einflussgrößen und den Erfolgsauswirkungen der Innovativität (vgl. Anderson/De Dreu/Nijstad 2004). Allein in der Zeitschrift Journal of Product Innovation Management wurden seit 1984 über 500 Artikel veröffentlicht (vgl. Biemans/Griffin/Moenaert 2007). Eine Reihe von Übersichtsarbeiten beschäftigt sich mit der übergreifenden Analyse der bestehenden Literatur zu den Einflussgrößen und den Erfolgsauswirkungen der Innovativität. Diese Übersichtsarbeiten lassen sich unter methodischen Gesichtspunkten in Anlehnung an Jensen/Mertesdorf (2006) und Rosenthal/DiMatteo (2001) in qualitative und quantitative Arbeiten unterscheiden.

Qualitative Übersichtsarbeiten zielen darauf ab, eine Übersicht der betrachteten Studien in einer eher informellen narrativen Form zu geben. Hierbei können qualitative Übersichtsarbeiten Hinweise liefern, „how large and consistent a particular finding is in a body of research" (Bangert-Drowns 1986, S. 389). Dagegen wenden *quantitative Übersichtsarbeiten* „statistics to numerical representations of the studies' dependent measures" (Bangert-Drowns 1986, S. 389) an. Quantitative Übersichtsarbeiten werden auch als Meta-Analysen bezeichnet (vgl. Bangert-Drowns 1986; Jensen/Mertesdorf 2006).

Zu den qualitativen Übersichtsarbeiten der Innovationsforschung lassen sich die folgenden Arbeiten zählen: Anderson/De Dreu/Nijstad (2004), Biemans/Griffin/Moenaert (2007), Brown/Eisenhardt (1995), Damanpour (1991), Deshpandé/Farley (2004), Gopalakrishnan/ Damanpour (1997), Hauser/Tellis/Griffin (2006), Montoya-Weiss/Calantone (1994), Mowery/Rosenberg (1979), Page/Schirr (2008), Pittaway et al. (2004), Taylor/McAdam (2004) und Van der Panne/Van Beers/Kleinknecht (2003). Den quantitativen Übersichtsarbeiten lassen sich die folgenden Arbeiten zuordnen: Bausch/Rosenbusch (2006), Grinstein (2008), Henard/Szymanski (2001), Kock (2007), Szymanski/Kroff/Troy (2007) und Van Wijk/ Jansen/Lyles (2008).

Nicht zuletzt aufgrund der inhaltlichen Breite und der daraus resultierenden Heterogenität der Innovationsforschung (vgl. Abschnitt 2.2) verfolgen die Übersichtsarbeiten zum größten Teil unterschiedliche inhaltliche Perspektiven (vgl. u.a. Bausch/Rosenbusch 2006; Hauser/Tellis/ Griffin 2006). Beispielsweise fokussieren sich Pittaway et al. (2004) auf den Zusammenhang zwischen der Bildung von Unternehmensnetzwerken und der Innovativität. Daher werden die einzelnen Übersichtsarbeiten lediglich an entsprechenden Stellen in dieser Arbeit wieder aufgegriffen.

Wie oben erläutert, existiert eine Vielzahl an Arbeiten in der Innovationsforschung. Die ausführliche Darstellung aller Arbeiten würde den Rahmen der vorliegenden Arbeit übersteigen. Daher soll die Literaturbestandsaufnahme eingegrenzt werden. Die folgenden Kriterien werden dazu herangezogen:

-   In die Literaturbestandsaufnahme werden solche empirische Arbeiten aufgenommen, welche die *Einflussgrößen und die Erfolgsauswirkungen der produktbezogenen Innovativität auf organisationaler Ebene* untersuchen. In der Literaturbestandsaufnahme werden jedoch keine Arbeiten berücksichtigt, welche diese Zusammenhänge auf teambezogener oder individueller Ebene analysieren.

- Die Literaturbestandsaufnahme wird auf Basis der Definition der produktbezogenen Innovativität (vgl. Abschnitt 2.1.2.1) auf Untersuchungen eingeschränkt, welche die Einflussgrößen bzw. die Erfolgsauswirkungen der produktbezogenen Innovativität, untersuchen. Es werden dagegen keine Studien gesichtet, die beispielsweise die Patente (vgl. u.a. Miller/Fern/Cardinal 2007), die Ausgaben im Bereich der Forschung und Entwicklung (vgl. u.a. Hull/Rothenberg 2008), den Innovationserfolg (vgl. De Luca/Atuahene-Gima 2007) oder die Innovationskonzepte vor Erstellung eines Produkts (vgl. u.a. Ernst/Kohn 2007) als Surrogat für die produktbezogene Innovativität verwenden. Im Fokus der vorliegenden Arbeit stehen also der Grad der Neuartigkeit von Produkten, der Grad des Nutzens von neuartigen Produkten und die Häufigkeit der Markteinführung von neuartigen Produkten (vgl. hierzu ausführlich Abschnitt 2.1.2.1).

- Die Bestandsaufnahme der Literatur wird zudem auf Arbeiten eingegrenzt, welche die Einflussgrößen bzw. die Erfolgsauswirkungen der produktbezogenen Innovativität auf Basis einer relativ großzahligen Datengrundlage und unter Verwendung quantitativer Analysemethoden untersuchen. Hierbei wird der Schwerpunkt auf Arbeiten gelegt, die nach 1990 publiziert wurden. Untersuchungen, die vor 1990 veröffentlicht wurden, werden nur bei einer herausragenden Bedeutung für die Innovationsforschung dargestellt.

Die Literaturbestandsaufnahme wird mithilfe eines Bezugsrahmens systematisiert (vgl. Abbildung 2-4). In diesem Rahmen werden Arbeiten gesichtet, welche die produktbezogene Innovativität auf der Ebene des Produktprogramms, auf der Ebene des Innovationsprojekts und auf der Ebene eines ausgewählten Produkts bzw. mehrerer ausgewählter Produkte analysieren.

Abbildung 2-4: Bezugsrahmen der Literatursichtung

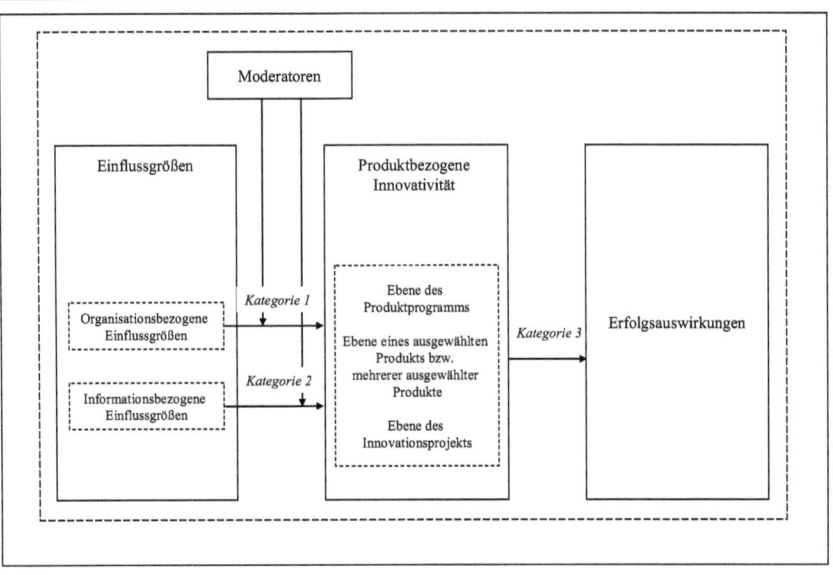

Auf der organisationalen Ebene lassen sich strategiebezogene, kulturbezogene, struktur- bzw. prozessbezogene, ressourcenbezogene, systembezogene und informationsbezogene Einflussgrößen der produktbezogenen Innovativität unterscheiden (in Anlehnung an Adams/Bessant/Phelps 2006; Anderson/De Dreu/Nijstad 2004; Hauser/Tellis/Griffin 2006; Van der Panne/Van Beers/Kleinknecht 2003). Da die Gewinnung von Informationen einen zentralen Aspekt in der vorliegenden Arbeit spielt (vgl. hierzu die Forschungsfragen in Abschnitt 1.2), kommt den informationsbezogenen Einflussgrößen eine besondere Bedeutung zu. Dabei handelt es sich um Einflussgrößen, die direkt mit Informationen bzw. Wissen assoziiert sind. Dazu zählt beispielsweise der Kundenwissensmanagementprozess (vgl. Li/Calantone 1998). Die weiteren fünf Gruppen von Einflussgrößen werden unter organisationsbezogenen Einflussgrößen der produktbezogenen Innovativität zusammengefasst. Daher werden zur Systematisierung der empirischen Arbeiten die folgenden drei Kategorien gebildet (vgl. hierzu auch Abbildung 2-4):

Die *erste Kategorie* der Literaturbestandsaufnahme umfasst Arbeiten, welche den Zusammenhang zwischen den organisationsbezogenen Einflussgrößen und den Dimensionen der produktbezogenen Innovativität untersuchen. Die Arbeiten lassen sich in die folgenden drei Tabellen einordnen:

- *Tabelle 2-5* umfasst solche Arbeiten, die ausschließlich den Zusammenhang zwischen organisationsbezogenen Einflussgrößen und der produktbezogenen Innovativität analysieren.

- *Tabelle 2-6* beinhaltet Arbeiten, welche sowohl den Zusammenhang zwischen den organisationsbezogenen Einflussgrößen und der produktbezogenen Innovativität als auch den Zusammenhang zwischen der produktbezogenen Innovativität und den Erfolgsauswirkungen im Rahmen einer Wirkungskette untersuchen.

- *Tabelle 2-7* gehören Arbeiten an, die neben den Haupteffekten zusätzlich moderierende Effekte auf den Zusammenhang zwischen den organisationsbezogenen Einflussgrößen und der produktbezogenen Innovativität bzw. den Zusammenhang zwischen der produktbezogenen Innovativität und den Erfolgsauswirkungen analysieren.

Die *zweite Kategorie* der Literaturbestandsaufnahme konzentriert sich auf Arbeiten, welche den Effekt der informationsbezogenen Einflussgrößen auf die Dimensionen der produktbezogenen Innovativität untersuchen. Diese Arbeiten lassen sich analog zur Kategorie 1 mithilfe der folgenden Tabellen unterscheiden:

- *Tabelle 2-8* umfasst Arbeiten, die ausschließlich den Zusammenhang zwischen informationsbezogenen Einflussgrößen und der produktbezogenen Innovativität betrachten.

- *Tabelle 2-9* gehören Arbeiten an, welche sowohl den Zusammenhang zwischen den informationsbezogenen Einflussgrößen und der produktbezogenen Innovativität als auch den Zusammenhang zwischen der produktbezogenen Innovativität und den Erfolgsauswirkungen im Rahmen einer Wirkungskette untersuchen.

- *Tabelle 2-10* enthält zudem Arbeiten, welche im Rahmen der zweiten Kategorie zusätzlich moderierende Effekte analysieren.

Die *dritte Kategorie* der Literaturbestandsaufnahme unterscheidet sich von den ersten zwei Kategorien dahin gehend, dass solche Arbeiten betrachtet werden, die ausschließlich den Zusammenhang zwischen der produktbezogenen Innovativität und den Erfolgsauswirkungen untersuchen. Die Arbeiten werden in zwei Tabellen dargestellt:

- Die Ergebnisse zu den Haupteffekten dieser Arbeiten werden in *Tabelle 2-11* dargestellt.

- Darüber hinaus werden in *Tabelle 2-12* die Ergebnisse zu den moderierenden Effekten aufgeführt.

2.2.2 Literatur zu organisationsbezogenen Einflussgrößen der produktbezogenen Innovativität

Die Arbeiten zu den organisationsbezogenen Einflussgrößen der produktbezogenen Innovativität (vgl. Tabelle 2-5, Tabelle 2-6 und Tabelle 2-7) werden aus inhaltlicher, theoretischer und methodischer Perspektive diskutiert. Zuerst sollen die Arbeiten aus *inhaltlicher Perspektive* betrachtet werden. Wie in Abschnitt 2.2.1 erläutert, werden den organisationsbezogenen Einflussgrößen in der vorliegenden Arbeit strategiebezogene, kulturbezogene, struktur- bzw. prozessbezogene, ressourcenbezogene und managementsystembezogene Variablen zugeordnet. Im Folgenden soll vor allem die Auswahl der Variablen aus diesen Kategorien diskutiert werden (vgl. Tabelle 2-5, Tabelle 2-6 und Tabelle 2-7).

Die *strategiebezogenen Einflussgrößen* der produktbezogenen Innovativität werden vergleichsweise häufig untersucht. Die Mehrheit der Arbeiten zieht dabei die Variablen „Fokus auf zukünftige Märkte" und „Fokus auf Innovationen" heran. In allen Arbeiten zum *Fokus auf zukünftige Märkte* kann ein positiver Effekt festgestellt werden (vgl. Herrmann/ Gassmann/Eisert 2007; Knight/Cavusgil 2004; Yadav/Prabhu/Chandy 2007). Knight/Cavusgil (2004) können darüber hinaus einen positiven Effekt der Entrepreneurorientierung auf die produktbezogene Innovativität nachweisen.

Hinsichtlich der Variable „Fokus auf Innovationen" zeigt sich allerdings kein konsistentes Bild. So finden zwar einige Arbeiten einen positiven Effekt (vgl. Chandy/Tellis 1998; Hull 2004; Ritter/Gemünden 2004; Vega-Jurado et al. 2008). In der Arbeit von Ritter/Gemünden (2004) kann dieser Zusammenhang dagegen nicht bestätigt werden. Die Arbeit von Ritter/Gemünden (2004) unterscheidet sich von anderen Arbeiten im Wesentlichen in Bezug auf die Konzeptualisierung der abhängigen Variable, welche neben Indikatoren zur produktbezogenen Innovativität auch Indikatoren zur organisationsbezogenen Innovativität enthält.

Die Strategietypologie nach Miles/Snow (1978) hat in der Literatur viel Beachtung gefunden (vgl. u.a. Conant/Mokwa/Varadarajan 1990; Ruekert/Walker 1987; Shortell/Zajac 1990). Die Bedeutung dieser Typologie wird auf „its innate parsimony, industry-independent nature, and to its correspondence with the actual strategic postures of firms across multiple industries and countries" (De Sarbo et al. 2005, S. 47) zurückgeführt. Um ein umfassendes Bild zu den strategiebezogenen Einflussgrößen der produktbezogenen Innovativität zu gewinnen, wäre die Untersuchung der Zusammenhänge zwischen den vier Strategien nach Miles/Snow (1978) und der produktbezogenen Innovativität in zukünftigen Studien wünschenswert.

Die *kulturbezogenen Einflussgrößen* der produktbezogenen Innovativität werden im Vergleich zu den anderen Kategorien von Einflussgrößen der produktbezogenen Innovativität selten untersucht. Im Wesentlichen werden in den Arbeiten zu den kulturbezogenen Einflussgrößen die Variablen „marktorientierte Kultur" und „innovationsorientierte Kultur" herangezogen. In der Arbeit von Langerak/Hultink/Robben (2004) kann dabei ein positiver Effekt der marktorientierten Kultur auf den Produktnutzen festgestellt werden. Auch Talke (2007) weist einen positiven Effekt der marktorientierten Kultur nach. Dieses Konstrukt wird in der Arbeit von Talke (2007) als Haltung gegenüber dem Markt bezeichnet und enthält ebenfalls Dimensionen zur Gewinnung von Informationen. Es kann ebenfalls ein positiver Effekt der Variable „innovationsorientierte Kultur" auf die produktbezogene Innovativität nachgewiesen werden (vgl. Naveh 2005; Nijssen et al. 2006; Talke 2007). Die innovationsorientierte Kultur wird dabei als innovationsorientierte Atmosphäre (vgl. Naveh 2005) und die Haltung des Unternehmens gegenüber Technologien bzw. Produkten (vgl. Nijssen et al. 2006; Talke 2007) konzeptualisiert.

Die gesichteten Arbeiten zu den kulturbezogenen Einflussgrößen der produktbezogenen Innovativität zeigen größtenteils, dass die Unternehmenskultur die produktbezogene Innovativität positiv beeinflusst. Zukünftige Forschungen könnten anhand der Untersuchung der unterschiedlichen Facetten der Unternehmenskultur, wie beispielsweise innovationsorientierte Werte bzw. Normen (in Anlehnung an Homburg/Pflesser 2000a), einen tieferen Einblick in die Mechanismen des Zusammenhangs zwischen der Unternehmenskultur und der produktbezogenen Innovativität gewinnen.

Die Literaturbestandsaufnahme zeigt des Weiteren, dass *struktur- bzw. prozessbezogene Einflussgrößen* der produktbezogenen Innovativität bislang am häufigsten untersucht werden. Zu den ausgewählten Variablen gehören die „Integration unterschiedlicher Funktionsbereiche in den Neuproduktentwicklungsprozess" (vgl. u.a. Hull 2004; Naveh 2005; Swink/Song 2007), die „Dezentralisierung" sowie die „Formalisierung" (vgl. Jansen/Van den Bosch/Volberda 2005).

Im Hinblick auf die Integration unterschiedlicher Funktionsbereiche in den Neuproduktentwicklungsprozess kann die Mehrzahl der gesichteten Arbeiten einen positiven Effekt auf die produktbezogene Innovativität nachgewiesen (vgl. u.a. Hull 2004; Swink/Song 2007). In der Arbeit von Naveh (2005) wird darüber hinaus zwischen frühzeitiger und später Integration unterschiedlicher Funktionsbereiche in den Neuproduktentwicklungsprozess unterschieden. Naveh (2005) stellt dabei einen negativen Einfluss der frühzeitigen Integration unterschiedlicher Funktionsbereiche in den Neuproduktentwicklungsprozess fest. Die Integration von unterschiedlichen Funktionsbereichen in einem späten Stadium des Neuproduktentwicklungsprozesses hat nach Naveh (2005) hingegen keinen signifikanten Einfluss auf die produktbezogene Innovativität.

In der Arbeit von Jansen/Van den Bosch/Volberda (2005) kann ein positiver Effekt der Variable „Dezentralisierung" auf die produktbezogene Innovativität gezeigt werden. Die Variable „Formalisierung" wirkt sich hingegen nicht signifikant auf die produktbezogene Innovativität aus (vgl. Jansen/Van den Bosch/Volberda 2005).

In zukünftigen Arbeiten könnte untersucht werden, welche Konfigurationen der Bereiche Marketing und F&E die produktbezogene Innovativität beeinflussen. Die Relevanz dieser Fragestellung ergibt sich daraus, dass in Arbeiten der Innovationsforschung die Schnittstelle zwischen dem Marketing und der F&E zur Realisierung von Innovationen als bedeutsam erachtet wird (vgl. u.a. Becker/Lillemark 2006; Song/Thieme 2006). Anhand der Untersuchung der Auswirkungen unterschiedlicher Konfigurationen von Marketing und F&E auf die produktbezogene Innovativität könnte ein tiefer gehendes Verständnis hinsichtlich dieser Schnittstelle gewonnen werden.

Die *ressourcenbezogenen Einflussgrößen* finden in den gesichteten Arbeiten vergleichsweise wenig Beachtung (vgl. Abschnitt 2.2.3 zu den informationsbezogenen Einflussgrößen der produktbezogenen Innovativität). Die Arbeiten zu den ressourcenbezogenen Einflussgrößen betrachten finanzielle Ressourcen (vgl. Katila/Shane 2005) als auch Überschussresourcen (vgl. Sorescu/Spanjol 2008). Hinsichtlich der finanziellen Ressourcen kann kein signifikanter Einfluss auf die produktbezogene Innovativität nachgewiesen werden (vgl. Katila/Shane 2005). Darüber hinaus stellt der „organizational slack" (vgl. Sorescu/Spanjol 2008) eine interessante Variable dar. Darunter werden „excess resources that both cushion the organization from environmental changes and represent an opportunity for discretionary allocations" (Herold/Jayaraman/Narayanaswamy 2006, S. 373) verstanden. Sorescu/Spanjol (2008) können in ihrer Untersuchung einen positiven Einfluss der Überschusskapazität (organizational slack) auf die Innovativität nachweisen. Nicht zuletzt aufgrund der geringen Anzahl empirischer Untersuchungen zeigt sich also bislang kein konsistentes Bild hinsichtlich des Einflusses von ressourcenbezogenen Einflussgrößen auf die produktbezogene Innovativität. Zukünftige Forschungen könnten beispielsweise die unterschiedlichen Facetten der Ressourcen simultan untersuchen, um die jeweiligen Effektstärken auf die produktbezogene Innovativität zu vergleichen. Daraus könnte abgeleitet werden, welchen Ressourcen einen hohen bzw. niedrigen Einfluss auf die produktbezogene Innovativität ausüben.

Hinsichtlich der *managementsystembezogenen Einflussgrößen* wird in den gesichteten Arbeiten häufig der Einfluss von Personalmanagement-Systemen (für einen Überblick zu allgemeinen Erfolgsauswirkungen von Personalmanagement-Systemen vgl. Stock-Homburg/ Herrmann/Bieling 2009) untersucht. In den gesichteten Arbeiten wird dabei ein positiver Effekt der Personalentwicklung (vgl. Dömötör/Franke/Hienerth 2007), Personalrekrutierung (vgl. Rao/Drazin 2002) und der Personalvergütung (vgl. Abbey/Dickson 1983) auf die produktbezogene Innovativität gefunden. Zukünftige Forschungsvorhaben könnten beispielsweise mithilfe von Längsschnittstudien den langfristigen Einfluss von Personalentwicklungs-Systemen auf die produktbezogene Innovativität untersuchen (in Anlehnung an Stock-Homburg/Herrmann/Bieling 2009).

Wie in Abschnitt 1.2 bereits erläutert, kann der Zusammenhang zwischen den Einflussgrößen und der produktbezogenen Innovativität unter verschiedenen Bedingungen variieren. Die Untersuchung dieser Bedingungen kann mithilfe von Moderatoren erfolgen (vgl. Tabelle 2-7). Moderierende Effekte werden lediglich in einzelnen Arbeiten untersucht (vgl. u.a. Hull 2004; Jansen/Van den Bosch/Volberda 2005). In zwei dieser Arbeiten kann ein signifikanter Effekt von wettbewerbsbezogenen Moderatoren nachgewiesen werden (vgl. Jansen/Van den Bosch 2005; Katila/Shane 2005). Dabei handelt es sich um unternehmensexterne Variablen. Die Mehrzahl der Arbeiten untersucht hingegen unternehmensinterne Variablen als Moderatoren.

Nach Aldrich/Pfeffer (1976) können Umwelteinflusse die Entscheidungsfreiheit von Unternehmen stark einschränken. Beispielsweise wird argumentiert, dass Unternehmen bei einer hohen Marktunsicherheit kontinuierlich Sachgüter und Dienstleistungen modifizieren müssen, um Kundenpräferenzen erfüllen zu können (vgl. Jaworski/Kohli 1993). Es ist anzunehmen, dass die kontinuierliche Modifikation von Produkten zum Beispiel bestimmte Strukturen und Prozesse im Unternehmen erfordert. Vor diesem Hintergrund wäre es wünschenswert, wenn zukünftige Arbeiten untersuchen, welche moderierenden Effekte unternehmensexterne Variablen auf den Zusammenhang zwischen organisationsbezogenen Größen und der produktbezogenen Innovativität besitzen.

Mit Blick auf die *theoretische Fundierung* des Zusammenhangs zwischen den organisationsbezogenen Faktoren und der produktbezogenen Innovativität wird zwischen Plausibilitätsüberlegungen und theoretischen Ansätzen unterschieden. Durch theoretische Ansätze können, im Gegensatz zu Plausibilitätsüberlegungen, die zugrunde liegenden Mechanismen der betrachteten Zusammenhänge erklärt werden (vgl. zur Unterscheidung von Theorien und Plausibilitätsüberlegungen DiMaggio 1995; Sutton/Staw 1995; Weick 1995). Für die Innovationsforschung ist die Anwendung von theoretischen Ansätzen beispielsweise relevant, um Einflussgrößen der produktbezogenen Innovativität abzuleiten und deren Effekt auf die produktbezogene Innovativität zu erklären. Es ist festzustellen, dass lediglich 13 gesichtete Arbeiten zur Fundierung der postulierten Zusammenhänge auf theoretische Ansätze zurückgreifen. Es wäre daher wünschenswert, wenn zukünftige Arbeiten häufiger theoretische Ansätze zur Fundierung der Zusammenhänge heranziehen würden.

In den gesichteten Arbeiten findet am häufigsten der Ressourcenbasierte Ansatz (vgl. Barney 1991; Grant 1991; Wernerfelt 1984) Anwendung (vgl. u.a. Herrmann/Gassmann/Eisert 2007; Katila/Shane 2005). Der Ressourcenbasierte Ansatz postuliert, dass Unternehmen durch den Aufbau strategischer Ressourcen Wettbewerbsvorteile generieren können (vgl. dazu ausführlich Abschnitt 2.3.1). Darüber hinaus wird der situative Ansatz (vgl. Galbraith 1973; Lawrence/Lorsch 1967) zur theoretischen Fundierung der empirischen Arbeiten (vgl. Young/Charns/Heeren 2004) herangezogen. Die Theorie des organisationalen Lernens (vgl. u.a. Argote 1999; Cyert/March 1963) wird in der Arbeit von Paladino (2007) aufgegriffen.

Als weitere theoretische Ansätze werden die Ressourcenabhängigkeitsperspektive (vgl. Pfeffer/Salancik 1978), die Dissonanztheorie (vgl. Festinger 1957), die Evolutionstheorie (vgl. Nelson/Winter 1982) und die Upper Echelons Theory (vgl. Hambrick 2007; Hambrick/ Mason 1984) in den gesichteten Arbeiten (vgl. u.a. Chandy/Tellis 1998; Katila/Shane 2005; Rao/Drazin 2002) zugrunde gelegt.

Eine theoretisch interessante Perspektive ziehen Chandy/Tellis (2000) mit der Theorie der S-Kurven heran (vgl. Abbildung 2-5). Die Theorie geht auf Forschungsarbeiten im Technologiemanagement zurück (vgl. u.a. Foster 1986; Utterback 1994) und beschreibt zunächst die Entwicklung von Technologien anhand von sukzessiven S-Kurven. Die S-Kurven verdeutlichen hierbei insbesondere die Höhe des Nutzens von Technologien für Kunden im Zeitverlauf. Die S-Kurve einer Technologie beginnt dabei zunächst langsam zu steigen, da eine neue Technologie im frühen Stadium relativ wenig Nutzen für Kunden generiert. Im weiteren Zeitverlauf steigt der Nutzen für Kunden und die S-Kurve stark an. In der letzten Phase der Technologie nimmt die Steigung des Nutzens für Kunden (Grenznutzen) bzw. die S-Kurve nur noch schwach zu.

Der theoretische Ansatz von Chandy/Tellis (2000) beschreibt darüber hinaus den Nutzen von neuen Technologien im Vergleich zum Nutzen von alten Technologien. Die neuen Technologien übersteigen nach einer Entwicklungsphase am Markt im Zeitverlauf den Kundennutzen der alten Technologien (vgl. Chandy/Tellis 1998, 2000). Der Eintrittspunkt einer neuen Technologie (Punkt a in Abbildung 2-5) wird dabei als technologischer Durchbruch („technological breakthrough") bezeichnet. Der Schnittpunkt (Punkt b in Abbildung 2-5) der S-Kurve der existierenden Technologie (Z 1) und der S-Kurve der neuen Technologie (Z 2) kennzeichnet den Zeitpunkt, ab dem der Markt das auf der neuen Technologie (Z 2) basierende Produkt als eine radikale Innovation („radical innovation") wahrnimmt. Punkt c stellt den Zeitpunkt dar, ab dem Anstrengungen unternommen werden, um den Nutzen der auf der existierenden Technologie (Z 1) basierenden Produkte zu erhöhen. Der relativ kurze Verlauf der S-Kurve Z 1 ab dem Punkt c wird auch als Marktdurchbruch („market breakthrough") bezeichnet.

Der Ansatz von Chandy/Tellis (2000) ist für die vorliegende Arbeit von Relevanz, da hier der „Nutzen von neuartigen Produkten für Kunden" als Variable diskutiert wird, deren Ausprägung sich im Zeitlauf verändern kann. Es ist also von Bedeutung, wann zuletzt Innovationen auf dem Markt eingeführt wurden. Die Variable widerspiegelt dabei eine Dimension der produktbezogenen Innovativität (vgl. Abschnitt 2.1.2.1). Zudem wird durch den Ansatz von Chandy/Tellis (2000) die Bedeutung der Häufigkeit der Markteinführung neuartiger Produkte hervorgehoben.

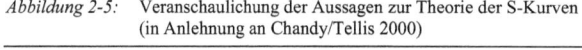

Abbildung 2-5: Veranschaulichung der Aussagen zur Theorie der S-Kurven
(in Anlehnung an Chandy/Tellis 2000)

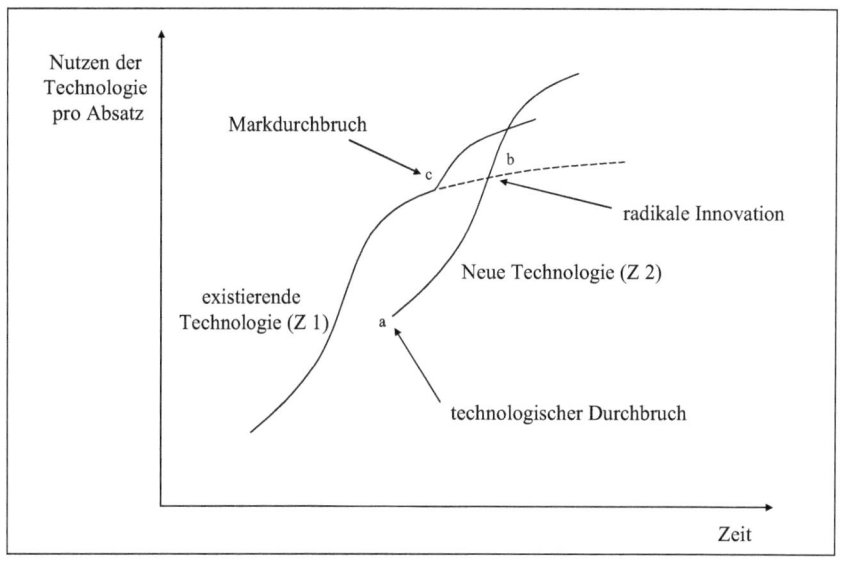

Abschließend ist in Bezug auf die theoretische Perspektive der Bestandsaufnahme festzustellen, dass bisherige Arbeiten nicht auf institutionsökonomische Theorien zur Begründung
der postulierten Zusammenhänge zurückgreifen. Mithilfe dieser Ansätze ließe sich beispielsweise erklären, unter welchen Bedingungen technologische Bestandteile von produktbezogenen Innovationen im Unternehmen produziert oder über den Markt erworben werden
sollten (vgl. hierzu auch die Ausführungen zur Transaktionskostentheorie in Abschnitt 2.3.4).

Die Ausführungen zu den *methodischen Aspekten* der Literaturbestandsaufnahme konzen-
trieren sich auf die Datengrundlage und die Analysemethode der empirischen Daten. Die
Datengrundlage wird anhand der folgenden Aspekte diskutiert: dyadische bzw. triadische
Daten und Branchenauswahl.

Hinsichtlich der *dyadischen bzw. triadischen Daten* ist festzustellen, dass in der Mehrzahl der
gesichteten Studien lediglich eine Person pro Untersuchungseinheit befragt wird (vgl. u.a.
Knight/Cavusgil 2004; Paladino 2007; Matzler et al. 2008). In lediglich zwei Studien werden
dagegen dyadische Daten erhoben (vgl. Talke 2007; Wong/Tjosvold/Su 2007). In keiner der
gesichteten Studien dienen jedoch triadische Daten als Grundlage für die Analyse. Die Erhebung von Daten bei lediglich einer Person pro Untersuchungseinheit ist jedoch anfällig für
den Informant Bias und den Common Method Bias (vgl. u.a. Jap/Anderson 2004; Hom-
burg/Schilke/Reimann 2009; Podsakoff/Organ 1986). Beim Information Bias handelt es sich

um einen „systematischen Messfehler, der sich aufgrund von unterschiedlichen Motiven, beschränkten Informationsverarbeitungskapazitäten, Wahrnehmungsunterschieden und divergierenden Informationsständen von Informanten ergibt" (Homburg/Schilke/Reimann 2009, S. 178). Der Common Method Bias tritt dann auf „wenn zwei oder mehr Konstrukte über identische Datenquellen gemessen wurden" (Homburg/Schilke/Reimann 2009, S. 178). Dabei können Korrelationen zwischen Konstrukten jedoch auf systematischen Verzerrungen basieren. Konsistenzbestreben und soziale Erwünschtheit stellen beispielsweise Auslöser für diese systematischen Verzerrungen dar (vgl. Homburg/Schilke/Reimann 2009, S. 178). Darüber hinaus ist festzuhalten, dass die produktbezogene Innovativität lediglich in einer Arbeit auf der Kundenseite erfasst wird (vgl. Wong/Tjosvold/Su 2007), obwohl in einer Reihe gesichteter Arbeiten der Nutzen für Kunden als Merkmal von produktbezogenen Innovationen hervorgehoben wird (vgl. u.a. Chandy/Tellis 2000; Langerak/Hultink/Robben 2004). Nach Szymanski/Kroff/Troy (2007) ist die Wahrnehmung der produktbezogenen Innovativität aus der Perspektive der Kunden von Bedeutung, da „customers will be able to distinguish its benefits from existing products" Szymanski/Kroff/Troy (2007, S. 45). Vor diesem Hintergrund sollte die produktbezogene Innovativität aus der Perspektive der Kunden erfasst werden. Demzufolge ist die Verwendung von dyadischen bzw. triadischen Daten in zukünftigen Arbeiten zu empfehlen.

Der zweite Aspekt der Diskussion der Datengrundlage bezieht sich auf die *Auswahl der Branchen*, welche in den gesichteten Studien berücksichtigt werden. Zunächst ist festzuhalten, dass branchenübergreifende Untersuchungen von Bedeutung sind, um generalisierbare Ergebnisse zu erlangen (vgl. u.a. Heim/Field 2007). Aufgrund der Relevanz von Dienstleistungsinnovationen als „key value drivers" (Möller/Rajala/Westerlund 2008, S. 31), ist die Berücksichtigung der Dienstleistungsbranche in branchenübergreifenden Untersuchungen zur Generalisierbarkeit der Ergebnisse wichtig. Die Sichtung der Studien zeigt jedoch, dass lediglich zwei Arbeiten explizit sowohl Anbieterunternehmen von Sachgüterinnovationen als auch Anbieterunternehmen von Dienstleistungsinnovationen in die Untersuchung einbeziehen (vgl. Nijssen et al. 2006; Yalcinkaya/Calantone/Griffith 2007). Am häufigsten werden Untersuchungen im Sachgüterkontext durchgeführt (vgl. u.a. Abbey/Dickson 1983; Chandy/Tellis 1998; Ritter/Gemünden 2004). Vor dem Hintergrund der obigen Ausführungen wäre es daher wünschenswert, wenn in der Zukunft häufiger branchenübergreifende Studien durchgeführt werden, die neben der Sachgüterbranche auch die Dienstleistungsbranche berücksichtigen.

In Bezug auf die *Analysemethode* ist festzustellen, dass in den gesichteten Arbeiten fast ausschließlich die Regressionsanalyse (vgl. u.a. Sorescu/Spanjol 2008) und die Kausalanalyse (vgl. u.a. Calantone/Chan/Cui 2006; Langerak/Hultink/Robben 2004) angewandt wird. Die Kausalanalyse ermöglicht es im Gegensatz zur Regressionsanalyse u.a. Zusammenhänge zwischen latenten Variablen zu untersuchen (vgl. hierzu ausführlich Abschnitt 4.2.2). Die Diskussion zur Definition der produktbezogenen Innovativität in Abschnitt 2.1.2.1 hat gezeigt, dass es sich bei der produktbezogenen Innovativität um ein komplexes Konstrukt handelt. Daher eignet sich zur Untersuchung der produktbezogenen Innovativität insbesondere die Kausalanalyse.

In Tabelle 2-7 werden Arbeiten aufgeführt, in welchen moderierende Effekte auf den Zusammenhang zwischen organisationsbezogenen Einflussgrößen und der produktbezogenen Innovativität untersucht werden. Mit Blick auf die angewandte Analysemethode zur Untersuchung der moderierenden Effekte ist festzustellen, dass lediglich in einer Arbeit auf die Kausalanalyse zurückgegriffen wird (vgl. Nijssen et al. 2006). Um die Effekte von Moderatoren auf den Zusammenhang zwischen organisationsbezogenen Einflussgrößen und der latenten Variable „produktbezogene Innovativität" zu untersuchen, sollten zukünftige Arbeiten aufgrund der vorangegangenen Ausführungen also häufiger die Kausalanalyse anwenden.

Tabelle 2-5: Arbeiten zu organisationsbezogenen Einflussgrößen der produktbezogenen Innovativität

Autor(en) (Jahr) / Journal / Theoretische Fundierung	Unabhängige Variable[1]	Abhängige Variable[1]	Datengrundlage[2]; ggf. Position[3] / Branche[4] / Art der Studie[5] / Art der Messung[6] / Methode[7] / Innovativitätsmessung[8] / Geografischer Raum[9]
Abbey/ Dickson (1983) / Academy of Management Journal / -	Dimensionen des Arbeitsklimas ... ... Autonomie / (n.s.) ... Kooperation / (n.s.) ... Unterstützung / (n.s.) ... Struktur / (n.s.) ... Vergütung / (+) Initiierung ... Erfolgsorientierte Vergütung / (+) ... Motivation / (+) 1 ... Hierarchie / (n.s.) ... Flexibilität / (+) ... Entscheidungszentralisierung / (n.s.) Wahrgenommene organisationale Innovativität / (+) Hoher Grad der Initiierung von Innovationen / (+) Arbeitsklimastabilität / (n.s.)	(1) Initiierung von Innovationen (2) Adoption von Innovationen (3) Implementierung von Innovationen Hoher Grad der Implementierung von Innovationen Anzahl von technologischen Innovationen (Häufigkeit der Markteinführung)	N = 8; m= 99 (8-16 pro Unternehmen); F&E-Führungskräfte / Halbleiterindustrie (Industriegüterbranche) / Q / S / KorrA / Ein oder mehrere ausgewählte Produkte / USA
Chandy/ Tellis (1998) / Journal of Marketing Research / Dissonanztheorie	Spezifische Investitionen / (-) Interne Märkte (Grad der Entscheidungsautonomie in SBU, Grad des Wettbewerbs unter SBUs) / (+) Einfluß des Produktchampions (Grad des Einflusses auf Aktivitäten von Neu-Produkt-Verfechtern des Unternehmens) / (+) Fokus auf zukünftige Märkte (Grad der Betonung auf zukünftige Kunden und Wettbewerber im Vergleich zu gegenwärtigen Kunden und Wettbewerbern) / (+) Unternehmensgröße / (n.s.) Willen zur Kannibalisierung (Grad der Einstellung auf die Reduzierung des tatsächlichen oder potentiellen Wertes der Investitionen) / (+)	Willen zur Kannibalisierung (Grad der Einstellung auf die Reduzierung des tatsächlichen oder potentiellen Wertes der Investitionen) Radikale Produktinnovation (u.a. Grad der Neuartigkeit und Häufigkeit der Markteinführung)	N = 192; m = 192; Senior Führungskräfte / High-Tech-Branche (Computer Hardware; Photonics; Telekommunikation) / Q / S / RA / Ein oder mehrere ausgewählte Produkte / USA
Chandy/ Tellis (2000) / Journal of Marketing / Theorie der S-Kurven	Unternehmen mit einer marktbeherrschenden Stellung / (n.s.) Größe des Unternehmens / (-) Größe des Unternehmens (Mitarbeiteranzahl) / (-) Sitz des Unternehmens (nicht-US- vs. US-Unternehmen) / (-) Zeit (vor und nach dem 2 Weltkrieg) / (-)	Radikale Produktinnovationen (Grad der Neuartigkeit, Grad des Nutzens für Kunden)	N = 64 (Analyse historischer Daten) / Branchenübergreifend / L (150 Jahre) / O / RA / Ein oder mehrere ausgewählte Produkte / International

Anmerkungen:
1) (+) bzw. (-) = positiver bzw. negativer, signifikanter Zusammenhang (zwischen den unabhängigen und abhängigen Variablen bzw. moderierender Effekt auf den/die betrachteten Zusammenhänge); (+) und (Zahl) bzw. (-) und (Zahl) = positiver bzw. negativer, signifikanter Zusammenhang in Bezug auf die mit (Zahl) gekennzeichnete Variable, sonst nicht signifikant; (n.s.) = nicht signifikanter Zusammenhang; (+/-) = nicht-linearer, signifikanter Zusammenhang; (Grad der Neuartigkeit), (Grad des Nutzens) und (Häufigkeit der Markteinführung) stellen die untersuchten Dimensionen der produktbezogenen Innovativität dar; 2) N = Anzahl der Unternehmen; m = Anzahl der Befragten; k. A. = keine Angabe; 3) Position der Informanten; 4) Branche der Datenerhebung; 5) L = Studie enthält Längsschnittsdaten; Q = Studie enthält Querschnittsdaten; 6) S = Subjektive Messung; O = Objektive Messung; 7) DA = Diskriminanzanalyse; KA = Kausalanalyse; KorrA = Korrelationsanalyse; MW = Mittelwertberechnung; RA = Regressionsanalyse; VA = Varianzanalyse; 8) Ebene der Messung der produktbezogenen Innovativität; 9) Geografischer Raum der Datenerhebung (i.d.R. einzelne Nationen)

Tabelle 2-5: Arbeiten zu organisationsbezogenen Einflussgrößen der produktbezogenen Innovativität (2)

Autor(en) (Jahr) / Journal / Theoretische Fundierung	Unabhängige Variable[1]	Abhängige Variable[1]	Datengrundlage[2]; ggf. Position[3] / Branche[4] / Art der Studie[5] / Art der Messung[6] / Methode[7] / Innovativitätsmessung[8] / Geografischer Raum[9]
Dömötör/ Franke/ Hienerth (2007) / Zeitschrift für Betriebswirtschaft / -	Aufwand auf spezifischen Stufen (der Entwicklung) / (n.s.) Involvement der Marketingabteilung / (+) 1,2,6 Kooperationsaktivitäten / (+) 3 Projektmanagement und Controlling / (+) 4 Trainingsaktivitäten / (+) 1,2,4 Promotoren / (+) 1,2,6 Commitment des Senior Managements / (+) 1 Innovationsausgaben / (+) 1,2	(1) Umsatz durch Innovationen (2) Gewinn durch Innovationen (3) Anzahl von Innovationen (Häufigkeit der Markteinführung) (4) Prozessinnovationen (5) Anzahl von Patenten (6) Prozentuale Innovationsausgaben	$N_1 = 100$; $m_1 = 100$; $N_2 = 86$; $m_2 = 86$; (im Wesentlichen) Geschäftsführer / Branchenübergreifend / Q / S / RA / Produktprogrammebene / Deutschland und k.A.
Herrmann/ Gassmann/ Eisert (2007) / Journal of Engineering Technology Management / Ressourcenbasierter Ansatz	Orientierung auf technologische Innovationen / (+) 1 Lernende Organisation / (+) 1 Risikobereitschaft / (+) 1 Langzeitorientierung / (-) 1 Kundenorientierung / (-) 2 Unabhängige organisationale Einheiten / (+) Transformation (Anpassung) in Bezug auf Kompetenzen / (+) Transformation (Anpassung) in Bezug auf Märkte / (+)	(1) Transformation (Anpassung) in Bezug auf Kompetenzen (2) Transformation (Anpassung) in Bezug auf Märkte Radikale Produktinnovationen (Grad der Neuartigkeit, Grad des Nutzens für Kunden)	$N = 72$; $m = 72$; Führungskräfte in der Forschung und Entwicklung / Branchenübergreifend / Q / S / KA (PLS) / Produktprogrammebene / Deutschland
Hull (2004) / Journal of Service Research / -	Strategischer Fokus auf ... ... neue Dienstleistungen / (n.s.) ... wesentliche Veränderungen bei existierenden Dienstleistungen / (n.s.) ... die Erhaltung von existierenden Dienstleistungen durch geringe Veränderungen / (n.s.) Schnelle Veränderungen der existierenden Dienstleistungen / (+) Einbindung verschiedener Funktionen in die unterschiedlichen Produktentwicklungsstufen / (+) Prozessbezogene Kontrollmechanismen / (n.s.) Computer-Informationstechnologie / (+) 1 *(Ergebnisse aus der Untersuchung der direkten Effekte)*	(1) Zeit- bzw. Kostenreduktion (2) Dienstleistungsinnovationen (Grad der Neuartigkeit)	$N = 51$; $m = 51$; Top Führungskräfte / Branchenübergreifend / Q / S / RA / Ein oder mehrere ausgewählte Produkte / USA

Anmerkungen:
1) (+) bzw. (-) = positiver bzw. negativer, signifikanter Zusammenhang (zwischen den unabhängigen und abhängigen Variablen bzw. moderierender Effekt auf den/die betrachteten Zusammenhänge); (+) und (Zahl) bzw. (-) und (Zahl) = positiver bzw. negativer, signifikanter Zusammenhang in Bezug auf die mit (Zahl) gekennzeichnete Variable, sonst nicht signifikant; (n.s.) = nicht signifikanter Zusammenhang; (+/-) = nicht-linearer, signifikanter Zusammenhang; (Grad der Neuartigkeit), (Grad des Nutzens) und (Häufigkeit der Markteinführung) stellen die untersuchten Dimensionen der produktbezogenen Innovativität dar; 2) N = Anzahl der Unternehmen; m = Anzahl der Befragten; k. A. = keine Angabe; 3) Position der Informanten; 4) Branche der Datenerhebung; 5) L = Studie enthält Längsschnittsdaten; Q = Studie enthält Querschnittsdaten; 6) S = Subjektive Messung; O = Objektive Messung; 7) DA = Diskriminanzanalyse; KA = Kausalanalyse; KorrA = Korrelationsanalyse; MW = Mittelwertberechnung; RA = Regressionsanalyse; VA = Varianzanalyse; 8) Ebene der Messung der produktbezogenen Innovativität; 9) Geografischer Raum der Datenerhebung (i.d.R. einzelne Nationen)

Tabelle 2-5: Arbeiten zu organisationsbezogenen Einflussgrößen der produktbezogenen Innovativität (3)

Autor(en) (Jahr) / Journal / Theoretische Fundierung	Unabhängige Variable[1]	Abhängige Variable[1]	Datengrundlage[2]; ggf. Position[3] / Branche[4] / Art der Studie[5] / Art der Messung[6] / Methode[7] / Innovativitätsmessung[8] / Geografischer Raum[9]
Jansen/ Van den Bosch/ Volberda (2005) Schmalenbach Business Review / -	*Umweltbezogene Einflussgrößen ...* ... Dynamik / (+) ... Wettbewerb / (+) *Unternehmensbezogene Einflußgrößen ...* ... Dezentralisierung / (+) ... Formalisierung / (n.s.) ... Verbundenheit der Mitarbeiter mit anderen Bereichen / (+)	Fähigkeit von Unternehmen simultan exploratorische (radikale, d.h. hoher Grad der Neuartigkeit) und exploitative (inkrementelle) Innovationen zu verfolgen	N = 1; m = 363; Führungskräfte / Finanzdienstleistungen / Q / S / RA / Produktprogrammebene / Europa
Katila/Shane (2005) / Academy of Management Journal / Ressourcenbasierter Ansatz, Ressourcenabhängigkeitsperspektive	Neues Unternehmen / (+) 1; (-) 2 Wettbewerb / (-) 1; (+) 2 Finanzielle Ressourcen / (-) 2 Produktionsintensität / (+) 1; (-) 2 Marktgröße / (+) 1; (-) 2	(1) Wahrscheinlichkeit des Verkaufs eines Produkts, welches aus einer Lizenz entstanden ist (Grad der Neuartigkeit) (2) Wahrscheinlichkeit der Aufgabe einer Lizenz durch Lizenznehmer	N = 340; m = 197; (verkaufte Produkte aus Lizenzen); Datenbanken / Branchenübergreifend / L (1980-1996; 1980-1983 tlw. ausgelassen) / O / RA / Ein oder mehrere ausgewählte Produkte / USA
Naveh (2005) / International Journal of Production Research / -	Integrative Produktentwicklung (Überlappung der Prozesse zwischen Bereichen des Unternehmens) zu Beginn des Projektes / (+) 3,4,6; (-) 1,2,5,7 Integrative Produktentwicklung (Überlappung der Prozesse zwischen Bereichen des Unternehmens) im (fortgeschrittenen) Projekt / (+) 3,4; (-) 1,2 Kontrollvariablen (*da hier von Relevanz*) ... ... Technisches Können / (+) 3,4,5,6,7 ... Kundenpartizipation / (+) 3,5,6; (-) 2 ... Projektunsicherheit / (n.s.) ... Projektdauer / (n.s.) ... Größe des Projektteams / (n.s.) *Innovation ...* ... Anzahl Patente / (+) 1,2,7; (-) 4 ... Innovationsorientierte Atmosphäre / (+) 1,2,5,7; (-) 4 ... Innovativität des finalen Produkts (Grad der Neuartigkeit) / (+) 1,2; (-) 3,4 Effizientes Produktdesign / (+) 3; (-) 1,2,6,7	Projekteffizienz ... ... (1) Zielabweichung bzgl. Kosten pro Einheit (in %); ... (2) Zielabweichung bzgl. Zeit bis Marktreife (in %); ... (3) durchschnittliche Zeit zwischen Fehlern; ... (4) effizientes Produktdesign; Innovation ... ... (5) Anzahl Patente; ... (6) innovationsorientierte Atmosphäre; ... (7) Innovativität des finalen Produkts (Grad der Neuartigkeit) 1, 2, 3, 4, 7 (*Stellvertreter für obige Variablen*) 1, 2, 3, 4, 5, 7 1, 2, 3, 4 1, 2, 3, 5, 6, 7	N = 1; m = 62; Führungskräfte von F&E-Projekten / Elektronikbranche / Q / S / RA / Projektebene / Israel

Anmerkungen:
1) (+) bzw. (-) = positiver bzw. negativer, signifikanter Zusammenhang (zwischen den unabhängigen und abhängigen Variablen bzw. moderierender Effekt auf den/die betrachteten Zusammenhänge); (+) und (Zahl) bzw. (-) und (Zahl) = positiver bzw. negativer, signifikanter Zusammenhang in Bezug auf die mit (Zahl) gekennzeichnete Variable, sonst nicht signifikant; (n.s.) = nicht signifikanter Zusammenhang; (+/-) = nicht-linearer, signifikanter Zusammenhang; (Grad der Neuartigkeit), (Grad des Nutzens) und (Häufigkeit der Markteinführung) stellen die untersuchten Dimensionen der produktbezogenen Innovativität dar; 2) N = Anzahl der Unternehmen; m = Anzahl der Befragten; k. A. = keine Angabe; 3) Position der Informanten; 4) Branche der Datenerhebung; 5) L = Studie enthält Längsschnittsdaten; Q = Studie enthält Querschnittsdaten; 6) S = Subjektive Messung; O = Objektive Messung; 7) DA = Diskriminanzanalyse; KA = Kausalanalyse; KorrA = Korrelationsanalyse; MW = Mittelwertberechnung; RA = Regressionsanalyse; VA = Varianzanalyse; 8) Ebene der Messung der produktbezogenen Innovativität; 9) Geografischer Raum der Datenerhebung (i.d.R. einzelne Nationen)

Tabelle 2-5: Arbeiten zu organisationsbezogenen Einflussgrößen der produktbezogenen Innovativität (4)

Autor(en) (Jahr) / Journal / Theoretische Fundierung	Unabhängige Variable[1]	Abhängige Variable[1]	Datengrundlage[2]; ggf. Position[3] / Branche[4] / Art der Studie[5] / Art der Messung[6] / Methode[7] / Innovativitätsmessung[8] / Geografischer Raum[9]
Rao/Drazin (2002) / Academy of Management Journal / Ressourcenabhängigkeitsperspektive	Externe Verbindungen des Unternehmens / (-) 1, 4 Alter des Unternehmens / (-) 1, 2	(1) Rekrutierung von Mitarbeitern der Wettbewerber; (2) Beschäftigungsdauer der neu eingestellten Mitarbeiter in der Branche; (3) Erfolg des Fond (bei dem die neu eingest. Mitarbeiter vorher tätig waren); (4) Größe des Fonds (bei dem die neu eingest. Mitarbeiter vorher tätig waren); (5) Alter des Fonds (bei dem die neu eingest. Mitarbeiter vorher tätig waren)	N = 588 Fonds / Finanzbranche / L (1986-1994 = 8 Jahre) / O / RA / Projektebene / USA
	Alter des Unternehmens / (+) Rekrutierung / (+) Beschäftigungsdauer der neu eingestellten Mitarbeiter in der Branche / (n.s.) Erfolg des Fonds (bei dem die neu eingest. Mitarbeiter vorher tätig waren) / (+) Größe des Fonds (bei dem die neu eingest. Mitarbeiter vorher tätig waren) / (+) Alter des Fonds (bei dem die neu eingest. Mitarbeiter vorher tätig waren) / (+)	Produktinnovation - Markteinführung eines neuartigen Fonds (Grad der Neuartigkeit)	
Ritter/ Gemünden (2004) / Journal of Business Research / -	Geschäftsstrategie (Fokus technologische Produkte) / (+) Geschäftsstrategie (Fokus technologische Produkte) / (n.s.) Technologische Kompetenz / (+) Netzwerkkompetenz (über organisationale Grenzen hinweg) / (+)	Technologische Kompetenz Netzwerkkompetenz (über organisationale Grenzen hinweg) Produktbezogene und organisationsbezogene Innovativität (hier „Innovationserfolg") (u.a. Grad der Neuartigkeit)	N = 308; m = 308; CEOs und Führungskräfte / Industriegüterbranche / Q / S / KA / Produktprogrammebene / Deutschland
Talke (2007) / Zeitschrift für Betriebswirtschaft / Ressourcenbasierter Ansatz	Haltung des Unternehmens gegenüber dem Markt (Konstrukt höherer Ordnung) / (+) Haltung des Unternehmens gegenüber Technologie (Konstrukt höherer Ordnung) / (+) 2	(1) Marktinnovativität (u.a. Grad der Neuartigkeit für Kunden) (2) Technologische Innovativität (u.a. Grad der Neuartigkeit in Bezug auf die Technologie)	N = k.A.; m = 113 Projekte; ($m_1 = m_2 = 113$; jeweils ein Fragebogen pro Marketingleiter und Projektleiter für F&E; marketingbezogene Variablen von Marketingleiter und technologiebezogene Variablen von F&E-Leiter) / Branchenübergreifend / Q / S / KA (PLS) / Projektebene / Deutschland

Anmerkungen:
1) (+) bzw. (-) = positiver bzw. negativer, signifikanter Zusammenhang (zwischen den unabhängigen und abhängigen Variablen bzw. moderierender Effekt auf den/die betrachteten Zusammenhänge); (+) und (Zahl) bzw. (-) und (Zahl) = positiver bzw. negativer, signifikanter Zusammenhang in Bezug auf die mit (Zahl) gekennzeichnete Variable, sonst nicht signifikant; (n.s.) = nicht signifikanter Zusammenhang; (+/-) = nicht-linearer, signifikanter Zusammenhang; (Grad der Neuartigkeit), (Grad des Nutzens) und (Häufigkeit der Markteinführung) stellen die untersuchten Dimensionen der produktbezogenen Innovativität dar; 2) N = Anzahl der Unternehmen; m = Anzahl der Befragten; k. A. = keine Angabe; 3) Position der Informanten; 4) Branche der Datenerhebung; 5) L = Studie enthält Längsschnittsdaten; Q = Studie enthält Querschnittsdaten; 6) S = Subjektive Messung; O = Objektive Messung; 7) DA = Diskriminanzanalyse; KA = Kausalanalyse; KorrA = Korrelationsanalyse; MW = Mittelwertberechnung; RA = Regressionsanalyse; VA = Varianzanalyse; 8) Ebene der Messung der produktbezogenen Innovativität; 9) Geografischer Raum der Datenerhebung (i.d.R. einzelne Nationen)

Tabelle 2-5: Arbeiten zu organisationsbezogenen Einflussgrößen der produktbezogenen Innovativität (5)

Autor(en) (Jahr) / Journal / Theoretische Fundierung	Unabhängige Variable[1]	Abhängige Variable[1]	Datengrundlage[2]; ggf. Position[3] / Branche[4] / Art der Studie[5] / Art der Messung[6] / Methode[7] / Innovativitätsmessung[8] / Geografischer Raum[9]
Vega-Jurado et al. (2008) / Research Policy / Ressourcenbasierter Ansatz	*Externe Faktoren ...* ... industrielle, technologische Opportunität / (+) ... nicht-industrielle, technologische Opportunität / (+) ... Legale Methoden des Schutzes (wie z. B. Patente) / (+) ... Strategische Methoden des Schutzes (wie z. B. Komplexität des Designs) / (+) *Interne Faktoren ...* ... technologische Kompetenzen / (+)	„Innovationsoutput" ... ... neuartig für den Markt (Grad der Neuartigkeit) ... neuartig für das Unternehmen (Grad der Neuartigkeit)	N = 6094; m = 6094; k.A. / Branchenübergreifend (spanische Unternehmen) / Q (über den Zeitraum 1998 - 2000) / S (tlw. k.A.) / RA / Produktprogrammebene / Spanien
Wong/ Tjosvold/Su (2007) / Journal of Organizational Behavior / -	„Social Face" - Gegenseitiger Respekt (zwischen Lieferant und Kunde) / (+) „Task Reflexivity" Gemeinsames Reflektieren (von Ansätzen zur Zielerreichung von Lieferant und Kunde) / (+) Ressourcenaustausch (zwischen Lieferant und Kunde) / (+)	„Task Reflexivity" Gemeinsames Reflektieren (von Ansätzen zur Zielerreichung von Lieferant und Kunde) Ressourcenaustausch (zwischen Lieferant und Kunde) Ressourcenaustausch (zwischen Lieferant und Kunde) Innovation (Kundensicht) (u.a. Grad des Nutzens)	N_1 = 103; m_1 = 103; N_2 = 103; m_2 = 103 (dyadisches Design; 1 Kunde pro Anbieter); Führungskräfte (Kunde und Anbieter) / Branchenübergreifend (B2B) / Q / S / KA / Produktprogrammebene / China
Young/ Charns/ Heeren (2004) / Academy of Management Journal / Situativer Ansatz	Produktlinienstruktur (versus Funktionalstruktur) / (-) 3,4 Beschäftigungsdauer / (+) 4 Typ der Tätigkeit / (-) 4	*Erfolg* (1) Dienstleistungsqualität (2) Klinische Innovation (Grad des Nutzens für Kunden) *Personalwesen* (3) Personalentwicklung (4) Arbeitszufriedenheit	N = 11; m = 642 Führungskräfte (Senior Manager) zur Organisationsstruktur Krankenschwestern, Sozialarbeiter, Pharmazeuten, Therapeuten / Gesundheitswesen (Krankenhäuser in 5 Staaten der USA) / Q / S und O / RA / Produktprogrammebene / USA
Yadav/ Prabhu/ Chandy (2007) / Journal of Marketing / -	Fokus des CEO auf die Zukunft / (+) Fokus des CEO auf Objekte außerhalb des Unternehmens (extern) / (+) 1,2 Fokus des CEO auf Objekte innerhalb des Unternehmens / (+) 1,2	(1) Schnelligkeit der Entdeckung (2) Schnelligkeit der Entwicklung von Innovationen (3) Breite der Entwicklung, d.h. Anzahl der inkrementellen Innovationen im Laufe der Zeit (Häufigkeit der Markteinführung)	N = 176; Daten aus diversen Datenbanken / Finanzbranche (Banken) / L (1990-2004) / O / RA / Produktprogrammebene / USA

Anmerkungen:
1) (+) bzw. (-) = positiver bzw. negativer, signifikanter Zusammenhang (zwischen den unabhängigen und abhängigen Variablen bzw. moderierender Effekt auf den/die betrachteten Zusammenhänge); (+) und (Zahl) bzw. (-) und (Zahl) = positiver bzw. negativer, signifikanter Zusammenhang in Bezug auf die mit (Zahl) gekennzeichnete Variable, sonst nicht signifikant; (n.s.) = nicht signifikanter Zusammenhang; (+/-) = nicht-linearer, signifikanter Zusammenhang; (Grad der Neuartigkeit), (Grad des Nutzens) und (Häufigkeit der Markteinführung) stellen die untersuchten Dimensionen der produktbezogenen Innovativität dar; 2) N = Anzahl der Unternehmen; m = Anzahl der Befragten; k. A. = keine Angabe; 3) Position der Informanten; 4) Branche der Datenerhebung; 5) L = Studie enthält Längsschnittsdaten; Q = Studie enthält Querschnittsdaten; 6) S = Subjektive Messung; O = Objektive Messung; 7) DA = Diskriminanzanalyse; KA = Kausalanalyse; KorrA = Korrelationsanalyse; MW = Mittelwertberechnung; RA = Regressionsanalyse; VA = Varianzanalyse; 8) Ebene der Messung der produktbezogenen Innovativität; 9) Geografischer Raum der Datenerhebung (i.d.R. einzelne Nationen)

Tabelle 2-6: Arbeiten zu organisationsbezogenen Einflussgrößen und Erfolgsauswirkungen der produktbezogenen Innovativität

Autor(en) (Jahr) / Journal / Theoretische Fundierung	Unabhängige Variable[1]	Abhängige Variable[1]	Datengrundlage[2]; ggf. Position[3] / Branche[4] / Art der Studie[5] / Art der Messung[6] / Methode[7] / Innovativitätsmessung[8] / Geografischer Raum[9]
Calantone/ Chan/Cui (2006) / Journal of Product Innovation Management / -	Technologische Synergieeffekte im Unternehmen (bzgl. Entwicklung des neuen Produkts) / (-)	Produktinnovativität (Grad der Neuartigkeit)	N = 451; m = 451; Produktmanager / Chemische- bzw. Pharmazeutische Industrie / Q / S / KA / Projektebene / Nordamerika
	Synergieeffekte in der Distribution (bzgl. der Distribution des neuen Produkts) / (+)	Vertrautheit des Kunden mit dem Produkt	
	Produktinnovativität (Grad der Neuartigkeit)/ (-)		
	Technologische Synergieeffekte im Unternehmen (bzgl. Entwicklung des neuen Produkts) / (+)	Produktvorteil (Grad des Nutzens)	
	Produktinnovativität (Grad der Neuartigkeit) / (+)		
	Produktvorteil (Grad des Nutzens) / (+)	Neuproduktprofitabilität	
	Produktinnovativität (Grad der Neuartigkeit) / (n.s.)		
	Vertrautheit des Kunden mit Produkt / (+)		
Knight/ Cavusgil (2004) / Journal of International Business Studies / Ressourcenbasierter Ansatz, Evolutionstheorie	(1) Internationale Entrepreneurorientierung	Technologische Kompetenz / (+) 1	N = 203; m = 203 Führungskräfte / Branchenübergreifend / Q / S / KA / Ein oder mehrere ausgewählte Produkte / USA
	(2) Internationale Marketingorientierung	Einzigartige Produktentwicklung (u.a. Grad der Neuartigkeit, Grad des Nutzens) / (+)	
		Qualitätsfokus / (+)	
		Nutzung von Kompetenzen ausländischer Distributoren / (+) 2	
	Technologische Kompetenz / (+)	Erfolg auf internationalen Märkten	
	Einzigartige Produktentwicklung (u.a. Grad der Neuartigkeit, Grad des Nutzens) / (+)		
	Qualitätsfokus / (+)		
	Nutzung von Kompetenzen ausländischer Distributoren / (+)		

Anmerkungen:
1) (+) bzw. (-) = positiver bzw. negativer, signifikanter Zusammenhang (zwischen den unabhängigen und abhängigen Variablen bzw. moderierender Effekt auf den/die betrachteten Zusammenhänge); (+) und (Zahl) bzw. (-) und (Zahl) = positiver bzw. negativer, signifikanter Zusammenhang in Bezug auf die mit (Zahl) gekennzeichnete Variable, sonst nicht signifikant; (n.s.) = nicht signifikanter Zusammenhang; (+/-) = nicht-linearer, signifikanter Zusammenhang; (Grad der Neuartigkeit), (Grad des Nutzens) und (Häufigkeit der Markteinführung) stellen die untersuchten Dimensionen der produktbezogenen Innovativität dar; 2) N = Anzahl der Unternehmen; m = Anzahl der Befragten; k. A. = keine Angabe; 3) Position der Informanten; 4) Branche der Datenerhebung; 5) L = Studie enthält Längsschnittsdaten; Q = Studie enthält Querschnittsdaten; 6) S = Subjektive Messung; O = Objektive Messung; 7) DA = Diskriminanzanalyse; KA = Kausalanalyse; KorrA = Korrelationsanalyse; MW = Mittelwertberechnung; RA = Regressionsanalyse; VA = Varianzanalyse; 8) Ebene der Messung der produktbezogenen Innovativität; 9) Geografischer Raum der Datenerhebung (i.d.R. einzelne Nationen)

Tabelle 2-6: Arbeiten zu organisationsbezogenen Einflussgrößen und Erfolgsauswirkungen der produktbezogenen Innovativität (2)

Autor(en) (Jahr) / Journal / Theoretische Fundierung	Unabhängige Variable[1]	Abhängige Variable[1]	Datengrundlage[2]; ggf. Position[3] / Branche[4] / Art der Studie[5] / Art der Messung[6] / Methode[7] / Innovativitätsmessung[8] / Geografischer Raum[9]
Langerak/ Hultink/ Robben (2004) / Journal of Product Innovation Management / -	Marktorientierung (der Kultur) / (+)	Produktvorteil (Grad des Nutzens für die Kunden, Grad der Neuartig- keit)	N = 126; m= 126; Mitarbeiter / Diverse (SIC 33-38) / Q / S / KA / Ein oder mehrere ausgewählte Produkte / Niederlande
		Markteinführungsaktivitäten ... ... Markttest ... Budgetierung ... Markteinführungsstrategie ... Taktik der Markteinführung	
	Marktorientierung (der Kultur) / (n.s.) Markteinführungsaktivitäten ... ... Markttest / (n.s.) ... Budgetierung / (n.s.) ... Markteinführungsstrategie / (n.s.) ... Taktik der Markteinführung / (+) Produktvorteil (Grad des Nutzens für die Kunden, Grad der Neuartigkeit) / (+)	Neuprodukterfolg (Markterfolg, finanzieller Erfolg, Kundenakzeptanz, produktbezogener Erfolg, zeitbezogener Erfolg)	
	Marktorientierung (der Kultur) / (n.s.) Neuprodukterfolg (Markterfolg, finanzieller Erfolg, Kundenakzeptanz, produktbezogener Erfolg, zeitbezogener Erfolg) / (+)	Unternehmenserfolg (Markterfolg, finanzieller Erfolg)	
Matzler et al. (2008) / Journal of Small Business and Entre- preneurship / Upper Echelons Theory	Transformationale Führung / (+)	Produktinnovativität (Grad der Neuartigkeit, Häufigkeit der Markteinführung) Profitabilität Wachstum	N = 97; m = 97; Geschäftsführer (CEO) / Branchenübergreifend (kleine Unternehmen aus Österreich) / Q / S / KA / Produktprogrammebene / Österreich
	Produktinnovativität (Grad der Neuartigkeit, Häufigkeit der Markteinführung) / (+)	Profitabilität Wachstum	

Anmerkungen:
1) (+) bzw. (-) = positiver bzw. negativer, signifikanter Zusammenhang (zwischen den unabhängigen und abhängigen Variablen bzw. moderierender Effekt auf den/die betrachteten Zusammenhänge); (+) und (Zahl) bzw. (-) und (Zahl) = positiver bzw. negativer, signifikanter Zusammenhang in Bezug auf die mit (Zahl) gekennzeichnete Variable, sonst nicht signifikant; (n.s.) = nicht signifikanter Zusammenhang; (+/-) = nicht-linearer, signifikanter Zusammenhang; (Grad der Neu- artigkeit), (Grad des Nutzens) und (Häufigkeit der Markteinführung) stellen die untersuchten Dimensionen der produkt- bezogenen Innovativität dar; 2) N = Anzahl der Unternehmen; m = Anzahl der Befragten; k. A. = keine Angabe; 3) Position der Informanten; 4) Branche der Datenerhebung; 5) L = Studie enthält Längsschnittsdaten; Q = Studie enthält Querschnitts- daten; 6) S = Subjektive Messung; O = Objektive Messung; 7) DA = Diskriminanzanalyse; KA = Kausalanalyse; KorrA = Korrelationsanalyse; MW = Mittelwertberechnung; RA = Regressionsanalyse; VA = Varianzanalyse; 8) Ebene der Messung der produktbezogenen Innovativität; 9) Geografischer Raum der Datenerhebung (i.d.R. einzelne Nationen)

Tabelle 2-6: Arbeiten zu organisationsbezogenen Einflussgrößen und Erfolgsauswirkungen der produktbezogenen Innovativität (3)

Autor(en) (Jahr) / Journal / Theoretische Fundierung	Unabhängige Variable[1]	Abhängige Variable[1]	Datengrundlage[2]; ggf. Position[3] / Branche[4] / Art der Studie[5] / Art der Messung[6] / Methode[7] / Innovativitätsmessung[8] / Geografischer Raum[9]
Nijssen et al. (2006) / International Journal of Research in Marketing / -	Hang zu Innovationen / (+) Stärke der Forschung und Entwicklung / (+) 1	(1) Radikalität der neuartigen Sachgüter (Grad der Neuartigkeit)	N = 322 (217 Dienstleister; 105 Sachgüterunternehmen) m = 322; Führungskräfte / Branchenübergreifend / L (k.A.) / S / KA / Produktprogrammebene / Niederlande
		(2) Radikalität der neuartigen Dienstleistungen (Grad der Neuartigkeit)	
	Radikalität der neuartigen Sachgüter (Grad der Neuartigkeit) / (+) Radikalität der neuartigen Dienstleistungen (Grad der Neuartigkeit) / (+)	Gesamterfolg des Unternehmens	
Paladino (2007) / Journal of Product Innovation Management / Ressourcenbasierter Ansatz, Theorie des organisationalen Lernens	Organisationales Lernen / (+)	Ressourcenorientierung (u.a. Schutz der Ressourcen vor Wettbewerbern)	N = 249; m = 249; Führungskräfte / Branchenübergreifend / Q / S / KA / Produktprogrammebene / k.A.
		Marktorientierung	
	(1) Ressourcenorientierung (u.a. Schutz der Ressourcen vor Wettbewerbern)	Finanzieller Erfolg / (+) 1	
		Produktqualität / (+)	
		Neuprodukterfolg / (+) 1	
	(2) Marktorientierung (der Kultur)	Produktbezogene Innovation (Grad der Neuartigkeit, Grad des Nutzens) / (+) 2	
		Kundenwert / (+) 2	
	Finanzieller Erfolg (u.a. ROI und ROA) / (+)	Gesamterfolg des Unternehmens	
	Produktqualität / (n.s.)		
	Neuprodukterfolg (u.a. Umsatz und Profitabilität bzgl. der neuen Produkte) / (+)		
	Produktbezogene Innovation (Grad der Neuartigkeit, Grad des Nutzens) / (+)		
	Kundenwert / (n.s.)		
	Ressourcenorientierung (u.a. Schutz der Ressourcen vor Wettbewerbern) / (n.s.)		
	Marktorientierung / (+)		

Anmerkungen:
1) (+) bzw. (-) = positiver bzw. negativer, signifikanter Zusammenhang (zwischen den unabhängigen und abhängigen Variablen bzw. moderierender Effekt auf den/die betrachteten Zusammenhänge); (+) und (Zahl) bzw. (-) und (Zahl) = positiver bzw. negativer, signifikanter Zusammenhang in Bezug auf die mit (Zahl) gekennzeichnete Variable, sonst nicht signifikant; (n.s.) = nicht signifikanter Zusammenhang; (+/-) = nicht-linearer, signifikanter Zusammenhang; (Grad der Neuartigkeit), (Grad des Nutzens) und (Häufigkeit der Markteinführung) stellen die untersuchten Dimensionen der produktbezogenen Innovativität dar; 2) N = Anzahl der Unternehmen; m = Anzahl der Befragten; k. A. = keine Angabe; 3) Position der Informanten; 4) Branche der Datenerhebung; 5) L = Studie enthält Längsschnittsdaten; Q = Studie enthält Querschnittsdaten; 6) S = Subjektive Messung; O = Objektive Messung; 7) DA = Diskriminanzanalyse; KA = Kausalanalyse; KorrA = Korrelationsanalyse; MW = Mittelwertberechnung; RA = Regressionsanalyse; VA = Varianzanalyse; 8) Ebene der Messung der produktbezogenen Innovativität; 9) Geografischer Raum der Datenerhebung (i.d.R. einzelne Nationen)

Tabelle 2-6: Arbeiten zu organisationsbezogenen Einflussgrößen und Erfolgsauswirkungen der produktbezogenen Innovativität (4)

Autor(en) (Jahr) / Journal / Theoretische Fundierung	Unabhängige Variable[1]	Abhängige Variable[1]	Datengrundlage[2]; ggf. Position[3] / Branche[4] / Art der Studie[5] / Art der Messung[6] / Methode[7] / Innovativitätsmessung[8] / Geografischer Raum[9]
Sorescu/ Chandy/ Prabhu (2003) / Journal of Marketing / -	Marktdominanz des Unternehmens / (+) Anzahl neuer Produkte, welche im selben Jahr in den Markt eingeführt wurden / (+) Anzahl eingereichter Patente / (n.s.) Land (K) / (n.s.) Marktdominanz des Unternehmens / (+) Radikale Innovation (Grad der Neuartigkeit) / (+) Marktdurchbruch-Innovationen (Grad der Neuartigkeit) / (n.s.) Produktunterstützung / (+) Marketingunterstützung / (+) Technologieunterstützung / (+) Breite und Tiefe des Produktportfolios in der Branche / (+) Anzahl der Durchbruch-Innovationen (Häufigkeit der Markteinführung) / (n.s.) Finanzielles Risiko / (+) Therapeutische Klasse der Diuretika / (+) Land / (n.s.) Lizenzierte Innovationen / (n.s.)	Anzahl der Durchbruch-Innovationen * (Häufigkeit der Markteinführung) Finanzieller Wert der Innovationen **	N = 66; m = 255 Innovationen / Pharmabranche (7 Industrienationen) / L (1991-2000 = 10 Jahre) / O / RA (Anzahl radikaler Innovationen; Poisson Modell) / Ein oder mehrere ausgewählte Produkte / International * (255 untersuchte Innovationen; darunter radikale Innovationen, Marktdurchbruch-Innovationen, techno-logische Durchbruch-Innovationen) ** (117 bzw. 195 unter-suchte Innovationen)
Sorescu/ Spanjol (2008) / Journal of Marketing / -	Anzahl der jährlichen inkrementellen Innovationen (des Vorjahres); nur mit inkrementellen Innovationen gerechnet (+) Anzahl der jährlichen Durchbruch-Innovationen (des Vorjahres); nur mit Durchbruch-Innovationen gerechnet (+) Unternehmensgröße (des Vorjahres) / (+) Organisationaler Slack (des Vorjahres) / (+) 2 Fixe Werte (im Gegensatz zur Höhe der liquiden Werte zur Finanzierung von Innovationsprojekten) (des Vorjahres) / (-) Akquisitionen (des Vorjahres) / (n.s.) Anzahl der jährlichen inkrementellen Innovationen (Häufigkeit der Markteinführung) / (+) Anzahl der jährlichen inkrementellen Innovationen (quadriert) / (-) 1 Anzahl der jährlichen Durchbruch-Innovationen (Häufigkeit der Markteinführung) / (+) Anzahl der jährlichen Durchbruch-Innovationen (quadriert) / (-)	(1) Anzahl der jährlichen inkrementellen Innovationen (Häufigkeit der Markteinführung) (2) Anzahl der jährlichen Durchbruch-Innovationen (Häufigkeit der Markteinführung) (1) Profitabilität (Tobin's q) (2) Rentabilität (durch unerwartete Produkteinführungen) (3) Unternehmensrisiko	N = 153 (öffentlich gehandelte Unternehmen; diverse Datenbanken) / Konsumgüterindustrie / L (Produkteinführungen von 1985 bis 2003) / O / RA / Ein oder mehrere ausgewählte Produkte / USA

Anmerkungen:
1) (+) bzw. (-) = positiver bzw. negativer, signifikanter Zusammenhang (zwischen den unabhängigen und abhängigen Variablen bzw. moderierender Effekt auf den/die betrachteten Zusammenhänge); (+) und (Zahl) bzw. (-) und (Zahl) = positiver bzw. negativer, signifikanter Zusammenhang in Bezug auf die mit (Zahl) gekennzeichnete Variable, sonst nicht signifikant; (n.s.) = nicht signifikanter Zusammenhang; (+/-) = nicht-linearer, signifikanter Zusammenhang; (Grad der Neu-artigkeit), (Grad des Nutzens) und (Häufigkeit der Markteinführung) stellen die untersuchten Dimensionen der produkt-bezogenen Innovativität dar; 2) N = Anzahl der Unternehmen; m = Anzahl der Befragten; k. A. = keine Angabe; 3) Position der Informanten; 4) Branche der Datenerhebung; 5) L = Studie enthält Längsschnittsdaten; Q = Studie enthält Querschnitts-daten; 6) S = Subjektive Messung; O = Objektive Messung; 7) DA = Diskriminanzanalyse; KA = Kausalanalyse; KorrA = Korrelationsanalyse; MW = Mittelwertberechnung; RA = Regressionsanalyse; VA = Varianzanalyse; 8) Ebene der Messung der produktbezogenen Innovativität; 9) Geografischer Raum der Datenerhebung (i.d.R. einzelne Nationen)

Tabelle 2-6: Arbeiten zu organisationsbezogenen Einflussgrößen und Erfolgsauswirkungen der produktbezogenen Innovativität (5)

Autor(en) (Jahr) / Journal / Theoretische Fundierung	Unabhängige Variable[1]	Abhängige Variable[1]	Datengrundlage[2]; ggf. Position[3] / Branche[4] / Art der Studie[5] / Art der Messung[6] / Methode[7] / Innovativitätsmessung[8] / Geografischer Raum[9]
Swink/Song (2007) / Journal of Operations Management / Ressourcenab-hängigkeits-perspektive	Integration von Marketing und Verarbeitung (Produktion) … … in Geschäfts- und Marktanalyse / (+)	(1) Dauer der Geschäfts- und Marktanalyse (2) Wettbewerbsvorteil des Produkts (Grad der Neuartigkeit, Grad des Nutzens)	N = 476; m = 476; Projektmanager / Branchenübergreifend / Q / S / KA / Projektebene / USA
	… in der technischen Entwicklung / (+) 2	(1) Dauer der technischen Entwicklung (2) Wettbewerbsvorteil des Produkts (Grad der Neuartigkeit, Grad des Nutzens)	
	…. im Produkttest / (+) 2	(1) Dauer des Produkttests (2) Wettbewerbsvorteil des Produkts	
	…in der Vermarktung des Produkts / (+)	(1) Dauer der Vermarktung des Produkts (2) Wettbewerbsvorteil des Produkts (Grad der Neuartigkeit, Grad des Nutzens)	
	Produktinnovativität (Grad der Neuartigkeit) / (+)	Wettbewerbsvorteil des Produkts (Grad der Neuartigkeit, Grad des Nutzens)	
	Einfachheit (Leichtigkeit) des Markteintritts / (-)		
	Dauer der Geschäfts- u. Marktanalyse / (n.s.) Dauer der technischen Entwicklung / (-) Dauer des Produkttests / (n.s.) Dauer der Vermarktung des Produkts / (n.s.)	Projekt ROI	
	Wettbewerbsvorteil des Produkts (Grad der Neuartigkeit, Grad des Nutzens) / (+)		
Yalcinkaya/ Calantone/ Griffith (2007) / Journal of International Marketing / Ressourcen-basierter Ansatz (Dynamic Capabilities)	Marketing Ressourcen / (+) 1 Technologische Ressourcen / (+) 2	(1) Exploitationskapazität (2) Explorationskapazität	N = 111; m = 111; Führungskräfte und CEOs / Branchenübergreifend (Japan; U.S. Importeure) / Q / S / KA / Produkt-programmebene / Japan
	Exploitationskapazität / (-) 1 Explorationskapazität / (+)	(1) Produktinnovationen (Häufigkeit der Markteinführung) (2) Markterfolg	
	Exploitationskapazität / (+) Produktinnovationen / (n.s.)	Explorationskapazität Markterfolg	

Anmerkungen:
1) (+) bzw. (-) = positiver bzw. negativer, signifikanter Zusammenhang (zwischen den unabhängigen und abhängigen Variablen bzw. moderierender Effekt auf den/die betrachteten Zusammenhänge); (+) und (Zahl) bzw. (-) und (Zahl) = positiver bzw. negativer, signifikanter Zusammenhang in Bezug auf die mit (Zahl) gekennzeichnete Variable, sonst nicht signifikant; (n.s.) = nicht signifikanter Zusammenhang; (+/-) = nicht-linearer, signifikanter Zusammenhang; (Grad der Neu-artigkeit), (Grad des Nutzens) und (Häufigkeit der Markteinführung) stellen die untersuchten Dimensionen der produkt-bezogenen Innovativität dar; 2) N = Anzahl der Unternehmen; m = Anzahl der Befragten; k. A. = keine Angabe; 3) Position der Informanten; 4) Branche der Datenerhebung; 5) L = Studie enthält Längsschnittsdaten; Q = Studie enthält Querschnitts-daten; 6) S = Subjektive Messung; O = Objektive Messung; 7) DA = Diskriminanzanalyse; KA = Kausalanalyse; KorrA = Korrelationsanalyse; MW = Mittelwertberechnung; RA = Regressionsanalyse; VA = Varianzanalyse; 8) Ebene der Messung der produktbezogenen Innovativität; 9) Geografischer Raum der Datenerhebung (i.d.R. einzelne Nationen)

Tabelle 2-7: Arbeiten zu moderierenden Effekten im Rahmen der organisationsbezogenen Einflussgrößen bzw. Erfolgsauswirkungen der produktbezogenen Innovativität

Autor(en) (Jahr) / Journal / Theoretische Fundierung	Unabhängige Variable[1]	Abhängige Variable[1]	Moderierende Variable[1]	Datengrundlage[2]; ggf. Position[3] / Branche[4] / Art der Studie[5] / Art der Messung[6] / Methode[7] / Innovativitätsmessung[8] / Geografischer Raum[9]
Chandy/ Tellis (2000) / Journal of Marketing / Theorie der S-Kurven	Unternehmen mit einer marktbeherrschenden Stellung / (n.s.) _____ Größe des Unternehmens (Mitarbeiteranzahl) / (+) _____ Sitz des Unternehmens (nicht-US- vs. US-Unternehmen) / (+)	Radikale Produktinnovationen (Grad der Neuartigkeit, Grad des Nutzens für Kunden)	Zeit (vor und nach dem 2. Weltkrieg)	N = 64 (Analyse historischer Daten) / Branchenübergreifend / L (150 Jahre) / O / RA / Ein oder mehrere ausgewählte Produkte / International
Hull (2004) / Journal of Service Research / -	Einbindung verschiedener Funktionen in die unterschiedlichen Produktentwicklungsstufen	Zeit- bzw. Kostenreduktion Dienstleistungsinnovationen (Grad der Neuartigkeit)	Prozessbezogene Kontrollmechanismen / (+); Computer-Informationstechnologie / (n.s.)	N = 51; m = 51; Top Führungskräfte / Branchenübergreifend / Q / S / RA / Ein oder mehrere ausgewählte Produkte / USA
	Prozessbezogene Kontrollmechanismen	Zeit- bzw. Kostenreduktion Dienstleistungsinnovationen (Grad der Neuartigkeit)	Computer-Informationstechnologie / (n.s.); Strategischer Fokus auf wesentliche Veränderungen bei existierenden Dienstleist. / (+)	
	Einbindung verschiedener Funktionen in die unterschiedlichen Produktentwicklungsstufen / (+) _____ Prozessbezogene Kontrollmechanismen / (+) 1 _____ Computer-Informationstechnologie / (+) 1	(1) Zeit- bzw. Kostenreduktion; (2) Dienstleistungsinnovationen (Grad der Neuartigkeit)	Strategischer Fokus auf neue Dienstleistungen	
	Interaktion zwischen ... ... Einbindung verschiedener Funktionen und prozessbezogene Kontrollmechanismen / (+) ... Einbindung verschiedener Funktionen und Computer-Informationstechnologie / (+) 1 ... Prozessbezogene Kontrollmechanismen und Computer-Informationstechnologie / (+) 1	(1) Zeit- bzw. Kostenreduktion (2) Dienstleistungsinnovationen (Grad der Neuartigkeit)	Strategischer Fokus auf neue Dienstleistungen	

Anmerkungen:
1) (+) bzw. (-) = positiver bzw. negativer, signifikanter Zusammenhang (zwischen den unabhängigen und abhängigen Variablen bzw. moderierender Effekt auf den/die betrachteten Zusammenhänge); (+) und (Zahl) bzw. (-) und (Zahl) = positiver bzw. negativer, signifikanter Zusammenhang in Bezug auf die mit (Zahl) gekennzeichnete Variable, sonst nicht signifikant; (n.s.) = nicht signifikanter Zusammenhang; (+/-) = nicht-linearer, signifikanter Zusammenhang; (Grad der Neuartigkeit), (Grad des Nutzens) und (Häufigkeit der Markteinführung) stellen die untersuchten Dimensionen der produktbezogenen Innovativität dar; 2) N = Anzahl der Unternehmen; m = Anzahl der Befragten; k. A. = keine Angabe; 3) Position der Informanten; 4) Branche der Datenerhebung; 5) L = Studie enthält Längsschnittsdaten; Q = Studie enthält Querschnittsdaten; 6) S = Subjektive Messung; O = Objektive Messung; 7) DA = Diskriminanzanalyse; KA = Kausalanalyse; KorrA = Korrelationsanalyse; MW = Mittelwertberechnung; RA = Regressionsanalyse; VA = Varianzanalyse; 8) Ebene der Messung der produktbezogenen Innovativität; 9) Geografischer Raum der Datenerhebung (i.d.R. einzelne Nationen)

Tabelle 2-7: Arbeiten zu moderierenden Effekten im Rahmen der organisationsbezogenen Einflussgrößen bzw. Erfolgsauswirkungen der produktbezogenen Innovativität (2)

Autor(en) (Jahr) / Journal / Theoretische Fundierung	Unabhängige Variable[1]	Abhängige Variable[1]	Moderierende Variable[1]	Datengrundlage[2]; ggf. Position[3] / Branche[4] / Art der Studie[5] / Art der Messung[6] / Methode[7] / Innovativitätsmessung[8] / Geografischer Raum[9]
Jansen/ Van den Bosch/ Volberda (2005) / Schmalenbach Business Review / -	Dynamik Dezentralisierung Formalisierung Interaktion zwischen Dezentralisierung und Formalisierung	Fähigkeit von Unternehmen simultan exploratorische (radikale, d.h. hoher Grad der Neuartigkeit) und exploitative (inkrementelle) Innovationen zu verfolgen	Wettbewerb / (+) Formalisierung / (n.s.); Verbundenheit / (+) Verbundenheit / (n.s.) Verbundenheit / (n.s.)	N = 1; m = 363; Führungskräfte / Finanzdienstleistungen / Q / S / RA / Produktprogrammebene / Europa
Katila/Shane (2005) / Academy of Management Journal / Ressourcenbasierter Ansatz, Ressourcenabhängigkeitsperspektive	Neues Unternehmen	(1) Wahrscheinlichkeit des Verkaufs eines Produkts, welches aus einer Lizenz entstanden ist (Grad der Neuartigkeit) (2) Wahrscheinlichkeit der Aufgabe einer Lizenz durch Lizenznehmer	Wettbewerb / (+) 1; (-) 2 Finanzielle Ressourcen / (+) 2 Produktionsintensität / (-) 1; (+) 2 Marktgröße / (-) 1; (+) 2	N = 340; m = 197 (verkaufte Produkte aus Lizenzen); Datenbanken / Branchenübergreifend / L / O / RA / Ein oder mehrere ausgewählte Produkte / USA
Nijssen et al. (2006) / International Journal of Research in Marketing / -	Stärke der Forschung und Entwicklung / (+) Hang zu Innovationen (-) Radikalität der neuartigen Sachgüter bzw. Dienstleistungen (Grad der Neuartigkeit) / (+)	Radikalität der neuartigen Sachgüter bzw. Dienstleistungen (Grad der Neuartigkeit) Unternehmenserfolg	Dienstleistungskontext vs. Sachgüterkontext	N = 322 (217 Dienstleister; 105 Sachgüterunternehmen) m = 322; Führungskräfte / Branchenübergreifend / L (k.A.) / S / KA / Produktprogrammebene / Niederlande
Rao/Drazin (2002) / Academy of Management Journal / Ressourcenabhängigkeitsperspektive	Erfolg des Fond (bei dem die neu eingestellten Mitarbeiter vorher tätig waren) / (-) 2 Größe des Fonds (bei dem die neu eingestellten Mitarbeiter vorher tätig waren) / (-) 2 Alter des Fonds (bei dem die neu eingestellten Mitarbeiter vorher tätig waren) / (-) 2	Produktinnovation - Markteinführung eines neuartigen Fonds (Grad der Neuartigkeit)	(1) Alter des Unternehmens (2) Externe Verbindungen des Unternehmens	N = 588 Fonds / Finanzbranche / L (1986-1994 = 8 Jahre) / O / RA / Projektebene / USA

Anmerkungen:
1) (+) bzw. (-) = positiver bzw. negativer, signifikanter Zusammenhang (zwischen den unabhängigen und abhängigen Variablen bzw. moderierender Effekt auf den/die betrachteten Zusammenhänge); (+) und (Zahl) bzw. (-) und (Zahl) = positiver bzw. negativer, signifikanter Zusammenhang in Bezug auf die mit (Zahl) gekennzeichnete Variable, sonst nicht signifikant; (n.s.) = nicht signifikanter Zusammenhang; (+/-) = nicht-linearer, signifikanter Zusammenhang; (Grad der Neuartigkeit), (Grad des Nutzens) und (Häufigkeit der Markteinführung) stellen die untersuchten Dimensionen der produktbezogenen Innovativität dar; 2) N = Anzahl der Unternehmen; m = Anzahl der Befragten; k. A. = keine Angabe; 3) Position der Informanten; 4) Branche der Datenerhebung; 5) L = Studie enthält Längsschnittsdaten; Q = Studie enthält Querschnittsdaten; 6) S = Subjektive Messung; O = Objektive Messung; 7) DA = Diskriminanzanalyse; KA = Kausalanalyse; KorrA = Korrelationsanalyse; MW = Mittelwertberechnung; RA = Regressionsanalyse; VA = Varianzanalyse; 8) Ebene der Messung der produktbezogenen Innovativität; 9) Geografischer Raum der Datenerhebung (i.d.R. einzelne Nationen)

Tabelle 2-7: Arbeiten zu moderierenden Effekten im Rahmen der organisationsbezogenen Einflussgrößen bzw. Erfolgsauswirkungen der produktbezogenen Innovativität (3)

Autor(en) (Jahr) / Journal / Theoretische Fundierung	Unabhängige Variable[1]	Abhängige Variable[1]	Moderierende Variable[1]	Datengrundlage[2]; ggf. Position[3] / Branche[4] / Art der Studie[5] / Art der Messung[6] / Methode[7] / Innovativitätsmessung[8] / Geografischer Raum[9]
Sorescu/ Spanjol (2008) / Journal of Marketing / -	Anzahl der jährlichen Durchbruch-Innovationen (Häufigkeit der Markteinführung) / (n.s.)	Profitabilität (Tobin's q) Rentabilität (durch unerwartete Produkteinführungen) Unternehmensrisiko	Anzahl der jährlichen inkrementellen Innovationen (Häufigkeit der Markteinführung)	N = 153 (öffentlich gehandelte Unternehmen; diverse Datenbanken) / Konsumgüterindustrie / L (Produkteinführungen von 1985 bis 2003) / O / RA / Ein oder mehrere ausgewählte Produkte / USA
Vega-Jurado et al. (2008) / Research Policy / Ressourcenbasierter Ansatz	Industrielle, technologische Opportunität / (n.s.) ———————— Nicht-industrielle, technologische Opportunität / (-)	„Innovationsoutput" ... ... neuartig für den Markt (Grad der Neuartigkeit); ... neuartig für das Unternehmen (Grad der Neuartigkeit)	Technologische Kompetenzen	N = 6094; m = 6094; k.A. / Branchenübergreifend (spanische Unternehmen) / Q (über den Zeitraum 1998 - 2000) / S (tlw. k.A.) / RA / Produktprogrammebene / Spanien

Anmerkungen:
1) (+) bzw. (-) = positiver bzw. negativer, signifikanter Zusammenhang (zwischen den unabhängigen und abhängigen Variablen bzw. moderierender Effekt auf den/die betrachteten Zusammenhänge); (+) und (Zahl) bzw. (-) und (Zahl) = positiver bzw. negativer, signifikanter Zusammenhang in Bezug auf die mit (Zahl) gekennzeichnete Variable, soweit nicht signifikant; (n.s.) = nicht signifikanter Zusammenhang; (+/-) = nicht-linearer, signifikanter Zusammenhang; (Grad der Neuartigkeit), (Grad des Nutzens) und (Häufigkeit der Markteinführung) stellen die untersuchten Dimensionen der produktbezogenen Innovativität dar; 2) N = Anzahl der Unternehmen; m = Anzahl der Befragten; k. A. = keine Angabe; 3) Position der Informanten; 4) Branche der Datenerhebung; 5) L = Studie enthält Längsschnittsdaten; Q = Studie enthält Querschnittsdaten; 6) S = Subjektive Messung; O = Objektive Messung; 7) DA = Diskriminanzanalyse; KA = Kausalanalyse; KorrA = Korrelationsanalyse; MW = Mittelwertberechnung; RA = Regressionsanalyse; VA = Varianzanalyse; 8) Ebene der Messung der produktbezogenen Innovativität; 9) Geografischer Raum der Datenerhebung (i.d.R. einzelne Nationen)

2.2.3 Literatur zu informationsbezogenen Einflussgrößen der produktbezogenen Innovativität

Die zweite Kategorie der Literaturbestandsaufnahme umfasst empirische Arbeiten zu den informationsbezogenen Einflussgrößen der produktbezogenen Innovativität (vgl. Tabelle 2-8, Tabelle 2-9 und Tabelle 2-10). Die Sichtung dieser Arbeiten erfolgt dabei unter inhaltlichen, theoretischen und methodischen Aspekten.

Die Arbeiten zu den informationsbezogenen Einflussgrößen der produktbezogenen Innovativität sollen zunächst aus *inhaltlicher Perspektive* diskutiert werden. Hierbei kann mit Blick auf die Auswahl der Einflussgrößen festgestellt werden, dass sowohl Variablen zu den

Quellen der Gewinnung von Informationen als auch zur Integration von Informationen herangezogen werden.

In Bezug auf die *Quellen zur Gewinnung von Informationen* unterscheiden die gesichteten Arbeiten zwischen Kunden (vgl. Fang 2008; Veldhuizen/Hultink/Griffin 2006), Experten (vgl. Liao 2007; Shu/Wong/Lee 2005; Zahra/Nielsen 2002), Kooperationen (vgl. Rindfleisch/ Moorman 2001; Shu/Wong/Lee 2005) und Mitarbeitern (vgl. Zahra/Nielsen 2002). Hinsichtlich der Quelle *Kunden* wird in der Arbeit von Fang (2008) die Variable „Kundenpartizipation als Informationsressource im Produktentwicklungsprozess" untersucht. Dabei kann ein signifikanter positiver Effekt dieser Variable auf die Produktentwicklungsgeschwindigkeit festgestellt werden (vgl. Fang 2008). Darüber hinaus wird in der Arbeit von Veldhuizen/Hultink/Griffin (2006) der Einfluss der Variable „Gewinnung von Informationen durch Kunden" auf die produktbezogene Innovativität untersucht. Hierbei kann ein positiver, signifikanter Effekt nachgewiesen werden (vgl. Veldhuizen/Hultink/Griffin 2006).

In Bezug auf die Quelle *Experten* wird in der Arbeit von Zahra/Nielsen (2002) die Variable „externe humane Ressourcen" untersucht. Darunter werden in dieser Arbeit im Wesentlichen externe Berater und temporäre Mitarbeiter verstanden, die als Quelle zur Gewinnung von Wissen dienen (vgl. Zahra/Nielsen 2002). In der Arbeit von Zahra/Nielsen (2002) kann ein signifikanter positiver Effekt dieser Variable auf die Geschwindigkeit der Markteinführung gezeigt werden.

Als weitere Quelle werden *Kooperationen* untersucht (vgl. Rindfleisch/Moorman 2001; Shu/Wong/Lee 2005). In der Arbeit von Shu/Wong/Lee (2005) wird analysiert, inwieweit Variablen zur Gewinnung von Wissen den Zusammenhang zwischen Unternehmenskooperationen und der produktbezogenen Innovativität mediieren.

Abschließend werden in den gesichteten Arbeiten *Mitarbeiter* als Quelle zur Gewinnung von Informationen genannt. Hierbei untersuchen Zahra/Nielsen (2002) den Einfluss der Variable „interne humane Ressourcen" auf die produktbezogene Innovativität. In diesem Zusammenhang wird beispielsweise argumentiert, dass „new employees bring new skills and knowledge to the firm" (Zahra/Nielsen 2002, S. 380). In der Arbeit von Zahra/Nielsen (2002) kann dabei gezeigt werden, dass interne humane Ressourcen die produktbezogene Innovativität positiv beeinflussen.

In den gesichteten Studien werden die Wettbewerber eines Unternehmens nicht als Quelle zur Gewinnung von Informationen herangezogen. Dies lässt sich damit begründen, dass Wettbewerber versuchen das Wissen vor gegenseitigem Zugriff zu schützen (vgl. Kuemmerle 1999). Zwar untersuchen Li/Calantone (1998) die Variable „Wettbewerberwissensmanagementprozess" als Einflussgröße der produktbezogenen Innovativität. Diese Variable bezieht sich jedoch nicht auf Wettbewerber als Quelle zur Gewinnung von Informationen, sondern auf das Management des Wissens über Wettbewerber.

Die Forschungsfrage 2 bezieht sich auf die Identifikation der zentralen Quellen zur Gewinnung von Informationen. Anhand der Literatursichtung können die folgenden Quellen zur Gewinnung von Informationen identifiziert werden:

- *Kunden* (vgl. Fang 2008; Veldhuizen/Hultink/Griffin 2006),
- *Experten* (vgl. Liao 2007; Shu/Wong/Lee 2005; Zahra/Nielsen 2002),
- *Kooperationen* (vgl. Rindfleisch/Moorman 2001; Shu/Wong/Lee 2005) und
- *Mitarbeiter* (vgl. Zahra/Nielsen 2002).

Die Literatursichtung zeigt, dass diese Quellen zur Gewinnung von Informationen bislang nicht in einem integrativen Rahmen untersucht werden. Jedoch wird in der Literatur betont, dass Informationen sowohl unternehmensintern als auch unternehmensextern gewonnen werden können (vgl. u.a. Cassiman/Veugelers 2006). Deshalb sollen in Kapitel 3 zwei Untersuchungsmodelle entwickelt werden, welche sowohl die interne als auch die externe Gewinnung von Informationen in Form der identifizierten Quellen beinhalten.

Neben den Quellen zur Gewinnung von Informationen wird in einer Reihe von Arbeiten die *Integration von Informationen* untersucht. Die Integration von Informationen bezieht sich in diesen Arbeiten im Wesentlichen auf die Weitergabe bzw. Verbreitung von Informationen (vgl. Subramaniam/Youndt 2005; Veldhuizen/Hultink/Griffin 2006) und die Interpretation bzw. Analyse von Informationen (vgl. Moorman 1995; Zhou/Yim/Tse 2005). Hinsichtlich der der Weitergabe bzw. Verbreitung von Informationen wird beispielsweise angeführt, dass „organizations [...] integrate knowledge by facilitating its communication, sharing, and transfer among individuals and by encouraging interactions in groups and networks" (Subramaniam/Youndt 2005, S. 451). In diesem Zusammenhang betonen Zhou/Yim/Tse (2005, S. 46): „An organization [...] must interpret the information to determine its meaning and implications". In der Arbeit von Subramaniam/Youndt (2005) umfasst die Variable „soziales Kapital" die Weitergabe von Informationen. Es kann ein positiver Einfluss der Variable „soziales Kapital" auf die produktbezogene Innovativität nachgewiesen werden (vgl. Subramaniam/Youndt 2005). Zudem zeigen Zhou/Yim/Tse (2005) in ihrer Untersuchung einen positiven Einfluss der Variable „organisationales Lernen", welche u.a. eine Dimension zur Interpretation von Informationen enthält.

Zudem werden in einzelnen Arbeiten des vorliegenden Abschnitts *moderierende Effekte* auf den Zusammenhang zwischen informationsbezogenen Einflussgrößen und der produktbezogenen Innovativität untersucht (vgl. Tabelle 2-10). Wie in Abschnitt 2.2.2 erläutert, kann mithilfe von Moderatoren untersucht werden, unter welchen Bedingungen der Zusammenhang zwischen Einflussgrößen und der produktbezogenen Innovativität variiert. Dabei wird in

Abschnitt 2.2.2 insbesondere die Bedeutung von unternehmensexternen Bedingungen hervorgehoben.

In dem vorliegenden Abschnitt untersucht nur etwa die Hälfte der gesichteten Arbeiten moderierende Effekte auf den Zusammenhang zwischen informationsbezogenen Einflussgrößen und der produktbezogenen Innovativität. Hierbei analysiert lediglich eine Studie unternehmensexterne Bedingungen als moderierenden Effekt. Dabei handelt es sich um den Moderator „Dynamik" in der Arbeit von Thornhill (2006). In dieser Studie kann kein signifikanter moderierender Effekt auf den Zusammenhang zwischen dem Wissen im Unternehmen bzw. der Personalentwicklung und der produktbezogenen Innovativität gefunden werden.

Die Bedeutung der Untersuchung von unternehmensexternen Bedingungen wird beispielweise durch die Transaktionskostentheorie (vgl. hierzu ausführlich Abschnitt 2.3.4) deutlich. Nach der Transaktionskostentheorie kann die Gewinnung von Informationen als Transaktion aufgefasst werden. Eine Aussage der Transaktionskostentheorie besteht darin, dass die Höhe der Kosten zur Abwicklung von Transkationen u.a. von der umweltbezogenen Unsicherheit abhängig ist. In der Literatur werden beispielsweise Such- und Informationskosten als Transaktionskosten genannt. Transaktionskosten sind somit mit einem zeitlichen Aufwand verbunden (vgl. Choudhury/Sampler 1997; Jacobides/Winter 2005), welcher die rechtzeitige Markteinführung von produktbezogenen Innovationen, wie beispielsweise die Markteinführung von produktbezogenen Innovationen vor einem Wettbewerber, beeinflussen kann (vgl. Williamson 1991a, S. 292). Daher wäre es wünschenswert, wenn in zukünftigen empirischen Untersuchungen häufiger der moderierende Effekt von unternehmensexternen Moderatoren auf den Zusammenhang zwischen informationsbezogenen Einflussgrößen und der produktbezogenen Innovativität untersucht werden würde.

In Bezug auf die *theoretische Perspektive* der Bestandsaufnahme ist festzustellen, dass lediglich etwa die Hälfte der gesichteten Arbeiten theoretische Ansätze heranzieht. Wie in Abschnitt 2.2.2 erläutert, werden mithilfe von theoretischen Ansätzen die zugrundeliegenden Mechanismen kausaler Zusammenhänge erklärt. Daher wäre es wünschenswert, wenn zukünftige Arbeiten zur Fundierung der postulierten Zusammenhänge häufiger theoretische Ansätze anwenden würden.

Die gesichteten Arbeiten, welche theoretische Ansätze heranziehen, wählen zur theoretischen Fundierung eine Reihe unterschiedlicher Ansätze aus. Insbesondere wird der Ressourcenbasierte Ansatz (vgl. Barney 1991; Grant 1991; Wernerfelt 1984), wie auch in Abschnitt 2.2.2, relativ häufig angewandt. Li/Calantone (1998) und Zhou/Yim/Tse (2005) stützen sich beispielsweise auf diesen Ansatz. Die Theorie des organisationalen Lernens (vgl. u.a. Argote 1999; Cyert/March 1963) wird in der Arbeit von Katila (2002), Katila/Ahuja (2002) und Li/Calantone (1998) aufgegriffen. Zudem wird die soziale Netzwerktheorie (vgl. White/

Boorman/Breiger 1976) zur theoretischen Fundierung angewandt. Diese Theorie beschreibt im Wesentlichen den Zusammenhang zwischen dem Grad der Verbundenheit eines Unternehmens, beispielsweise mit einer hohen Anzahl von Großhändlern und Kunden, und dem Grad des Informationsaustausches (vgl. Uzzi 1996). Die soziale Netzwerktheorie wird in der Arbeit von Fang (2008) und Rindfleisch/Moorman (2001) herangezogen. Auf Basis des theoretischen Ansatzes der Marktorientierung (vgl. Jaworski/Kohli 1993; Kohli/Jaworski 1990) leitet Moorman (1995) ihr theoretisches Modell ab. Als weitere Theorie findet die Lead User Theory (vgl. Von Hippel 1988) Anwendung. Bei den sogenannten Lead Usern handelt es sich um Individuen, welche folgende zwei Merkmale erfüllen: „(1) they expect attractive innovation-related profits from a solution to their needs, and so are likely to innovate; and (2) they experience needs ahead of the majority of a target market" (Morrison/Roberts/Von Hippel 2000, S. 1513). Für Unternehmen stellen Lead User bzw. Kunden also eine mögliche Quelle zur Gewinnung von Informationen dar (vgl. Lilien et al. 2002). Die Arbeiten von Fang (2008) und Franke/Von Hippel/Schreier (2006) ziehen die Lead User Theory zur theoretischen Fundierung heran. Darüber hinaus bildet in den gesichteten Arbeiten der situative Ansatz ein theoretisches Fundament (vgl. Galbraith 1973; Lawrence/Lorsch 1967). So greift Liao (2007) zur theoretischen Fundierung des Untersuchungsmodells auf den situativen Ansatz zurück.

Die Diskussion der *methodischen Aspekte* konzentriert sich wie auch in Abschnitt 2.2.2 auf die Datengrundlage und die Analysemethode der gesichteten Arbeiten. Im Rahmen der Datengrundlage werden dabei die Aspekte dyadische bzw. triadische Daten und Branchenauswahl betrachtet.

In Bezug auf den Aspekt der Erhebung von *dyadischen bzw. triadischen Daten* ist festzustellen, dass in lediglich einer Arbeit des vorliegenden Abschnitts dyadische Daten erhoben werden (vgl. Fang 2008). In keiner der gesichteten Studien dienen triadische Daten als Datengrundlage. In der Mehrzahl der gesichteten Studien werden die Daten jedoch nur bei einer Person pro Untersuchungseinheit erfasst. Wie in Abschnitt 2.2.2 erläutert, ist die Erhebung solcher Daten in Bezug auf den Common Method Bias als kritisch zu erachten. Darüber hinaus wird bereits in Abschnitt 2.2.2 auf die Bedeutung der Erhebung der Variable „produktbezogene Innovativität" auf der Kundenseite hingewiesen. Jedoch wird die produktbezogene Innovativität in keiner der gesichteten Arbeiten auf der Kundenseite gemessen. Vor diesem Hintergrund wäre es wünschenswert, wenn in zukünftigen Arbeiten zum einen häufiger dyadische bzw. triadische Daten erhoben werden und zum anderen die produktbezogene Innovativität häufiger auf der Kundenseite gemessen wird.

In Bezug auf die *Branchenauswahl* ist zunächst hervorzuheben, dass branchenübergreifende Untersuchungen der Generalisierbarkeit von empirischen Ergebnissen dienen (vgl. u.a. Heim/Field 2007). Die produktbezogene Innovativität hat in Sachgüterbranchen, wie beispielsweise im Maschinenbau (vgl. Veldhuizen/Hultink/Griffin 2006), eine hohe Bedeutung. In der Literatur wird zudem die Relevanz von Dienstleistungsinnovationen betont (vgl. Möller/Rajala/Westerlund 2008). Hinsichtlich der Branchenauswahl der gesichteten Studien ist jedoch festzustellen, dass lediglich zwei Arbeiten explizit empirische Daten bei Dienstleistungsunternehmen und Sachgüterunternehmen erheben (vgl. Atuahene-Gima/Ko 2001; De Jong/Vermeulen 2006). Wie auch in Abschnitt 2.2.2 werden die empirischen Untersuchungen am häufigsten im Sachgüterkontext durchgeführt (vgl. u.a. Cardinal 2001; Chandy et al. 2006; Franke/Von Hippel/Schreier 2006). Im Vergleich dazu ist festzustellen, dass keine der gesichteten Arbeiten der vorliegenden Kategorie eine empirische Untersuchung ausschließlich im Dienstleistungskontext durchführt. In Bezug auf die Generalisierbarkeit der Ergebnisse wäre es daher wünschenswert, wenn zukünftig häufiger branchenübergreifende Untersuchungen in der Sachgüter- und Dienstleistungsbranche durchgeführt werden.

In Bezug auf die *Analysemethode* ist festzustellen, dass in den gesichteten Arbeiten des vorliegenden Abschnitts zum größten Teil die Regressionsanalyse angewandt wird. Lediglich vier Arbeiten analysieren die zugrunde liegenden Daten mithilfe der Kausalanalyse (vgl. Brockman/Morgan 2006; Li/Calantone 1998; Veldhuizen/Hultink/Griffin 2006; Zhou/Yim/Tse 2005). Wie in Abschnitt 2.2.2 bereits erläutert, ermöglicht es die Kausalanalyse u.a. Zusammenhänge zwischen latenten Konstrukten zu untersuchen. Da die produktbezogene Innovativität ein komplexes Konstrukt darstellt (vgl. hierzu die Ausführungen in Abschnitt 2.1.2.1), ist die häufigere Verwendung der Kausalanalyse zur Untersuchung des Zusammenhangs zwischen den informationsbezogenen Einflussgrößen und der produktbezogenen Innovativität wünschenswert.

Tabelle 2-8: Arbeiten zu informationsbezogenen Einflussgrößen der produktbezogenen Innovativität

Autor(en) (Jahr) / Journal / Theoretische Fundierung	Unabhängige Variable[1]	Abhängige Variable[1]	Datengrundlage[2]; ggf. Position[3] / Branche[4] / Art der Studie[5] / Art der Messung[6] / Methode[7] / Innovativitätsmessung[8] / Geografischer Raum[9]
Atuahene-Gima/Ko (2001) / Organization Science / Ansatz der Marktorientierung, Ressourcen-basierter Ansatz	Unternehmen mit ME verzeichnen eine höhere Neu-Produktqualität und haben einen höheren Neuprodukterfolg als Unternehmen mit EO, MO oder CO / (+, *d.h. die zugrunde liegende Hypothese wird erfüllt*) Unternehmen mit MO verzeichnen eine höhere Neu-Produktqualität und haben einen höheren Neuprodukterfolg als Unternehmen mit EO, CO / (n.s.) Unternehmen mit EO verzeichnen eine höhere Neu-Produktqualität und haben einen höheren Neuprodukterfolg als Unternehmen mit CO / (n.s.) *ME = Marktorientierung (Gewinnung, Verbreitung und Reaktion) und Entrepreneurorientierung;* *MO = Marktorientierung (Gewinnung, Verbreitung und Reaktion);* *EO = Entrepreneurorientierung;* *CO = Konservative Unternehmen*	Neu-Produkterfolg (Wahrnehmung des Zielerreichungsgrades bzgl. des Marktanteils, etc.) Neu-Produktqualität (Grad des Nutzens) * ** Aufgrund der Komplexität der Untersuchung werden hier nur relevante abhängige Variablen dargestellt*	N = 181; m = 181; Diverse Führungskräfte (Geschäftsführer, Produkt- und Marketing-manager, F&E-Führungskräfte) / Branchenübergreifend / Q / S / ANOVA (Scheffer Test), Unterschied zwischen 4 Gruppen von Unternehmen wurde getestet / Produktprogrammebene / Australien
Cardinal (2001) / Organization Science / -	Größe (Gesamtzahl der Mitarbeiter der SBU von 1979-1983) / (+) 1 Vielfalt an Spezialisten / (+) Professionalisierung (Neigung zu Kontakt mit professionellen Kollegen sowie Umgang mit externen Informationen) / (+) Zentralisierung, (Entscheidungsauthorität auf niedriger Hierarchieebene) / (+) Formalisierung / (-) 1; (+) 2 Häufigkeit der Erfolgsbeurteilung / (+) 2 Spezifität der Zielsetzung / (+) 2 Betonung auf Ergebnisquantität bei der erfolgsorientierten Beurteilung und Vergütung / (+) Betonung auf professionelle Ergebnisformen (Publikation von Präsentionen und veröffent-lichte Artikel) / (+) 1 Öffentliche Anerkennung für aussergewöhnliche Verdienste von F&E Experten / (+)	(1) Anzahl der Medikament-verbesserungen (1984-1993) (Häufigkeit der Markteinführung) (2) Anzahl neuer Medikamente (1984-1993) (Häufigkeit der Markteinführung)	N = 57; m = 57; Geschäfts-führer und Leiter F&E Abteilung (SBU) / Pharmabranche / Q / S (unabhängige Variablen) und O (abhängige Variablen) / RA (Poission) / Produktprogrammebene / USA

Anmerkungen:
1) (+) bzw. (-) = positiver bzw. negativer, signifikanter Zusammenhang (zwischen den unabhängigen und abhängigen Variablen bzw. moderierender Effekt auf den/die betrachteten Zusammenhänge); (+) und (Zahl) bzw. (-) und (Zahl) = positiver bzw. negativer, signifikanter Zusammenhang in Bezug auf die mit (Zahl) gekennzeichnete Variable, sonst nicht signifikant; (n.s.) = nicht signifikanter Zusammenhang; (+/-) = nicht-linearer, signifikanter Zusammenhang; (Grad der Neu-artigkeit), (Grad des Nutzens) und (Häufigkeit der Markteinführung) stellen die untersuchten Dimensionen der produkt-bezogenen Innovativität dar; 2) N = Anzahl der Unternehmen; m = Anzahl der Befragten; k. A. = keine Angabe; 3) Position der Informanten; 4) Branche der Datenerhebung; 5) L = Studie enthält Längsschnittsdaten; Q = Studie enthält Querschnitts-daten; 6) S = Subjektive Messung; O = Objektive Messung; 7) DA = Diskriminanzanalyse; KA = Kausalanalyse; KorrA = Korrelationsanalyse; MW = Mittelwertberechnung; RA = Regressionsanalyse; VA = Varianzanalyse; 8) Ebene der Messung der produktbezogenen Innovativität; 9) Geografischer Raum der Datenerhebung (i.d.R. einzelne Nationen)

Tabelle 2-8: Arbeiten zu informationsbezogenen Einflussgrößen der produktbezogenen Innovativität (2)

Autor(en) (Jahr) / Journal / Theoretische Fundierung	Unabhängige Variable[1]	Abhängige Variable[1]	Datengrundlage[2]; ggf. Position[3] / Branche[4] / Art der Studie[5] / Art der Messung[6] / Methode[7] / Innovativitätsmessung[8] / Geografischer Raum[9]
Chandy et al. (2006) / Journal of Marketing Research / -	Schnelligkeit der Umsetzung von Ideen (+/-) Anzahl der aussichtsreichen Ideen (+/-) Ideen auf dem Gebiet der Expertise (+) Bedeutung der Ideen (+) *(+/-) = signifikanter, invertiert U-förmiger Zusammenhang*	Umwandlung (Konversion) von patentierten Ideen in auf den Markt eingeführte Medikamente (Häufigkeit der Markteinführung)	N = 38; m = 322 Medikamentpatente (von 1960 bis 2001) / Pharmabranche / L / O / RA (Logit-Modell) / mehrere ausgewählte Produkte / k.A.
De Jong/ Vermeulen (2006) / International Small Business Journal / -	Fokus der Manager auf die Suche und Unterstützung bzgl. innovationsbezogener Aspekte (+) Existenz von dokumentierten Innovationsplänen / (+) Nutzung von externen Netzwerken / (+) Durchführung von Marktforschung (hinsichtlich der Kunden) / (+) Kooperation zwischen Unternehmen / (+) Einbindung von Kundenkontaktmitarbeitern (in die Ideengenerierung und die Implementierung von Innovationen / (+) Finanzierung eines Personalentwicklungsprogramms / (n.s.)	(1) Einführung von mindestens einem Produkt, das neu für das Unternehmen ist (Häufigkeit der Markteinführung) (2) Einführung von mindestens einem Produkt, das neu für die Branche ist (Häufigkeit der Markteinführung)	N = 1250; m = 1250; Führungskräfte / Branchenübergreifend (kleine Unternehmen mit weniger als 100 Mitarbeitern) / L (Paneldaten: 2001 bis 2003) / O / RA (binär, logistisch) / Produktprogrammebene (Innovationen) / Niederlande
Fang (2008) / Journal of Marketing / Soziale Netzwerktheorie, Lead User Theory	Kundenpartizipation als Informationsressource / (+) 2 Kundenpartizipation als Mitentwickler / (n.s.) Verbundenheit des Kundennetzwerks / (-) 2 Abhängigkeit in den Prozessen (vom Kunden) / (+) 2 Prozesskomplexität / (+) 1	(1) Produktinnovativität (Grad der Neuartigkeit) (2) Produktentwicklungsgeschwindigkeit	N1 (OEM Kunden) = 143; m1 = 143; N2 (Hersteller) = 143; m2 = 143 (dyadische Erhebung); Führungskräfte / Branchenübergreifend / Q / S / RA / Projektebene / k.A.
Franke/ Von Hippel/ Schreier (2006) / Journal of Product Innovation Management / Lead User Theory	Lead User Komponenten ... ... hoher erwarteter Nutzen / (+) 1,2 ... dem Trend voraus / (+) Zugreifbare Ressourcen ... ... technische Expertise / (+) 1,2,3 ... Community-basierte Ressourcen / (+)	(1) Hoch attraktive Innovation (Gesamtstichprobe) (Grad des Nutzens); (2) Innovation entstanden durch Nutzer (Gesamtstichprobe) (Grad der Neuartigkeit); (3) Hoch attraktive Idee (Stichprobe Innovatoren) (Grad des Nutzens); (4) Gesamtattraktivität der Innovation (Stichprobe Innovatoren) (Grad des Nutzens)	N = m = 456; Mitglieder von Online-Community zum „Kite-Surfen" (6 Experten haben Innovationen bewertet) / Endkonsumenten (Mitglieder von Sportgemeinschaften) / Q / S / RA / Ein oder mehrere ausgewählte Produkte / International

Anmerkungen:
1) (+) bzw. (-) = positiver bzw. negativer, signifikanter Zusammenhang (zwischen den unabhängigen und abhängigen Variablen bzw. moderierender Effekt auf den/die betrachteten Zusammenhänge); (+) und (Zahl) bzw. (-) und (Zahl) = positiver bzw. negativer, signifikanter Zusammenhang in Bezug auf die mit (Zahl) gekennzeichnete Variable, sonst nicht signifikant; (n.s.) = nicht signifikanter Zusammenhang; (+/-) = nicht-linearer, signifikanter Zusammenhang; (Grad der Neuartigkeit), (Grad des Nutzens) und (Häufigkeit der Markteinführung) stellen die untersuchten Dimensionen der produktbezogenen Innovativität dar; 2) N = Anzahl der Unternehmen; m = Anzahl der Befragten; k.A. = keine Angabe; 3) Position der Informanten; 4) Branche der Datenerhebung; 5) L = Studie enthält Längsschnittsdaten; Q = Studie enthält Querschnittsdaten; 6) S = Subjektive Messung; O = Objektive Messung; 7) DA = Diskriminanzanalyse; KA = Kausalanalyse; KorrA = Korrelationsanalyse; MW = Mittelwertberechnung; RA = Regressionsanalyse; VA = Varianzanalyse; 8) Ebene der Messung der produktbezogenen Innovativität; 9) Geografischer Raum der Datenerhebung (i.d.R. einzelne Nationen)

Tabelle 2-8: Arbeiten zu informationsbezogenen Einflussgrößen der produktbezogenen Innovativität (3)

Autor(en) (Jahr) / Journal / Theoretische Fundierung	Unabhängige Variable[1]	Abhängige Variable[1]	Datengrundlage[2]; ggf. Position[3] / Branche[4] / Art der Studie[5] / Art der Messung[6] / Methode[7] / Innovativitätsmessung[8] / Geografischer Raum[9]
Jensen et al. (2007) / Research Policy / -	Cluster 1: „Wissenschaft/Technologie/ Innovation"-Modus (basierend auf Produktion und Nutzung von kodifizierten, wissenschaftlichen und technischen Wissen) / (+) Cluster 2: „Doing/Using/Interacting"-Modus (basierend auf informellen Prozessen des Lernens und erfahrungsbasierten Wissen) / (+) Cluster 3: Kombination aus Cluster 1 und Cluster 2 / (+) (stärkster Zusammenhang)	Einführung von neuen Sachgütern oder Dienstleistungen (Häufigkeit der Markteinführung)	N_1 (im Jahr 2001) = 2007; m_1 = 2007; N_2 (im Jahr 2004) = 1141; m_2 = 1141; Führungskräfte / Branchenübergreifend (Dänische Unternehmen) / Q / S / RA / Produktprogrammebene / Dänische Unternehmen
Katila (2002) / Academy of Management Journal / Theorie des organisationalen Lernens	Durchschnittliches Alter von internem (vom Unternehmen gesuchtes) Wissen / (+), (+/-) Durchschnittliches Alter von Wettbewerberwissen (vom Unternehmen gesucht) / (+), (+/-) Durchschnittliches Alter von externem Wissen (vom Unternehmen gesucht) / (+) Anzahl von extern gesuchten Wissenselementen / (+) Altersvarianz von intern gesuchtem Wissen / (-) Altersvarianz von extern gesuchtem Wissen / (n.s.), (+/-) Altersvarianz von gesuchtem Wettbewerberwissen / (n.s.), invertiert U-förmiger Zusammenhang (n.s.) *(+/-) = signifikanter, invertiert U-förmiger Zusammenhang*	Anzahl von neuen, auf den Markt eingeführten Produkten (Häufigkeit der Markteinführung)	N = 131; m = 131; Daten aus 2 objektiven Datenquellen / Roboterindustrie / L (Daten von 1985 - 1997) / O / RA / Produktprogrammebene / International (Europa, Japan, USA)
Katila/ Ahuja (2002) Academy of Management Journal / Theorie des organisationalen Lernens	Suchtiefe nach Wissen / (+), (+/-) Suchbreite nach Wissen / (+), invertiert U-förmiger Zusammenhang (n.s.)	Anzahl von neuen, auf den Markt eingeführten Produkten (Häufigkeit der Markteinführung)	N = 124; m = 124; Daten aus unterschiedlichen Quellen / Roboterindustrie / L / O / RA / Produktprogrammebene (Innovationen) / International (Europa, Japan, USA)
Liao (2007) / International Journal of Management / Situativer Ansatz	Kodifizierungsstrategie des Wissensmanagements / (+) Personalisierungsstrategie des Wissensmanagements (z. B. Wissensgewinnung von Experten und Mitarbeitern) / (n.s.) Formalisierung / (+) Zentralisierung / (n.s.) Technokratisierung / (+)	Produktinnovationen (Grad der Neuartigkeit)	N = 195; m = 195; Manager im Top Management („presidents") / Branchenübergreifend / Q / S / RA / Produktprogrammebene / Taiwan

Anmerkungen:
1) (+) bzw. (-) = positiver bzw. negativer, signifikanter Zusammenhang (zwischen den unabhängigen und abhängigen Variablen bzw. moderierender Effekt auf den/die betrachteten Zusammenhänge); (+) und (Zahl) bzw. (-) und (Zahl) = positiver bzw. negativer, signifikanter Zusammenhang in Bezug auf die mit (Zahl) gekennzeichnete Variable, sonst nicht signifikant; (n.s.) = nicht signifikanter Zusammenhang; (+/-) = nicht-linearer, signifikanter Zusammenhang; (Grad der Neuartigkeit), (Grad des Nutzens) und (Häufigkeit der Markteinführung) stellen die untersuchten Dimensionen der produktbezogenen Innovativität dar; 2) N = Anzahl der Unternehmen; m = Anzahl der Befragten; k. A. = keine Angabe; 3) Position der Informanten; 4) Branche der Datenerhebung; 5) L = Studie enthält Längsschnittsdaten; Q = Studie enthält Querschnittsdaten; 6) S = Subjektive Messung; O = Objektive Messung; 7) DA = Diskriminanzanalyse; KA = Kausalanalyse; KorrA = Korrelationsanalyse; MW = Mittelwertberechnung; RA = Regressionsanalyse; VA = Varianzanalyse; 8) Ebene der Messung der produktbezogenen Innovativität; 9) Geografischer Raum der Datenerhebung (i.d.R. einzelne Nationen).

Tabelle 2-8: Arbeiten zu informationsbezogenen Einflussgrößen der produktbezogenen Innovativität (4)

Autor(en) (Jahr) / Journal / Theoretische Fundierung	Unabhängige Variable[1]	Abhängige Variable[1]	Datengrundlage[2]; ggf. Position[3] / Branche[4] / Art der Studie[5] / Art der Messung[6] / Methode[7] / Innovativitätsmessung[8] / Geografischer Raum[9]
Moorman (1995) / Journal of Marketing Research / Ansatz der Marktorientierung	Unternehmenskultur ... <hr> Adhocracy / (n.s.) <hr> Markt / (n.s.) <hr> Hierarchie / (-) 3 Clan / (+) 2,3,4	(1) Prozess der Akquise von Marktinformationen; (2) Prozess der Transmission von Marktinformationen; (3) Prozess der konzeptionellen Nutzung von Marktinformationen; (4) Prozess der instrumentellen Nutzung von Marktinformationen	N = 92 (diverse Unternehmensbereiche mehrerer Unternehmen); m = 92; Vizepräsidenten des Marketing / Branchenübergreifend (Sample aus Advertising Age, Top 200 Advertisers) / Q / S / RA / Projektebene / k.A.
	Prozess der Akquise von Marktinformationen / (n.s.) <hr> Prozess der Transmission von Marktinformationen / (n.s.) <hr> Prozess der konzeptuellen Nutzung von Marktinformationen / (+) <hr> Prozess der instrumentellen Nutzung von Marktinformationen / (+) 1,2 Turbulenz der Umwelt / (-) 3	(1) Erfolg des Neu-Produkts; (2) Rechtzeitigkeit der Markteinführung des Neu-Produkts; (3) Kreativitätsgrad des Neu-Produkts (u.a. Grad der Neuartigkeit)	
Prabhu/ Chandy/ Ellis (2005) / Journal of Marketing / -	Innovation im Vorjahr / (+) <hr> Akquisitionen des Unternehmens (externes Wissen) / (n.s.) <hr> Wissenstiefe des Unternehmens (internes Wissen) / (+) <hr> Wissensbreite des Unternehmens (internes Wissen) / (+) <hr> Moderate Ähnlichkeit des Wissens bei Akquisition / (+) Moderate Ähnlichkeit des Wissens bei Akquisition (quadriert) / (-)	Anzahl von neuen Produkten (in Phase 1 der Marktreife der Pharmaprojekte) (Häufigkeit der Markteinführung)	N = 35 / Pharmazeutische Industrie / L (1988-1997 = 10 Jahre) / O / RA / Projektebene / USA
Rindfleisch/ Moorman (2001) / Journal of Marketing / Soziale Netzwerktheorie	Nähe der Allianzpartner / (+) 1,2,3,5 <hr> Wissensredundanz der Allianzpartner / (+) 3,5; (-) 2 *Ausschließlich Darstellung der zentralen Variablen (keine Kontrollvariablen)*	(1) Produktbezogene Informationsgewinnung (2) Prozessbezogene Informationsgewinnung (3) Produktkreativität (4) Prozesskreativität (5) Produktentwicklungsgeschwindigkeit	N = 106; m = 106; stellvertretende F&E-Leiter / Branchenübergreifend / Q / S / RA / Ein oder mehrere ausgewählte Produkte / USA

Anmerkungen:
1) (+) bzw. (-) = positiver bzw. negativer, signifikanter Zusammenhang (zwischen den unabhängigen und abhängigen Variablen bzw. moderierender Effekt auf den/die betrachteten Zusammenhänge); (+) und (Zahl) bzw. (-) und (Zahl) = positiver bzw. negativer, signifikanter Zusammenhang in Bezug auf die mit (Zahl) gekennzeichnete Variable, sonst nicht signifikant; (n.s.) = nicht signifikanter Zusammenhang; (+/-) = nicht-linearer, signifikanter Zusammenhang; (Grad der Neuartigkeit), (Grad des Nutzens) und (Häufigkeit der Markteinführung) stellen die untersuchten Dimensionen der produktbezogenen Innovativität dar; 2) N = Anzahl der Unternehmen; m = Anzahl der Befragten; k. A. = keine Angabe; 3) Position der Informanten; 4) Branche der Datenerhebung; 5) L = Studie enthält Längsschnittsdaten; Q = Studie enthält Querschnittsdaten; 6) S = Subjektive Messung; O = Objektive Messung; 7) DA = Diskriminanzanalyse; KA = Kausalanalyse; KorrA = Korrelationsanalyse; MW = Mittelwertberechnung; RA = Regressionsanalyse; VA = Varianzanalyse; 8) Ebene der Messung der produktbezogenen Innovativität; 9) Geografischer Raum der Datenerhebung (i.d.R. einzelne Nationen)

Tabelle 2-8: Arbeiten zu informationsbezogenen Einflussgrößen der produktbezogenen Innovativität (5)

Autor(en) (Jahr) / Journal / Theoretische Fundierung	Unabhängige Variable[1]	Abhängige Variable[1]	Datengrundlage[2]; ggf. Position[3] / Branche[4] / Art der Studie[5] / Art der Messung[6] / Methode[7] / Innovativitätsmessung[8] / Geografischer Raum[9]
Shu/Wong/ Lee (2005) / Journal of Strategic Marketing / -	Vertikale Verbindungen (Lieferanten) / (+) 1,2 Horizontale Verbindungen (Unternehmenskooperationen) / (+) Absorptive Kapazität / (+) Gewinnung von Wissen im Bereich ... ... F&E / (+) ... Produktion / (+) 2 ... Vorentwicklung / (+) ... Marketing / (+) Horizontale Verbindungen des Unternehmens ... ... Forschungsinstitute / (n.s.) ... Universitäten / (n.s.) Vertikale Verbindungen des Unternehmens ... ... Kunden / (n.s.) ... Lieferanten / (+) 2 Absorptive Kapazität / (+)	Gewinnung von Wissen im Bereich ... ... (1) F&E ... (2) Produktion ... (3) Vorentwicklung ... (4) Marketing (1) Marktbezogene Innovativität (u.a. Grad der Neuartigkeit); (2) Technologische Innovativität (u.a. Grad der Neuartigkeit) (1) Marktbezogene Innovativität (u.a. Grad der Neuartigkeit); (2) Technologische Innovativität (u.a. Grad der Neuartigkeit); (3) Gewinnung von produktbezogenen Wissen	N = 118; m = 118; Führungskräfte / IT Industrie / Q / S / RA / Projektebene / Taiwan
Subramaniam/ Youndt (2005) / Academy of Management Journal / -	Soziales Kapital (Fähigkeit der Organisation Wissen weiterzugeben und wirksam einzusetzen unter Mitarbeitern, Kunden, Lieferanten, etc.) / (+) Organisationales Kapital (Fähigkeit der Organisation Wissen anzueignen und in Datenbanken zu speichern) / (+) 1 Humanes Kapital (Fähigkeiten etc. der Mitarbeiter) / (-) 2	(1) Fähigkeit zu inkrementellen Innovationen (Fähigkeit Produktlinien zu verstärken, etc.) (Grad der Neuartigkeit) (2) Fähigkeit zu radikalen Innovationen (Fähigkeit zu obsoleten Produktlinien, etc.) (Grad der Neuartigkeit)	N = 93; m = 93; 1. Welle: Geschäftsführer (CEO), Präsidenten und Vizepräsidenten des Personalbereichs; 2. Welle: Vizepräsidenten, Marketingdirektor, F&E-Direktor / Branchenübergreifend / L (1998 und 2001 = 3 Jahre) / S / RA / Produktprogrammebene / USA
Tuominen/ Rajala/ Möller (2004) / Journal of Business Research / -	*Dimensionen der Adaptierungsfähigkeit nach Faktorenanalyse ...* Globales Marktmonitoring / (+) Commitment der Mitarbeiter / (+) Kunden- und Technologievernetzung / (+) Vergütungs-(Anreiz)systeme / (+) Technologische Forschung / (+)	Produktinnovativität (eine Variable von vier bzgl. Anzahl und Qualität der technologischen Innovationen) (Grad des Nutzens, Häufigkeit der Markteinführung)	N = 140; m = 140; Geschäftsführer / Branchenübergreifend (verarbeitende Industrie) / Q / S / F, ANOVA und MANOVA / Produktprogrammebene / Finnland

Anmerkungen:
1) (+) bzw. (-) = positiver bzw. negativer, signifikanter Zusammenhang (zwischen den unabhängigen und abhängigen Variablen bzw. moderierender Effekt auf den/die betrachteten Zusammenhänge); (+) und (Zahl) bzw. (-) und (Zahl) = positiver bzw. negativer, signifikanter Zusammenhang in Bezug auf die mit (Zahl) gekennzeichnete Variable, sonst nicht signifikant; (n.s.) = nicht signifikanter Zusammenhang; (+/-) = nicht-linearer, signifikanter Zusammenhang; (Grad der Neuartigkeit), (Grad des Nutzens) und (Häufigkeit der Markteinführung) stellen die untersuchten Dimensionen der produktbezogenen Innovativität dar; 2) N = Anzahl der Unternehmen; m = Anzahl der Befragten; k. A. = keine Angabe; 3) Position der Informanten; 4) Branche der Datenerhebung; 5) L = Studie enthält Längsschnittsdaten; Q = Studie enthält Querschnittsdaten; 6) S = Subjektive Messung; O = Objektive Messung; 7) DA = Diskriminanzanalyse; KA = Kausalanalyse; KorrA = Korrelationsanalyse; MW = Mittelwertberechnung; RA = Regressionsanalyse; VA = Varianzanalyse; 8) Ebene der Messung der produktbezogenen Innovativität; 9) Geografischer Raum der Datenerhebung (i.d.R. einzelne Nationen)

Tabelle 2-8: Arbeiten zu informationsbezogenen Einflussgrößen der produktbezogenen Innovativität (6)

Autor(en) (Jahr) / Journal / Theoretische Fundierung	Unabhängige Variable[1]	Abhängige Variable[1]	Datengrundlage[2]; ggf. Position[3] / Branche[4] / Art der Studie[5] / Art der Messung[6] / Methode[7] / Innovativitätsmessung[8] / Geografischer Raum[9]
Zahra/ Nielsen (2002) / Strategic Management Journal / Ressourcenbasierter Ansatz	Interne humane Ressourcen (u.a. Wissen) / (+) Interne technologische Ressourcen / (+) Externe humane Ressourcen (u.a. Wissen) / (+) 4 Externe technologische Ressourcen ... ... Outsourcing und Lizenzierung / (+) 1,2,4 ... Allianzen und Joint Ventures / (+)	(1) Häufigkeit von Neuprodukteinführungen (1997-1999) (Häufigkeit der Markteinführung) (2) Radikalität neuer Produkte (radikal vs. inkrementell) (Grad der Neuartigkeit) (3) Anzahl von Patenten (4) Geschwindigkeit bis zur Markteinführung	N = 97 (97 bis 119); m = 97; Top Führungskräfte / Branchenübergreifend / Q (2 Studien: 1996 und Folgestudie 1999) / O und S / RA / Produktprogrammebene (Innovationen) / USA

Anmerkungen:
1) (+) bzw. (-) = positiver bzw. negativer, signifikanter Zusammenhang (zwischen den unabhängigen und abhängigen Variablen bzw. moderierender Effekt auf den/die betrachteten Zusammenhänge); (+) und (Zahl) bzw. (-) und (Zahl) = positiver bzw. negativer, signifikanter Zusammenhang in Bezug auf die mit (Zahl) gekennzeichnete Variable, sonst nicht signifikant; (n.s.) = nicht signifikanter Zusammenhang; (+/-) = nicht-linearer, signifikanter Zusammenhang; (Grad der Neuartigkeit), (Grad des Nutzens) und (Häufigkeit der Markteinführung) stellen die untersuchten Dimensionen der produktbezogenen Innovativität dar; 2) N = Anzahl der Unternehmen; m = Anzahl der Befragten; k. A. = keine Angabe; 3) Position der Informanten; 4) Branche der Datenerhebung; 5) L = Studie enthält Längsschnittsdaten; Q = Studie enthält Querschnittsdaten; 6) S = Subjektive Messung; O = Objektive Messung; 7) DA = Diskriminanzanalyse; KA = Kausalanalyse; KorrA = Korrelationsanalyse; MW = Mittelwertberechnung; RA = Regressionsanalyse; VA = Varianzanalyse; 8) Ebene der Messung der produktbezogenen Innovativität; 9) Geografischer Raum der Datenerhebung (i.d.R. einzelne Nationen)

Tabelle 2-9: Arbeiten zu informationsbezogenen Einflussgrößen und Erfolgsauswirkungen der produktbezogenen Innovativität

Autor(en) (Jahr) / Journal / Theoretische Fundierung	Unabhängige Variable[1]	Abhängige Variable[1]	Datengrundlage[2]; ggf. Position[3] / Branche[4] / Art der Studie[5] / Art der Messung[6] / Methode[7] / Innovativitätsmessung[8] / Geografischer Raum[9]
Brockman/ Morgan (2006) / Journal of the Academy of Marketing Science / -	Bestehendes Wissen / (+) Innovative Informationen / (+) ------ Produktinnovativität (Grad der Neuartigkeit) / (+)	Innovative Informationen Produktinnovativität (Grad der Neuartigkeit) Neuprodukterfolg	N = 323; m = 323; Führungskräfte (insb. Marketing) / Branchenübergreifend (Sachgüter) / Q / S / KA / Projektebene / k.A.
Li/Calantone (1998) / Journal of Marketing / Theorie des organisationalen Lernens, Ressourcenbasierter Ansatz	Extern ... ... Anspruch der Kunden / (+) ------ Wettbewerbsintensität / (n.s.) ------ Technologischer Wandel / (+) 3 ------ Intern ... ... Wahrgenommene Bedeutung von Marktwissen / (+)	Kompetenz bzgl. Marktwissens ... ... (1) Kundenwissensmanagementproz. (Untersuchung exklusive Wettbewerbsintensität); ... (2) Zusammenarbeit zwischen Marketing sowie F&E (Untersuchung exklusive techn. Wandel & Wettbewerbsintensität); ... (3) Wettbewerberwissensmanagementproz. (Untersuchung exklusive Anspruch der Kunden); ... (4) Stärke der F&E	N = 236; m = 236; Top Führungskräfte / Softwareindustrie / Q / S / KA (Generalized Least Squares) / Ein oder mehrere ausgewählte Produkte (wesentliche Variablen) / USA *(Proz. = Prozess)*
	Kundenwissensmanagementproz. (Akquise, Interpretation, Integration) / (+) ------ Zusammenarbeit zwischen Marketing sowie F&E / (+) ------ Wettbewerberwissensmanagementproz. (Akquise, Interpretation, Integration) / (+) ------ Stärke der F&E / (+)	Neuproduktvorteil (Grad der Neuartigkeit, Grad des Nutzens)	
	Neuproduktvorteil (Grad der Neuartigkeit, Grad des Nutzens)	Markterfolg	
Thornhill (2006) / Journal of Business Venturing / Ressourcenbasierter Ansatz	Wissen im Unternehmen / (+) ------ Personalentwicklung / (+) ------ F&E-Intensität / (+) ------ Produktinnovation, die neu für das Land oder die Welt ist (Häufigkeit der Markteinführung) / (+) ------ F&E-Intensität / (n.s.) ------ Wissen im Unternehmen / (n.s.) ------ Personalentwicklung / (n.s.)	Produktinnovation, die neu für das Land oder die Welt ist (Häufigkeit der Markteinführung) Umsatzwachstum	N = 845; m = 845; Verantwortliche im operativen Bereich (Daten aus Panel) / Branchenübergreifend (verarbeitende Industrie, Unternehmen mit weniger als 500 Mitarbeitern) / Q / S / RA / Produktprogrammebene / Kanada

Anmerkungen:
1) (+) bzw. (-) = positiver bzw. negativer, signifikanter Zusammenhang (zwischen den unabhängigen und abhängigen Variablen bzw. moderierender Effekt auf den/die betrachteten Zusammenhänge); (+) und (Zahl) bzw. (-) und (Zahl) = positiver bzw. negativer, signifikanter Zusammenhang in Bezug auf die mit (Zahl) gekennzeichnete Variable, sonst nicht signifikant; (n.s.) = nicht signifikanter Zusammenhang; (+/-) = nicht-linearer, signifikanter Zusammenhang; (Grad der Neuartigkeit), (Grad des Nutzens) und (Häufigkeit der Markteinführung) stellen die untersuchten Dimensionen der produktbezogenen Innovativität dar; 2) N = Anzahl der Unternehmen; m = Anzahl der Befragten; k. A. = keine Angabe; 3) Position der Informanten; 4) Branche der Datenerhebung; 5) L = Studie enthält Längsschnittsdaten; Q = Studie enthält Querschnittsdaten; 6) S = Subjektive Messung; O = Objektive Messung; 7) DA = Diskriminanzanalyse; KA = Kausalanalyse; KorrA = Korrelationsanalyse; MW = Mittelwertberechnung; RA = Regressionsanalyse; VA = Varianzanalyse; 8) Ebene der Messung der produktbezogenen Innovativität; 9) Geografischer Raum der Datenerhebung (i.d.R. einzelne Nationen)

Tabelle 2-9: Arbeiten zu informationsbezogenen Einflussgrößen und Erfolgsauswirkungen der produktbezogenen Innovativität (2)

Autor(en) (Jahr) / Journal / Theoretische Fundierung	Unabhängige Variable[1]	Abhängige Variable[1]	Datengrundlage[2]; ggf. Position[3] / Branche[4] / Art der Studie[5] / Art der Messung[6] / Methode[7] / Innovativitätsmessung[8] / Geografischer Raum[9]
Veldhuizen/ Hultink/ Griffin (2006) / Journal of Engineering Technology Management / Ansatz der Marktorientierung	Neuartigkeit des Produkts (Grad der Neuartigkeit) / (+) 6 Priorität des Projekts / (+) 1,2 Zeitdruck / (n.s.) Dominanz von F&E / (n.s.) Konflikte zwischen Abteilungen / (-) 1,3 Flexibilität bzgl. neuer Produkte / (+) 2; (-) 5 Flexibilität bzgl. neuer Produkte / (+)* Dominanz von F&E / (+)* Gewinnung von Umweltinform. / (+) 1,2 Gewinnung von Kundeninform. / (+) 1,3,4 Nutzung von Marktinform. in der Vermarktung / (+) 4 Verbreitung von Marktinform. / (+) Nutzung in der Entwicklung / (+) 2 Nutzung von Marktinform. in der Vorentwicklung / (+) Flexibilität bzgl. neuer Produkte / (+) 1* Dominanz von F&E / (-) 1* Konflikte zwischen Abteilungen / (-) 2* Nutzung von Marktinform. in der Vorentwicklung / (+) 1 Produktvorteil (Grad des Nutzens) / (+)	(1) Gewinnung von Umweltinform.; (2) Verbreitung von Marktinform.; (3) Gewinnung von Kundeninform.; (4) Nutzung von Marktinform.; (5) Nutzung von Marktinform. in der Vermarktung; (6) Produktvorteil (Grad des Nutzens) Neuartigkeit des Produkts (Grad der Neuartigkeit) (1) Verbreitung von Marktinform. (2) Nutzung von Marktinform. in der Vorentwicklung (3) Nutzung von Marktinform. in der Entwicklung (4) Produktvorteil (Grad des Nutzens) (1) Nutzung von Marktinform. in der Vorentwicklung (2) Nutzung von Marktinform. in der Vermarktung Nutzung von Marktinform. in der Entwicklung (1) Markterfolg (2) Zeit/Kosteneffizienz * = keine Hypothese	N = 166; m = 166; Mitarbeiter / Branchenübergreifend (High Tech Branche) / Q / S / KA / Projektebene / Niederlande *(Inform. = Informationen)*

Anmerkungen:
1) (+) bzw. (-) = positiver bzw. negativer, signifikanter Zusammenhang (zwischen den unabhängigen und abhängigen Variablen bzw. moderierender Effekt auf den/die betrachteten Zusammenhänge); (+) und (Zahl) bzw. (-) und (Zahl) = positiver bzw. negativer, signifikanter Zusammenhang in Bezug auf die mit (Zahl) gekennzeichnete Variable, sonst nicht signifikant; (n.s.) = nicht signifikanter Zusammenhang; (+/-) = nicht-linearer, signifikanter Zusammenhang; (Grad der Neuartigkeit), (Grad des Nutzens) und (Häufigkeit der Markteinführung) stellen die untersuchten Dimensionen der produktbezogenen Innovativität dar; 2) N = Anzahl der Unternehmen; m = Anzahl der Befragten; k. A. = keine Angabe; 3) Position der Informanten; 4) Branche der Datenerhebung; 5) L = Studie enthält Längsschnittsdaten; Q = Studie enthält Querschnittsdaten; 6) S = Subjektive Messung; O = Objektive Messung; 7) DA = Diskriminanzanalyse; KA = Kausalanalyse; KorrA = Korrelationsanalyse; MW = Mittelwertberechnung; RA = Regressionsanalyse; VA = Varianzanalyse; 8) Ebene der Messung der produktbezogenen Innovativität; 9) Geografischer Raum der Datenerhebung (i.d.R. einzelne Nationen)

Tabelle 2-9: Arbeiten zu informationsbezogenen Einflussgrößen und Erfolgsauswirkungen der produktbezogenen Innovativität (3)

Autor(en) (Jahr) / Journal / Theoretische Fundierung	Unabhängige Variable[1]	Abhängige Variable[1]	Datengrundlage[2]; ggf. Position[3] / Branche[4] / Art der Studie[5] / Art der Messung[6] / Methode[7] / Innovativitätsmessung[8] / Geografischer Raum[9]
Zhou/Yim/ Tse (2005) / Journal of Marketing / Ressourcenbasierter Ansatz	Marktorientierung (Kundenorientierung, Wettbewerbsorientierung, Interfunktionale Koordination) / (+) 1, (-) 3 Technologieorientierung (Proaktivität hinsichtlich neuester Technologien bei Produktentwicklung) / (+) 1,2 „Entrepreneurial" Orientierung (Proaktivität bei der Vorbereitung auf Veränderungen) / (+) Organisationales Lernen (Konstrukt höherer Ordnung mit den Dimensionen: Gewinnung von Informationen, Verbreitung von Informationen, gemeinsame Interpretation, organisationales Gedächtnis) / (+) 2 Nachfrageunsicherheit / (+) 2,3 Technologische Turbulenz / (+) 2 Wettbewerbsintensität / (+) 3 Technologiebasierte Innovationen (Grad der Neuartigkeit, Grad des Nutzens) / (+) Innovationen für einen neuen Markt (u.a. Grad der Neuartigkeit) / (+) Unternehmensgröße / (+) 3 Amtszeit / (+) 3,4 Produktkategorie / (n.s.) Eintrittsbarriere / (-) 3,4	(1) Organisationales Lernen (Konstrukt höherer Ordnung mit den Dimensionen: Gewinnung von Informationen, Verbreitung von Informationen, gemeinsame Interpretation, organisationales Gedächtnis) (2) Technologiebasierte Innovationen (Grad der Neuartigkeit, Grad des Nutzens) (3) Innovationen für einen neuen Markt (u.a. Grad der Neuartigkeit) Unternehmenserfolg Produkterfolg (1) Technologiebasierte Innovationen (Grad der Neuartigkeit, Grad des Nutzens); (2) Innovationen für einen neuen Markt (u.a. Grad der Neuartigkeit); (3) Unternehmenserfolg; (4) Produkterfolg	N = 350; m = 350 / Führungskräfte (Senior Manager) / Branchenübergreifend (Konsumgüterindustrie) / Q / S / KA / Ein oder mehrere ausgewählte Produkte / China

Anmerkungen:
1) (+) bzw. (-) = positiver bzw. negativer, signifikanter Zusammenhang (zwischen den unabhängigen und abhängigen Variablen bzw. moderierender Effekt auf den/die betrachteten Zusammenhänge); (+) und (Zahl) bzw. (-) und (Zahl) = positiver bzw. negativer, signifikanter Zusammenhang in Bezug auf die mit (Zahl) gekennzeichnete Variable, sonst nicht signifikant; (n.s.) = nicht signifikanter Zusammenhang; (+/-) = nicht-linearer, signifikanter Zusammenhang; (Grad der Neuartigkeit), (Grad des Nutzens) und (Häufigkeit der Markteinführung) stellen die untersuchten Dimensionen der produktbezogenen Innovativität dar; 2) N = Anzahl der Unternehmen; m = Anzahl der Befragten; k. A. = keine Angabe; 3) Position der Informanten; 4) Branche der Datenerhebung; 5) L = Studie enthält Längsschnittsdaten; Q = Studie enthält Querschnittsdaten; S = Subjektive Messung; O = Objektive Messung; 7) DA = Diskriminanzanalyse; KA = Kausalanalyse; KorrA = Korrelationsanalyse; MW = Mittelwertberechnung; RA = Regressionsanalyse; VA = Varianzanalyse; 8) Ebene der Messung der produktbezogenen Innovativität; 9) Geografischer Raum der Datenerhebung (i.d.R. einzelne Nationen)

Tabelle 2-10: Arbeiten zu moderierenden Effekten im Rahmen der informationsbezogenen Einflussgrößen bzw. Erfolgsauswirkungen der produktbezogenen Innovativität

Autor(en) (Jahr) / Journal / Theoretische Fundierung	Unabhängige Variable[1]	Abhängige Variable[1]	Moderierende Variable[1]	Datengrundlage[2]; ggf. Position[3] / Branche[4] / Art der Studie[5] / Art der Messung[6] / Methode[7] / Innovativitätsmessung[8] / Geografischer Raum[9]
Brockman/ Morgan (2006) / Journal of the Academy of Marketing Science / -	Bestehendes Wissen / (-) — — — — — — — — Innovative Informationen / (n.s.) — — — — — — — — Produktinnovativität (Grad der Neuartigkeit) / (-)	Innovative Informationen — — — — — — Produktinnovativität (Grad der Neuartigkeit) — — — — — — Neuprodukterfolg	Organisationaler Zusammenhalt	N = 323; m = 323; Führungskräfte (insb. Marketing) / Branchenübergreifend / Q / S / KA / Projektebene / k.A.
Fang (2008) / Journal of Marketing / Soziale Netzwerktheorie, Lead User Theory	Kundenpartizipation als Informationsressource — — — — — — — — Kundenpartizipation als Mitentwickler	(1) Produktinnovativität (Grad der Neuartigkeit) — — — — — — (2) Produktentwicklungsgeschwindigkeit	Verbundenheit des Kundennetzwerks / (-) 1; (+) 2 — — — — — — Abhängigkeit in den Prozessen (vom Kunden) / (+) 1; (-) 2 — — — — — — Prozesskomplexität / (n.s.)	N₁ (OEM Kunden) = 143; m₁ = 143; N₂ (Hersteller) = 143; m₂ = 143 (dyadische Erhebung); Führungskräfte / Branchenübergreifend / Q / S / RA / Projektebene / k.A.
Katila (2002) / Academy of Management Journal / Theorie des organisationalen Lernens	Durchschnittliches Alter von externem Wissen (vom Unternehmen gesucht) / (+)	Anzahl von neuen, auf den Markt eingeführten Produkten (Häufigkeit der Markteinführung)	Anzahl von extern gesuchten Wissenselementen	N = 131; m = 131; Daten aus 2 (objektiven Datenquellen) / Roboterindustrie / L (Daten von 1985 - 1997) / O / RA / Produktprogrammebene / International (Europa, Japan, USA)
Katila/Ahuja (2002) / Academy of Management Journal / Theorie des organisationalen Lernens	Suchtiefe nach Wissen / (+)	Anzahl von neuen, auf den Markt eingeführten Produkten (Häufigkeit der Markteinführung)	Suchbreite nach Wissen	N = 124; m = 124; Daten aus unterschiedlichen Quellen / Roboterindustrie / L / O / RA / Produktprogrammebene (Innovationen) / International (Europa, Japan, USA)
Liao (2007) / International Journal of Management / Situativer Ansatz	(1) Kodifizierungsstrategie des Wissensmanagements — — — — — — (2) Personalisierungsstrategie des Wissensmanagements (z. B. Wissensgewinnung durch Experten und Mitarbeitern)	Produktinnovationen (Grad der Neuartigkeit)	Formalisierung / (n.s.) Zentralisierung / (-) 1; (+) 2 Technokratisierung / (+)	N = 195; m = 195; Manager im Top Management („presidents") / Branchenübergreifend / Q / S / RA / Produktprogrammebene / Taiwan
Prabhu/ Chandy/Ellis (2005) / Journal of Marketing / -	Akquisitionen des Unternehmens (externes Wissen) / (n.s.)	Anzahl von neuen Produkten (in Phase 1 der Marktreife der Pharmaprojekte) (Häufigkeit der Markteinführung)	Wissenstiefe des Unternehmens (internes Wissen) / (+) — — — — — — Wissensbreite des Unternehmens (internes Wissen) / (n.s.)	N = 35 / Pharmazeutische Industrie / L (1988-1997 = 10 Jahre) / O / RA / Projektebene / USA

Anmerkungen:
1) (+) bzw. (-) = positiver bzw. negativer, signifikanter Zusammenhang (zwischen den unabhängigen und abhängigen Variablen bzw. moderierender Effekt auf den/die betrachteten Zusammenhänge); (+) und (Zahl) bzw. (-) und (Zahl) = positiver bzw. negativer, signifikanter Zusammenhang in Bezug auf die mit (Zahl) gekennzeichnete Variable, sonst nicht signifikant; (n.s.) = nicht signifikanter Zusammenhang; (+/-) = nicht-linearer, signifikanter Zusammenhang; (Grad der Neuartigkeit), (Grad des Nutzens) und (Häufigkeit der Markteinführung) stellen die untersuchten Dimensionen der produktbezogenen Innovativität dar; 2) N = Anzahl der Unternehmen; m = Anzahl der Befragten; k. A. = keine Angabe; 3) Position der Informanten; 4) Branche der Datenerhebung; 5) L = Studie enthält Längsschnittsdaten; Q = Studie enthält Querschnittsdaten; 6) S = Subjektive Messung; O = Objektive Messung; 7) DA = Diskriminanzanalyse; KA = Kausalanalyse; KorrA = Korrelationsanalyse; MW = Mittelwertberechnung; RA = Regressionsanalyse; VA = Varianzanalyse; 8) Ebene der Messung der produktbezogenen Innovativität; 9) Geografischer Raum der Datenerhebung (i.d.R. einzelne Nationen)

Tabelle 2-10: Arbeiten zu moderierenden Effekten im Rahmen der informationsbezogenen Einflussgrößen bzw. Erfolgsauswirkungen der produktbezogenen Innovativität (2)

Autor(en) (Jahr) / Journal / Theoretische Fundierung	Unabhängige Variable[1]	Abhängige Variable[1]	Moderierende Variable[1]	Datengrundlage[2]; ggf. Position[3] / Branche[4] / Art der Studie[5] / Art der Messung[6] / Methode[7] / Innovativitätsmessung[8] / Geografischer Raum[9]
Shu/Wong/Lee (2005) / Journal of Strategic Marketing / -	Horizontale Verbindungen ... ... Unternehmens-kooperationen / (+) ... Forschungsinstitute / (+)	Marktbezogene Innovativität (u.a. Grad der Neuartigkeit) Technologische Innovativität (u.a. Grad der Neuartigkeit)	Absorptive Kapazität	N = 118; m = 118; Führungskräfte / IT Industrie / Q / S / RA / Projektebene / Taiwan
Subramaniam/ Youndt (2005) / Academy of Management Journal / -	Organisationales Kapital (Fähigkeit der Organisation Wissen anzueignen und in Datenbanken zu speichern) / (n.s.) nur inkrementelle Innovationen untersucht Humanes Kapital (Fähigkeiten etc. der Mitarbeiter) / (+) nur radikale Innovationen untersucht	(1) Fähigkeit zu inkrementellen Innovationen (Fähigkeit Produktlinien zu verstärken, etc.) (Grad der Neuartigkeit) (2) Fähigkeit zu radikalen Innovationen (Fähigkeit zu obsoleten Produktlinien, etc.) (Grad der Neuartigkeit)	Soziales Kapital (Fähigkeit der Organisation Wissen zu verteilen und wirksam einzusetzen unter Mitarbeitern, Kunden, Lieferanten, etc.)	N = 93; m = 93; 1. Welle: Geschäftsführer (CEO), Präsidenten und Vize-präsidenten des Personal-bereichs; 2. Welle = Vizepräsidenten, Marketing-direktor, F&E-Direktor / Branchenübergreifend / L (1998 und 2001 = 3 Jahre) / S / RA / Produktprogrammebene / USA
Thornhill (2006) / Journal of Business Venturing / Ressourcen-basierter Ansatz	Wissen im Unternehmen Personalentwicklung	Produktinnovation, die neu für das Land oder die Welt ist (Häufigkeit der Markteinführung)	Dynamik (Unsicherheit und Turbulenzen in Bezug auf den Markt und die Industrie) / (n.s.)	N = 845; m = 845; Ver-antwortliche im operativen Bereich (Daten aus Panel) / Verarbeitende Industrie (Unternehmen mit weniger als 500 Mitarbeitern) / L (1999 und 2000) / S / RA / Produktprogrammebene (Innovationen) / Kanada

Anmerkungen:
1) (+) bzw. (-) = positiver bzw. negativer, signifikanter Zusammenhang (zwischen den unabhängigen und abhängigen Variablen bzw. moderierender Effekt auf den/die betrachteten Zusammenhänge); (+) und (Zahl) bzw. (-) und (Zahl) = positiver bzw. negativer, signifikanter Zusammenhang in Bezug auf die mit (Zahl) gekennzeichnete Variable, sonst nicht signifikant; (n.s.) = nicht signifikanter Zusammenhang; (+/-) = nicht-linearer, signifikanter Zusammenhang; (Grad der Neu-artigkeit), (Grad des Nutzens) und (Häufigkeit der Markteinführung) stellen die untersuchten Dimensionen der produkt-bezogenen Innovativität dar; 2) N = Anzahl der Unternehmen; m = Anzahl der Befragten; k. A. = keine Angabe; 3) Position der Informanten; 4) Branche der Datenerhebung; 5) L = Studie enthält Längsschnittsdaten; Q = Studie enthält Querschnitts-daten; 6) S = Subjektive Messung; O = Objektive Messung; 7) DA = Diskriminanzanalyse; KA = Kausalanalyse; KorrA = Korrelationsanalyse; MW = Mittelwertberechnung; RA = Regressionsanalyse; VA = Varianzanalyse; 8) Ebene der Messung der produktbezogenen Innovativität; 9) Geografischer Raum der Datenerhebung (i.d.R. einzelne Nationen)

Tabelle 2-10: Arbeiten zu moderierenden Effekten im Rahmen der informationsbezogenen Einflussgrößen bzw. Erfolgsauswirkungen der produktbezogenen Innovativität (3)

Autor(en) (Jahr) / Journal / Theoretische Fundierung	Unabhängige Variable[1]	Abhängige Variable[1]	Moderierende Variable[1]	Datengrundlage[2]; ggf. Position[3] / Branche[4] / Art der Studie[5] / Art der Messung[6] / Methode[7] / Innovativitätsmessung[8] / Geografischer Raum[9]
Zahra/Nielsen (2002) / Strategic Management Journal / Ressourcen-basierter Ansatz	Interne humane Ressourcen (u.a. Wissen) / (+) Interne technologische Ressourcen / (+) Externe humane Ressourcen (u.a. Wissen) / (+) bis auf formale Koordination/Radikalität; Einbindung/Anzahl; informelle Koordination/Anzahl; informelle Koordination/Zeit Externe technologische Ressourcen ... Outsourcing und Lizenzierung / (+) bis auf informelle Koordination/Anzahl; informelle Koordination/Zeit ... Allianzen & Joint Ventures / (+) bis auf informelle Koordination/Häufigkeit; informelle Koordination/Radikalität; informelle Koordination/Zeit	(1) Häufigkeit von Neuprodukt-einführungen (1997-1999) (Häufigkeit der Markteinführung) (2) Radikalität neuer Produkte (radikal vs. inkrementell) (Grad der Neuartigkeit) (3) Anzahl von Patenten (4) Zeit bis zur Markteinführung	Formale Koordination zwischen Produktion und anderen funktionalen Einheiten Informelle Koordination zwischen Produktion und anderen funktionalen Einheiten Einbindung der Produktion	N = 97 (97 bis 119); m = 97; Top Führungskräfte / Branchenübergreifend / Q (2 Studien: 1996 und Folgestudie 1999) / O und S / RA / Produktprogrammebene (Innovationen) / USA

Anmerkungen:
1) (+) bzw. (-) = positiver bzw. negativer, signifikanter Zusammenhang (zwischen den unabhängigen und abhängigen Variablen bzw. moderierender Effekt auf den/die betrachteten Zusammenhänge); (+) und (Zahl) bzw. (-) und (Zahl) = positiver bzw. negativer, signifikanter Zusammenhang in Bezug auf die mit (Zahl) gekennzeichnete Variable, sonst nicht signifikant; (n.s.) = nicht signifikanter Zusammenhang; (+/-) = nicht-linearer, signifikanter Zusammenhang; (Grad der Neuartigkeit), (Grad des Nutzens) und (Häufigkeit der Markteinführung) stellen die untersuchten Dimensionen der produktbezogenen Innovativität dar; 2) N = Anzahl der Unternehmen; m = Anzahl der Befragten; k. A. = keine Angabe; 3) Position der Informanten; 4) Branche der Datenerhebung; 5) L = Studie enthält Längsschnittsdaten; Q = Studie enthält Querschnittsdaten; 6) S = Subjektive Messung; O = Objektive Messung; 7) DA = Diskriminanzanalyse; KA = Kausalanalyse; KorrA = Korrelationsanalyse; MW = Mittelwertberechnung; RA = Regressionsanalyse; VA = Varianzanalyse; 8) Ebene der Messung der produktbezogenen Innovativität; 9) Geografischer Raum der Datenerhebung (i.d.R. einzelne Nationen)

2.2.4 Literatur zu Erfolgsauswirkungen der produktbezogenen Innovativität

Der vorliegende Abschnitt beschäftigt sich mit den empirischen Arbeiten zu den Erfolgsauswirkungen der produktbezogenen Innovativität. Die Bestandsaufnahme zu diesen Arbeiten erfolgt aus inhaltlicher, theoretischer und methodischer Perspektive.

Zunächst werden die gesichteten Arbeiten aus *inhaltlicher Perspektive* diskutiert. Hierbei sollen zudem solche Arbeiten aus der ersten und der zweiten Kategorie der Literatursichtung einbezogen werden, die neben Einflussgrößen der produktbezogenen Innovativität auch Erfolgsauswirkungen der produktbezogenen Innovativität untersuchen (vgl. hierzu die Arbeiten in Tabelle 2-6 bzw. Tabelle 2-9).

Die Erfolgsauswirkungen der produktbezogenen Innovativität lassen sich in die Gruppen marktbezogene, organisationsbezogene sowie finanzielle Erfolgsgrößen einteilen. Andere Arbeiten legen aggregierte Erfolgsgrößen zugrunde, d.h., es werden mindestens zwei der vorhergehenden Erfolgsgrößen zusammengefasst.

Im Rahmen der *marktbezogenen Erfolgsauswirkungen* werden u.a. die Variablen „Markterfolg" (vgl. u.a. Li/Calantone 1998; Veldhuizen/Hultink/Griffin 2006), „Umsatzwachstum" (vgl. u.a. Prajogo/Ahmed 2007), „Absatzelastizität" (vgl. Slotegraaf/Pauwels 2008) und „Marktanteil" (vgl. u.a. Prajogo/Ahmed 2007) untersucht. Der Effekt der produktbezogenen Innovativität auf die marktbezogenen Erfolgsauswirkungen wird beispielsweise damit erklärt, dass ein hoher Grad des Nutzens neuartiger Produkte für Kunden zu einem Kauf der Produkte führt (vgl. Alpert/Kamins 1995; Li/Calantone 1998) und somit u.a. der Umsatz des Unternehmens steigt. Der Zusammenhang zwischen der produktbezogenen Innovativität und marktbezogenen Erfolgsauswirkungen kann in einer Reihe von Arbeiten der Literaturbestandsaufnahme empirisch gezeigt werden (vgl. u.a. Avlonitis/Salavou 2007; Chiou/Hsieh/Shen 2007; Slotegraaf/Pauwels 2008). Jedoch untersuchen lediglich zwei Arbeiten der dritten Kategorie diesen Zusammenhang auf der Produktprogrammebene (vgl. Prajogo/Ahmed 2007; Slotegraaf/Pauwels 2008). In den Arbeiten der ersten und der zweiten Kategorie der Literatursichtung (vgl. Tabelle 2-6 bzw. Tabelle 2-9) wird der Zusammenhang zwischen der produktbezogenen Innovativität und den marktbezogenen Erfolgsauswirkungen auf der Produktprogrammebene von insgesamt nur drei Arbeiten analysiert (vgl. Matzler et al. 2008; Yalcinkaya/Calantone/Griffith 2007; Thornhill 2006). Aufgrund der Bedeutung des Umsatzwachstums (vgl. Smith/Nagle 1994) bzw. des Marktanteils (vgl. Prescott/Kohli/Venkatraman 1986) als zentrale Erfolgsgrößen für Unternehmen, wäre es wünschenswert, wenn weitere empirische Arbeiten den Zusammenhang zwischen der produktbezogenen Innovativität und marktbezogenen Erfolgsauswirkungen auf der Produktprogrammebene untersuchen würden.

Im Rahmen der *organisationsbezogenen Erfolgsauswirkungen* der produktbezogenen Innovativität wird beispielsweise die Variable „kooperative Kompetenz der Allianzpartner" untersucht (vgl. Sivadas/Dwyer 2000). Es kann jedoch kein signifikanter Effekt der produktbezogenen Innovativität auf die Variable „kooperative Kompetenz der Allianzpartner" festgestellt werden. Die Literaturbestandsaufnahme zeigt, dass organisationsbezogene Erfolgsauswirkungen bislang relativ selten untersucht werden. In der Literatur existieren jedoch einige Hinweise auf potenzielle organisationale Erfolgsgrößen. Turban/Greening (1996) heben als organisationale Erfolgsgröße die Attraktivität eines Unternehmens als Arbeitgeber hervor. Der Zusammenhang zwischen der produktbezogenen Innovativität und der Attraktivität eines Unternehmens als Arbeitgeber könnte in zukünftigen Untersuchungen beispielsweise untersucht werden.

Als *finanzielle Erfolgsgrößen* werden in den gesichteten Arbeiten der dritten Kategorie die Variablen „Profitabilität" (vgl. Prajogo/Ahmed 2007) und „Return on Assets (ROA)" (vgl. Roberts/Amit 2003) herangezogen. Es kann jedoch kein signifikanter, positiver Effekt der produktbezogenen Innovativität auf diese finanziellen Erfolgsgrößen nachgewiesen werden (vgl. Prajogo/Ahmed 2007; Roberts/Amit 2003). Eine Reihe von Arbeiten der ersten und zweiten Kategorie, in welchen neben den Einflussgrößen auch die Erfolgsauswirkungen der produktbezogenen Innovativität untersucht werden, können jedoch einen signifikanten Effekt zeigen (vgl. Matzler et al. 2008; Sorescu/Spanjol 2008). Sorescu/Spanjol (2008) finden beispielsweise einen signifikanten Zusammenhang zwischen der produktbezogenen Innovativität und der Profitabilität. Aufgrund der inkonsistenten Ergebnisse ist zu vermuten, dass sich die produktbezogene Innovativität eher über marktbezogene Erfolgsgrößen als direkt auf finanzielle Erfolgsgrößen auswirkt. Diese Vermutung wird beispielsweise durch die empirischen Ergebnisse der Arbeit von Swink/Song (2007) nahe gelegt (vgl. hierzu Tabelle 2-6).

Abschließend werden in der Literaturbestandsaufnahme *aggregierte Erfolgsgrößen* betrachtet. Deshpandé/Farley/Webster (1993) messen den Erfolg in ihrer Arbeit zum Beispiel anhand von marktbezogenen und finanziellen Erfolgsgrößen. Dabei kann ein positiver Effekt der produktbezogenen Innovativität auf diese Erfolgsgröße nachgewiesen werden. In der dritten Kategorie der Literaturbestandsaufnahme werden aggregierte Erfolgsgrößen vergleichsweise selten untersucht.

In Bezug auf die *theoretische Perspektive* der Bestandsaufnahme ist festzuhalten, dass lediglich zwei Arbeiten theoretische Ansätze zur Fundierung der postulierten Zusammenhänge heranziehen (vgl. Deshpandé/Farley/Webster 1993; Salomo/Steinhoff/Trommsdorff 2003). Alle anderen Arbeiten stützten sich dazu auf Plausibilitätsüberlegungen. Als ein theoretischer Ansatz wird die Diffusionstheorie (vgl. Rogers 1962, 2003) herangezogen. Die Diffusionstheorie findet sowohl bei Deshpandé/Farley/Webster (1993) als auch bei Salomo/Steinhoff/Trommsdorff (2003) Anwendung. Zudem wird die Ressourcenabhängigkeitsperspektive (vgl. Pfeffer/Salancik 1978) zur theoretischen Fundierung herangezogen. Dieser theoretische Ansatz wird von Salomo/Steinhoff/Trommsdorff (2003) aufgegriffen. Wie in Abschnitt 2.2.2 erläutert können durch theoretische Ansätze, im Gegensatz zu Plausibilitätsüberlegungen, die zugrunde liegenden Mechanismen der betrachteten Zusammenhänge erklärt werden (vgl. hierzu ausführlich DiMaggio 1995; Sutton/Staw 1995; Weick 1995). Daher sollten zukünftige Arbeiten häufiger theoretische Ansätze zur Fundierung der postulierten Zusammenhänge heranziehen.

Im Rahmen der *methodischen Perspektive* der Bestandsaufnahme wird zum einen auf die Datengrundlage und zum anderen auf die Analysemethode eingegangen. Die *Datengrundlage* wird dabei in Bezug auf die Verwendung von dyadischen bzw. triadischen Daten und der Branchenauswahl diskutiert.

Hinsichtlich der Verwendung von *dyadischen bzw. triadischen Daten* ist festzustellen, dass die empirischen Daten in der Mehrzahl der gesichteten Studien bei lediglich einer Person pro Untersuchungseinheit erhoben werden. Wie in Abschnitt 2.2.2 erläutert, kann bei dieser Vorgehensweise ein Common Method Bias auftreten. In zwei Arbeiten werden die Daten jedoch bei mehr als einer Person pro Untersuchungseinheit erfasst (vgl. Deshpandé/Farley/Webster 1993; Salomo/Steinhoff/Trommsdorff 2003). In der Arbeit von Deshpandé/Farley/Webster (1993) werden „two buyer-seller dyads" (Deshpandé/Farley/Webster 1993, S. 28) erhoben. Dabei werden die Daten zum einen bei zwei Führungskräften aus dem Marketingbereich des Anbieterunternehmens und zum anderen bei zwei Führungskräften auf der Seite des Kundenunternehmens erfasst. Zwar heben Deshpandé/Farley/Webster (1993) hervor „it is the costumer who determines what the business is" (Deshpandé/Farley/Webster 1993, S. 28), jedoch wird die produktbezogene Innovativität auf der Anbieterseite gemessen. Zudem werden die dyadischen Daten in der Arbeit von Salomo/Steinhoff/Trommsdorff (2003) im Marketing- bzw. F&E-Bereich von Unternehmen erhoben. Da die Kundenwahrnehmung der produktbezogenen Innovativität von Bedeutung ist (vgl. hierzu Abschnitt 2.1.2.1), ist die Erfassung der produktbezogenen Innovativität auf Kundenseite in zukünftigen Arbeiten wünschenswert.

Wie in Abschnitt 2.2.2 und 2.2.3 bereits hervorgehoben, ist die Untersuchung unterschiedlicher Branchen in Bezug auf die Generalisierbarkeit der Ergebnisse von Bedeutung (vgl. u.a. Heim/Field 2007). Aufgrund der Relevanz von Dienstleistungsinnovationen (vgl. Möller/ Rajala/Westerlund 2008) kommt dabei der Erhebung von Daten in Dienstleistungsbranchen, wie beispielsweise der Unternehmensberatungsbranche, hinsichtlich der Generalisierbarkeit der Ergebnisse eine wichtige Rolle zu. Die Literatursichtung zeigt, dass die empirischen Untersuchungen der dritten Kategorie mehrheitlich in Sachgüterbranchen durchgeführt werden (vgl. u.a. Avlonitis/Salavou 2007; Chiou/Hsieh/Shen 2007; Salomo/Steinhoff/Trommsdorff 2003). In vier Arbeiten werden die Daten explizit in Sachgüter- und Dienstleistungsunternehmen erhoben (vgl. Deshpandé/Farley/Webster 1993; Dibrell/Davis/Craig 2008; Prajogo/Ahmed 2007; Sivadas/Dwyer 2000). Im Vergleich zur ersten und zweiten Kategorie der Literatursichtung werden hier also häufiger branchenübergreifende Untersuchungen im Sachgüter- und Dienstleistungskontext durchgeführt. Diese branchenübergreifenden Untersuchungen stellen jedoch nur einen kleinen Teil aller gesichteten empirischen Untersuchungen dar. In Bezug auf die Generalisierbarkeit der Ergebnisse sind also zukünftig Studien wünschenswert, die im Rahmen einer branchenübergreifenden Erhebung sowohl Sachgüterbranchen als auch Dienstleistungsbranchen untersuchen.

Abschließend wird die Bestandsaufnahme hinsichtlich der *Analysemethode* diskutiert. Mit Blick auf die gesichteten Arbeiten im vorliegenden Abschnitt ist festzustellen, dass am häufigsten die Regressionsanalyse zur Untersuchung der empirischen Daten herangezogen wird. Die Kausalanalyse (vgl. hierzu ausführlich Abschnitt 4.2.2) wird lediglich in zwei Arbeiten angewandt (vgl. Salomo/Weise/Gemünden 2007; Dibrell/Davis/Craig 2008). Wie in Abschnitt 2.2.2 und Abschnitt 2.2.3 bereits erläutert, stellt die produktbezogene Innovativität ein komplexes Konstrukt dar. Daher bietet sich die Messung der produktbezogenen Innovativität als latentes Konstrukt an (vgl. Abschnitt 4.2.2). Im Vergleich zur Regressionsanalyse können latente Konstrukte mithilfe der Kausalanalyse gemessen werden. Daher wäre es wünschenswert, wenn zukünftige Arbeiten häufiger die Kausalanalyse zur Untersuchung des Zusammenhangs zwischen der produktbezogenen Innovativität und den Erfolgsauswirkungen heranziehen.

Tabelle 2-11: Arbeiten zu Erfolgsauswirkungen der produktbezogenen Innovativität

Autor(en) (Jahr) / Journal / Theoretische Fundierung	Unabhängige Variable[1]	Abhängige Variable[1]	Datengrundlage[2]; ggf. Position[3] / Branche[4] / Art der Studie[5] / Art der Messung[6] / Methode[7] / Innovativitätsmessung[8] / Geografischer Raum[9]
Avlonitis/ Salavou (2007) / Journal of Business Research / -	Einzigartigkeit des neuen Produkts (Grad des Nutzens) / (+) Neuartigkeit des Produkts für die Kunden (u.a. Grad der Neuartigkeit) / (n.s.) Neuartigkeit des Produkts für das Unternehmen (Grad der Neuartigkeit) / (n.s.) Proaktivität / (+) Übernahme von Risiken / (n.s.)	Produkterfolg (u.a. Marktanteil, Veränderung des Marktanteils)	N = 149; m = 149 (117 für die RA); Top Führungskräfte / Branchenübergreifend (verarbeitende Industrie) / Q / S / RA / Ein oder mehrere ausgewählte Produkte / Griechenland
Chiou/Hsieh/ Shen (2007) / Journal of Global Marketing / -	Produktinnovativität (Grad der Neuartigkeit) / (+) 2,3,4,5,6	(1) Informationskommunikationsbezogene Aktivitäten gegenüber Besuchern (2) Vertrauensbildende Aktivitäten gegenüber Besuchern (3) Beziehungsbildende Aktivitäten gegenüber Besuchern (4) Informationskommunikationsbezogene Aktivitäten gegenüber Messeorganisatoren (5) Vertrauensbildende Aktivitäten gegenüber Messeorganisatoren (6) Beziehungsbildende Aktivitäten gegenüber Messeorganisatoren	N = 314; m = 314, Führungskräfte / Branchenübergreifend (Taiwanesische Unternehmen der Informationstechnologie) / Q / S / RA / Ein oder mehrere ausgewählte Produkte / Taiwan
	Informationskommunikationsbezogene Aktivitäten gegenüber Besuchern / (+) Vertrauensbildende Aktivitäten gegenüber Besuchern / (n.s.) Beziehungsbildende Aktivitäten gegenüber Besuchern / (+) Informationskommunikationsbezogene Aktivitäten gegenüber Messeorganisatoren / (n.s.) Vertrauensbildende Aktivitäten gegenüber Messeorganisatoren / (n.s.) Beziehungsbildende Aktivitäten gegenüber Messeorganisatoren / (n.s.) Produktinnovativität (Grad der Neuartigkeit) / (+)	Verkaufserfolg auf der Messe (u.a. Kontakt zu Entscheidungsträgern aus Kundenunternehmen)	

Anmerkungen:
1) (+) bzw. (-) = positiver bzw. negativer, signifikanter Zusammenhang (zwischen den unabhängigen und abhängigen Variablen bzw. moderierender Effekt auf den/die betrachteten Zusammenhänge); (+) und (Zahl) bzw. (-) und (Zahl) = positiver bzw. negativer, signifikanter Zusammenhang in Bezug auf die mit (Zahl) gekennzeichnete Variable, sonst nicht signifikant; (n.s.) = nicht signifikanter Zusammenhang; (+/-) = nicht-linearer, signifikanter Zusammenhang; (Grad der Neuartigkeit), (Grad des Nutzens) und (Häufigkeit der Markteinführung) stellen die untersuchten Dimensionen der produktbezogenen Innovativität dar; 2) N = Anzahl der Unternehmen; m = Anzahl der Befragten; k. A. = keine Angabe; 3) Position der Informanten; 4) Branche der Datenerhebung; 5) L = Studie enthält Längsschnittsdaten; Q = Studie enthält Querschnittsdaten; 6) S = Subjektive Messung; O = Objektive Messung; 7) DA = Diskriminanzanalyse; KA = Kausalanalyse; KorrA = Korrelationsanalyse; MW = Mittelwertberechnung; RA = Regressionsanalyse; VA = Varianzanalyse; 8) Ebene der Messung der produktbezogenen Innovativität; 9) Geografischer Raum der Datenerhebung (i.d.R. einzelne Nationen)

Tabelle 2-11: Arbeiten zu Erfolgsauswirkungen der produktbezogenen Innovativität (2)

Autor(en) (Jahr) / Journal / Theoretische Fundierung	Unabhängige Variable[1]	Abhängige Variable[1]	Datengrundlage[2]; ggf. Position[3] / Branche[4] / Art der Studie[5] / Art der Messung[6] / Methode[7] / Innovativitätsmessung[8] / Geografischer Raum[9]
Deshpandé/ Farley/ Webster (1993) / Journal of Marketing / Diffusionstheorie	*Unternehmenskultur:* Markt / (+) Adhocracy / (n.s.) Clan / (n.s.) Hierarchie / (-) Kundenorientierung (kundenseitig gemessene) / (+) Kundenorientierung (anbieterseitig gemessen) / (n.s.) Produktinnovativität (anbieterseitig gemessen) (Grad der Neuartigkeit) / (+)	Erfolg (Profitabilität, Größe, Marktanteil, Wachstumsrate - alle im Vergleich zum größten Wettbewerber der Branche)	N = 50; m = 200 (zwei dyadische Paare pro Untersuchungseinheit: 2 Führungskräfte aus Marketingbereich des Anbieterunternehmens; 2 Führungskräfte aus Kundenunternehmen) / Branchenübergreifend (diverse japanische Anbieterunternehmen des Nikkei Aktienindex) / Q / S / DA / Produktprogrammebene / Japan
Dibrell/ Davis/Craig (2008) / Journal of Small Business Management / -	Produktinnovationen (u.a. Grad der Neuartigkeit, Häufigkeit der Markteinführung) / (+) 1 Prozessinnovationen / (+) 1 Informationstechnologie / (+)	(1) Informationstechnologie (2) Unternehmenserfolg Unternehmenserfolg	N = 375; m = 375; Top Führungskräfte / Branchenübergreifend (relativ kleine Unternehmen, d.h. 6-499 Mitarbeiter) / Q / S / KA / Produktprogrammebene / USA
Prajogo/ Ahmed (2007) / International Journal of Business Performance Management / -	Produktqualität ... ... Erfolg (der Produktqualität) / (+) ... Erfüllung der Anforderungen / (+) ... Zuverlässigkeit / (+) 1 ... Dauerhaftigkeit / (n.s.) Produktinnovation ... ... Neuartigkeit der Produkte (Grad der Neuartigkeit) / (n.s.) ... Nutzung von neuesten Technologien / (+) 1,3 ... Geschwindigkeit der Produktentwicklung / (+) 1 ... Anzahl neuer Produkte (Häufigkeit der Markteinführung) / (+) 1 ... frühe Markteintritte / (+) Prozessinnovation ... ... Technologische Konkurrenzfähigkeit / (+) 1,3 ... Frühe Adoption von neuen Technologien / (+) 1,3 ... Neuartigkeit der Technologien / (+) ... Veränderungsrate der Prozesse / (+)	(1) Umsatzwachstum (2) Marktanteil (3) Profitabilität	N = 194; m = 194; (hauptsächlich) Führungskräfte / Branchenübergreifend / Q / S / KorrA / Produktprogrammebene / Australien

Anmerkungen:
1) (+) bzw. (-) = positiver bzw. negativer, signifikanter Zusammenhang (zwischen den unabhängigen und abhängigen Variablen bzw. moderierender Effekt auf den/die betrachteten Zusammenhänge); (+) und (Zahl) bzw. (-) und (Zahl) = positiver bzw. negativer, signifikanter Zusammenhang in Bezug auf die mit (Zahl) gekennzeichnete Variable, sonst nicht signifikant; (n.s.) = nicht signifikanter Zusammenhang; (+/-) = nicht-linearer, signifikanter Zusammenhang; (Grad der Neuartigkeit), (Grad des Nutzens) und (Häufigkeit der Markteinführung) stellen die untersuchten Dimensionen der produktbezogenen Innovativität dar; 2) N = Anzahl der Unternehmen; m = Anzahl der Befragten; k. A. = keine Angabe; 3) Position der Informanten; 4) Branche der Datenerhebung; 5) L = Studie enthält Längsschnittsdaten; Q = Studie enthält Querschnittsdaten; 6) S = Subjektive Messung; O = Objektive Messung; 7) DA = Diskriminanzanalyse; KA = Kausalanalyse; KorrA = Korrelationsanalyse; MW = Mittelwertberechnung; RA = Regressionsanalyse; VA = Varianzanalyse; 8) Ebene der Messung der produktbezogenen Innovativität; 9) Geografischer Raum der Datenerhebung (i.d.R. einzelne Nationen)

Tabelle 2-11: Arbeiten zu Erfolgsauswirkungen der produktbezogenen Innovativität (3)

Autor(en) (Jahr) / Journal / Theoretische Fundierung	Unabhängige Variable[1]	Abhängige Variable[1]	Datengrundlage[2]; ggf. Position[3] / Branche[4] / Art der Studie[5] / Art der Messung[6] / Methode[7] / Innovativitätsmessung[8] / Geografischer Raum[9]
Roberts/Amit (2003) / Organization Science / -	Innovationsintensität des Unternehmens (Produktinnovationen, Prozessinnovationen, Vertriebsinnovationen) / (+) Innovationsintensität anderer Unternehmen / (n.s.) Innovationen, die neu für die Branche sind (Häufigkeit der Markteinführung) / (n.s.) Produktfokus / (n.s.) Commitment (Beständigkeit der Innovationsintensität) / (+) Abweichen der Innovationsintensität von der Branche / (+) Abweichen der Innovationsintensität von der Branche (quadriert) / (-)	Finanzieller Erfolg (ROA)	N = 149 / Finanzbranche (Banken) / L (1981-1995 = 15 Jahre) O / RA / Produktprogrammebene / Australien
Salomo/ Steinhoff/ Trommsdorff (2003) / International Journal of Technology Management / Ressourcenabhängigkeitsperspektive, Diffusionstheorie	Innovativität (u.a. Grad der Neuartigkeit, Grad des Nutzens) / (-) 2 Gewinnung von „Intelligenz" ... Kundenorientierung bzgl. Marktforschung / (n.s.) Verbreitung von „Intelligenz" ... Kundenorientierung bzgl. Entwicklung / (+) 2 Kundenorientierung bzgl. der Markteinführungsaktivitäten / (n.s.) Marktorientierung des Unternehmens / (+) 1	(1) Gesamt-Neuproduktentwicklungserfolg (2) Technischer Erfolg	N = 103; m = 206 (dyadische Daten; Marketingleiter und F&E-Leiter zu spezifischem Innovationsprojekt; Erfolg und Innovativität von F&E-Leiter abgefragt) / Branchenübergreifend / Q / S / RA / Projektebene / Deutschland
Salomo/ Weise/ Gemünden (2007) / Journal of Product Innovation Management / -	Unternehmensplanung / (+) Projektplanung / (+) 1,2 Projektrisikoplanung / (+) Prozessformalität / (n.s.) Zielstabilität / (+) Innovativität (u.a. Grad der Neuartigkeit) / (n.s.)	Projektplanung Projektrisikoplanung (1) Prozessformalität (2) Zielstabilität (3) Innovationserfolg Innovationserfolg	N = 132; m = 132; Projektmanager / Branchenübergreifend / Q / S / RA und KA / Projektebene / Deutschland

Anmerkungen:
1) (+) bzw. (-) = positiver bzw. negativer, signifikanter Zusammenhang (zwischen den unabhängigen und abhängigen Variablen bzw. moderierender Effekt auf den/die betrachteten Zusammenhänge); (+) und (Zahl) bzw. (-) und (Zahl) = positiver bzw. negativer, signifikanter Zusammenhang in Bezug auf die mit (Zahl) gekennzeichnete Variable, sonst nicht signifikant; (n.s.) = nicht signifikanter Zusammenhang; (+/-) = nicht-linearer, signifikanter Zusammenhang; (Grad der Neuartigkeit), (Grad des Nutzens) und (Häufigkeit der Markteinführung) stellen die untersuchten Dimensionen der produktbezogenen Innovativität dar; 2) N = Anzahl der Unternehmen; m = Anzahl der Befragten; k. A. = keine Angabe; 3) Position der Informanten; 4) Branche der Datenerhebung; 5) L = Studie enthält Längsschnittsdaten; Q = Studie enthält Querschnittsdaten; 6) S = Subjektive Messung; O = Objektive Messung; 7) DA = Diskriminanzanalyse; KA = Kausalanalyse; KorrA = Korrelationsanalyse; MW = Mittelwertberechnung; RA = Regressionsanalyse; VA = Varianzanalyse; 8) Ebene der Messung der produktbezogenen Innovativität; 9) Geografischer Raum der Datenerhebung (i.d.R. einzelne Nationen)

Tabelle 2-11: Arbeiten zu Erfolgsauswirkungen der produktbezogenen Innovativität (4)

Autor(en) (Jahr) / Journal / Theoretische Fundierung	Unabhängige Variable[1]	Abhängige Variable[1]	Datengrundlage[2]; ggf. Position[3] / Branche[4] / Art der Studie[5] / Art der Messung[6] / Methode[7] / Innovativitätsmessung[8] / Geografischer Raum[9]
Sivadas/ Dwyer (2000) / Journal of Marketing / -	*Administrative Mechanismen ...* ... Zentralisierung / (n.s.) ... Formalisierung / (+) nur in Halbleiterindustrie signifikant ... Clan-Kultur / (+) Wettbewerber/Kein Wettbewerber / (n.s.) nur in Halbleiterindustrie untersucht Radikale vs. inkrementelle Innovationen (Grad der Neuartigkeit) / (n.s.) Gegenseitige Abhängigkeit der Allianzpartner / (+) *Unterstützung der Neuproduktentwicklungsallianz durch ...* ... klare Regelungen / (+) ... wenig Resistenz / (+) nur in Stichprobe Gesundheitswesen signifikant	Kooperative Kompetenz der Allianzpartner	N_1 = 55-66; m_1 = 55-66; N_2 = 50-51; m_2 = 50-51; 1 = Geschäftsführer (COO); 2 = Geschäftsführer (CEO), F&E-Führungskräfte, Führungskräfte der Konstruktionsabteilung / 1= Halbleiterindustrie (Sachgüter); 2 = Gesundheitswesen (Dienstleistungen) / Q / S / RA / Ein oder mehrere ausgewählte Produkte / k.A.
	Komplementarität der Allianzpartner / (+) nur in Halbleiterindustrie signifikant Kooperative Kompetenz der Allianzpartner / (+) *Administrative Mechanismen ...* ... Zentralisierung / (n.s.) ... Formalisierung / (n.s.) ... Clan-Kultur / (n.s.) Wettbewerber/Kein Wettbewerber / (n.s.) Radikale vs. inkrementelle Innovationen (Grad der Neuartigkeit) / (n.s.) Gegenseitige Abhängigkeit der Allianzpartner / (n.s.) *Unterstützung der Neuproduktentwicklungsallianz durch ...* ... klare Regelungen / (n.s.) ... wenig Resistenz / (n.s.)	Neuproduktentwicklungserfolg	
Slotegraaf/ Pauwels (2008) / Journal of Marketing Research / -	Anzahl von neuen Produkten pro Marke (Häufigkeit der Markteinführung) / (+) Markenwert / (+)	Kumulative Absatzelastizität durch ... ... Auslagen/Anzeigen ... Werbung mit besonderen Charakteristika (feature advertising) ... Preispromotionen Permanente Absatzelastizität durch ... ... Auslagen/Anzeigen ... Werbung mit besonderen Charakteristika (feature advertising) ... Preispromotionen	N = 100 (Marken aus 7 Kategorien; Daten aus diversen Datenbanken) / Branchenübergreifend (Konsumgüterindustrie) / L (1989 - 1997) / O / RA / Produktprogrammebene / k.A.

Anmerkungen:
1) (+) bzw. (-) = positiver bzw. negativer, signifikanter Zusammenhang (zwischen den unabhängigen und abhängigen Variablen bzw. moderierender Effekt auf den/die betrachteten Zusammenhänge); (+) und (Zahl) bzw. (-) und (Zahl) = positiver bzw. negativer, signifikanter Zusammenhang in Bezug auf die mit (Zahl) gekennzeichnete Variable, sonst nicht signifikant; (n.s.) = nicht signifikanter Zusammenhang; (+/-) = nicht-linearer, signifikanter Zusammenhang; (Grad der Neuartigkeit), (Grad des Nutzens) und (Häufigkeit der Markteinführung) stellen die untersuchten Dimensionen der produktbezogenen Innovativität dar; 2) N = Anzahl der Unternehmen; m = Anzahl der Befragten; k. A. = keine Angabe; 3) Position der Informanten; 4) Branche der Datenerhebung; 5) L = Studie enthält Längsschnittsdaten; Q = Studie enthält Querschnittsdaten; 6) S = Subjektive Messung; O = Objektive Messung; 7) DA = Diskriminanzanalyse; KA = Kausalanalyse; KorrA = Korrelationsanalyse; MW = Mittelwertberechnung; RA = Regressionsanalyse; VA = Varianzanalyse; 8) Ebene der Messung der produktbezogenen Innovativität; 9) Geografischer Raum der Datenerhebung (i.d.R. einzelne Nationen)

Tabelle 2-11: Arbeiten zu Erfolgsauswirkungen der produktbezogenen Innovativität (5)

Autor(en) (Jahr) / Journal / Theore-tische Fundierung	Unabhängige Variable[1]	Abhängige Variable[1]	Datengrundlage[2]; ggf. Position[3] / Branche[4] / Art der Studie[5] / Art der Messung[6] / Methode[7] / Innovativitätsmessung[8] / Geografischer Raum[9]
Souder/ Jenssen (1999) / Journal of Product Innovation Manage-ment / -	Marketingfertigkeit / (+) Angemessenheit der technischen Fähig-keiten / (+) 2,4 F&E und Marketing Integration / 2 Kompetenz der Projektmanager / (+) 2 Produktcharakteristika (u.a. Grad des Nutzens) / (+) 4 Fertigkeit in der Entwicklung / (+) Effizienz der Kundendienstleistungen / (+)	Grad des kommerziellen Erfolgs eines neuen Produkts ... ... (1) Produkte von US-amerik. Unternehmen (Unternehmen vertraut mit Markt des Produkts) ... (2) Produkte von US-amerik. Unternehmen (Unternehmen nicht vertraut mit Markt des Produkts) ... (3) Produkte von skandinavischen Unternehmen (Unternehmen vertraut mit Markt des Produkts) ... (4) Produkte von skandinavischen Unternehmen (Unternehmen nicht vertraut mit Markt des Produkts)	N = 35; m = 35 (Befragung zu 4 Produkten; 2 erfolgreiche und 2 nicht-erfolgreiche); Mitarbeiter aus Marketingbereich, F&E / Telekommunikations-branche / Q / S / KorrA / Ein oder mehrere aus-gewählte Produkte / USA und Skandinavien

Anmerkungen:
1) (+) bzw. (-) = positiver bzw. negativer, signifikanter Zusammenhang (zwischen den unabhängigen und abhängigen Variablen bzw. moderierender Effekt auf den/die betrachteten Zusammenhänge); (+) und (Zahl) bzw. (-) und (Zahl) = positiver bzw. negativer, signifikanter Zusammenhang in Bezug auf die mit (Zahl) gekennzeichnete Variable, sonst nicht signifikant; (n.s.) = nicht signifikanter Zusammenhang; (+/-) = nicht-linearer, signifikanter Zusammenhang; (Grad der Neu-artigkeit), (Grad des Nutzens) und (Häufigkeit der Markteinführung) stellen die untersuchten Dimensionen der produkt-bezogenen Innovativität dar; 2) N = Anzahl der Unternehmen; m = Anzahl der Befragten; k. A. = keine Angabe; 3) Position der Informanten; 4) Branche der Datenerhebung; 5) L = Studie enthält Längsschnittsdaten; Q = Studie enthält Querschnitts-daten; 6) S = Subjektive Messung; O = Objektive Messung; 7) DA = Diskriminanzanalyse; KA = Kausalanalyse; KorrA = Korrelationsanalyse; MW = Mittelwertberechnung; RA = Regressionsanalyse; VA = Varianzanalyse; 8) Ebene der Messung der produktbezogenen Innovativität; 9) Geografischer Raum der Datenerhebung (i.d.R. einzelne Nationen)

Tabelle 2-12: Arbeiten zu moderierenden Effekten im Rahmen der Erfolgsauswirkungen der
produktbezogenen Innovativität

Autor(en) (Jahr) / Journal / Theoretische Fundierung	Unabhängige Variable[1]	Abhängige Variable[1]	Moderierende Variable[1]	Datengrundlage[2]; ggf. Position[3] / Branche[4] / Art der Studie[5] / Art der Messung[6] / Methode[7] / Innovativitätsmessung[8] / Geografischer Raum[9]
Slotegraaf/ Pauwels (2008) Journal of Marketing Research / -	Anzahl von neuen Produkten pro Marke (Häufigkeit der Markteinführung)	Kumulative Absatzelastizität durch ... ... Auslagen/Anzeigen ... Werbung mit besonderen Charakteristika (feature advertising) ... Preispromotionen Permanente Absatzelastizität durch ... ... Auslagen/Anzeigen ... Werbung mit besonderen Charakteristika (feature advertising) ... Preispromotionen	Markenwert / (-)	N = 100 (Marken aus 7 Kategorien; Daten aus diversen Datenbanken) / Branchenübergreifend (Konsumgüterindustrie) / L (1989 - 1997) / O / RA / Produktprogrammebene / k.A.

Anmerkungen:
1) (+) bzw. (-) = positiver bzw. negativer, signifikanter Zusammenhang (zwischen den unabhängigen und abhängigen Variablen bzw. moderierender Effekt auf den/die betrachteten Zusammenhänge); (+) und (Zahl) bzw. (-) und (Zahl) = positiver bzw. negativer, signifikanter Zusammenhang in Bezug auf die mit (Zahl) gekennzeichnete Variable, sonst nicht signifikant; (n.s.) = nicht signifikanter Zusammenhang; (+/-) = nicht-linearer, signifikanter Zusammenhang; (Grad der Neuartigkeit), (Grad des Nutzens) und (Häufigkeit der Markteinführung) stellen die untersuchten Dimensionen der produktbezogenen Innovativität dar; 2) N = Anzahl der Unternehmen; m = Anzahl der Befragten; k. A. = keine Angabe; 3) Position der Informanten; 4) Branche der Datenerhebung; 5) L = Studie enthält Längsschnittsdaten; Q = Studie enthält Querschnittsdaten; 6) S = Subjektive Messung; O = Objektive Messung; 7) DA = Diskriminanzanalyse; KA = Kausalanalyse; KorrA = Korrelationsanalyse; MW = Mittelwertberechnung; RA = Regressionsanalyse; VA = Varianzanalyse; 8) Ebene der Messung der produktbezogenen Innovativität; 9) Geografischer Raum der Datenerhebung (i.d.R. einzelne Nationen)

2.3 Theoretische Bezugspunkte

Der vorliegende Abschnitt verfolgt das Ziel einen theoretischen Beitrag zur ersten Zielsetzung der Arbeit (vgl. Abschnitt 1.2) zu leisten. Diese Zielsetzung besteht in der Entwicklung von zwei theoretisch fundierten Untersuchungsmodellen. Im Kern befassen sich die Untersuchungsmodelle mit dem Zusammenhang zwischen der Gewinnung von Informationen aus den zentralen Quellen bzw. der Integration von Informationen und der produktbezogenen Innovativität. Daher sind die folgenden vier theoretischen Bezugspunkte von besonderer Bedeutung für die vorliegende Arbeit:

- der Ressourcenbasierte Ansatz (vgl. Abschnitt 2.3.1),
- der Wissensbasierte Ansatz (vgl. Abschnitt 2.3.2),
- die Informationsökonomie (vgl. Abschnitt 2.3.3) und
- die Transaktionskostentheorie (vgl. Abschnitt 2.3.4).

In Abschnitt 2.3.5 werden die theoretischen Bezugpunkte zusammenfassend gewürdigt und der Erklärungsbeitrag für die vorliegende Arbeit herausgearbeitet. In Abbildung 2-6 werden die theoretischen Bezugspunkte den Forschungsfragen zugeordnet. Dabei werden die zu untersuchenden Zusammenhänge grafisch veranschaulicht. Neben der theoretischen Fundierung dieser Zusammenhänge dienen die theoretischen Bezugspunkte zur Identifikation von Konstrukten, die von zentraler Bedeutung für die Untersuchung sind. Die Ableitung von relevanten Konstrukten wird in den jeweiligen Abschnitten der theoretischen Bezugspunkte diskutiert.

Abbildung 2-6: Zuordnung der theoretischen Bezugspunkte

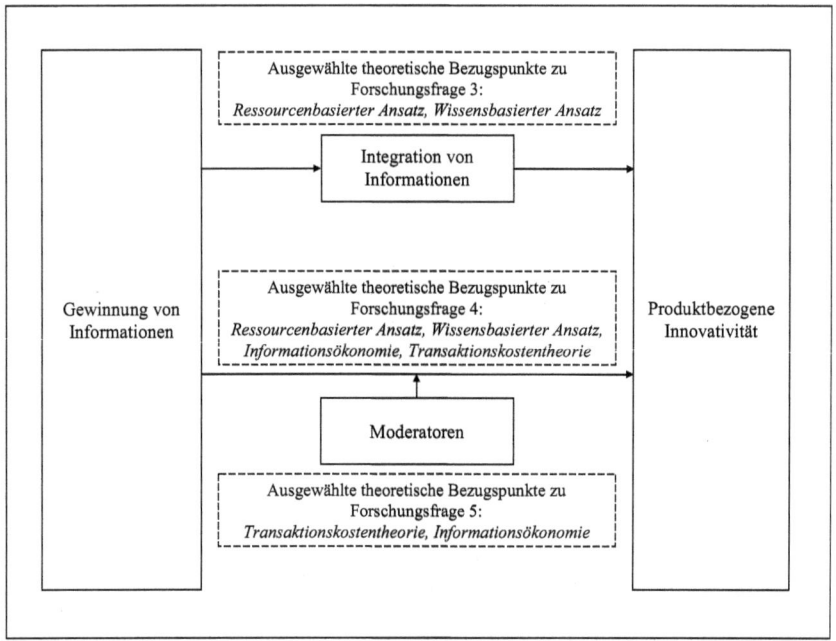

2.3.1 Der Ressourcenbasierte Ansatz

Der Ressourcenbasierte Ansatz leistet einen Beitrag zur Beantwortung der dritten und vierten Forschungsfrage. Der Ressourcenbasierte Ansatz geht im Wesentlichen auf die Arbeiten von Barney (1986, 1991), Grant (1991) und Wernerfelt (1984) zurück. Diese Arbeiten stützen sich auf die Arbeit von Penrose (1959), welche sich mit dem Wachstum von Unternehmen befasst (vgl. De Sarbo et al. 2006, S. 909).

Die zentrale Aussage des Ressourcenbasierten Ansatzes besteht darin, dass die Ressourcen eines Unternehmens zur Realisierung von strategischen Wettbewerbsvorteilen des Unternehmens von hoher Bedeutung sind (vgl. Barney 1991; Grant 1991; Wernerfelt 1984). Dem

Ressourcenbasierten Ansatz liegen im Kern die folgenden Annahmen zugrunde: Erstens wird eine heterogene Verteilung von Ressourcen über Unternehmen hinweg unterstellt. Zweitens wird von einer Immobilität der Ressourcen ausgegangen (vgl. Barney 1991, S. 105; Barney 2001, S. 644). Drittens wird ein beschränkter Wettbewerb zwischen Unternehmen angenommen (vgl. Peteraf 1993; Stubner/Wulf/Hungenberg 2007). Darüber hinaus werden beschränkte Rationalität und Opportunismus als Verhaltensannahmen zugrunde gelegt (vgl. Mahoney 2001).

In der Literatur werden die Begriffe Ressourcen und Fähigkeiten voneinander abgegrenzt (vgl. u.a. Amit/Schoemaker 1993; Fey/Birkinshaw 2005). *Ressourcen* werden als „stocks of available factors that are owned or controlled by the firm [...] and are converted into final products or services by using a wide range of other firm assets" (Amit/Schoemaker 1993, S. 35) definiert. Die *Fähigkeiten* eines Unternehmens beziehen sich hingegen auf „a firm's capacity to deploy resources, usually in combination, using organizational processes to effect a desired end" (Amit/Schoemaker 1993, S. 35).

Darüber hinaus wird zwischen tangiblen und intangiblen Ressourcen eines Unternehmens unterschieden (vgl. Bamberger/Wrona 1996, S. 132; Grant 1991; Hunt/Morgan 1995, S. 11). *Tangible Ressourcen* umfassen beispielsweise Maschinen und Anlagen (vgl. Grant 1991, S. 119). Ein Beispiel für *intangible Ressourcen* stellt das Wissen von Mitarbeitern und Lieferanten dar (vgl. Hall 1992, S. 137). Eine Reihe von Arbeiten zum Ressourcenbasierten Ansatz betont, dass vor allem bei intangiblen Ressourcen das Potenzial zur Realisierung von strategischen Wettbewerbsvorteilen hoch ist (vgl. u.a. Grant 1996a; Hall 1992). In Abschnitt 2.3.2 wird die intangible Ressource Wissen ausführlich diskutiert.

Nach Barney (1991) müssen Ressourcen die folgenden vier Voraussetzungen erfüllen, um zur Realisierung von strategischen Wettbewerbsvorteilen für das Unternehmen beizutragen:

- Die *erste Voraussetzung* bezieht sich auf den *Wert von Ressourcen*. Ressourcen sind dann wertvoll für ein Unternehmen, wenn „they enable a firm to conceive of or implement strategies that improve its efficiency and effectiveness" (Barney 1991, S. 106).
- Die *zweite Voraussetzung* nimmt Bezug auf die *Seltenheit von Ressourcen*. Nach Barney (1991) können „valuable firm resources possessed by large numbers of competing or potentially competing firms" (Barney 1991, S. 106) keine Wettbewerbsvorteile für Unternehmen erzeugen. Ressourcen sollten also selten sein, um mit ihnen einen strategischen Wettbewerbsvorteil erzielen zu können. Ressourcen sind selten, solang „the number of firms that possess a particular valuable resource [...] is less than the number of firms needed to generate perfect competition dynamics in an industry" (Barney 1991, S. 107).

- Die *dritte Voraussetzung* bezieht sich auf die *Imitierbarkeit von Ressourcen*. Ein nachhaltiger strategischer Wettbewerbsvorteil eines Unternehmens lässt sich mit wertvollen und seltenen Ressourcen nur dann realisieren „if firms that do not possess these resources cannot obtain them" (vgl. Barney 1991, S. 107). Mit anderen Worten sollte die Ressource nicht oder kaum nachgebildet werden können (vgl. Barney 1991).
- Die *vierte Voraussetzung* nimmt Bezug auf die *Substituierbarkeit* von Ressourcen. Eine Ressource ist dann substituierbar, wenn eine andere, ebenfalls wertvolle, seltene und nicht bzw. kaum imitierbare Ressource zur Realisierung von strategischen Wettbewerbsvorteilen herangezogen werden kann (vgl. Barney 1991, S. 111).

Das Zustandekommen eines strategischen Wettbewerbsvorteils wird zum einen auf die heterogene Verteilung von Ressourcen über Unternehmen hinweg und zum anderen auf die Immobilität von Ressourcen zurückgeführt (Barney 1991; 2001). Barney argumentiert, dass bei einer Gleichverteilung und Mobilität von Ressourcen die Strategie eines Unternehmens ebenfalls von anderen Unternehmen konzipiert und implementiert werden könnte. Dabei stellt sich die Frage, ob Unternehmen als sog. „first mover" einen strategischen Wettbewerbsvorteil realisieren können (vgl. Barney 1991; Lieberman/Montgomery 1988). Dazu müsste nach Barney (1991, S. 104) jedoch die Ressource „information about an opportunity" (Barney 1991) gegeben sein. Daraus lässt sich ableiten, dass Informationen eine wichtige Ressource zur Realisierung von strategischen Wettbewerbsvorteilen darstellen.

In den letzten Jahren sind unterschiedliche Forschungsströme mit dem Ziel der Weiterentwicklung des Ressourcenbasierten Ansatzes entstanden (vgl. Acedo/Barroso/Galan 2006; Lado et al. 2006, S. 115). Insbesondere lassen sich die folgenden drei Erweiterungen differenzieren (vgl. u.a. Acedo/Barroso/Galan 2006; Wang/Ahmed 2007):

- dynamikbasierte Erweiterungen,
- beziehungsbasierte Erweiterungen und
- wissensbasierte Erweiterungen.

Die *dynamikbasierten Erweiterungen* des Ressourcenbasierten Ansatzes bauen auf der Kritik des ursprünglich statischen Charakters des Ressourcenbasierten Ansatzes auf (vgl. D'Aveni 1994; Eisenhardt/Martin 2000). Dabei ist der Ansatz der „Dynamic Capabilities" hervorzuheben (vgl. u.a. Cavusgil/Seggie/Talay 2007; Teece/Pisano/Shuen 1997; Wang/Ahmed 2007). Wang/Ahmed (2007) verstehen unter „Dynamic Capabilities" die Orientierung eines Unternehmens „to integrate, reconfigure, renew and recreate its resources and capabilities and, most importantly, upgrade and reconstruct its core capabilities in response to the changing environment to attain and sustain competitive advantage" (Wang/Ahmed 2007, S. 35). In diesem Zusammenhang betonen Cohen/Levinthal (1990), dass „new, external information" (Cohen/Levinthal 1990, S. 128) von hoher Bedeutung für die Realisierung von Innovationen in Unternehmen ist. Hierbei wird insbesondere die Bedeutung von externen Quellen zur Gewinnung von Informationen hervorgehoben (vgl. Cohen/Levinthal 1990).

Die *beziehungsbasierten Erweiterungen* des Ressourcenbasierten Ansatzes heben die Bedeutung von Ressourcen hervor, die auf dyadische oder netzwerkartige Beziehungen eines Unternehmens, wie beispielsweise Kooperationen, zur Realisierung von strategischen Wettbewerbsvorteilen zurückgehen (vgl. Dyer 1996; Dyer/Singh 1998; Lavie 2006; Yli-Renko/Autio/Sapienza 2001). Im Gegensatz zum Ressourcenbasierten Ansatz nach Barney (1991; 2001) liegt der Fokus der beziehungsbezogenen Erweiterungen auf Ressourcen, die sich zum Teil außerhalb des Unternehmens befinden (vgl. Dyer/Singh 1998).

Die *wissensbezogenen Erweiterungen* des Ressourcenbasierten Ansatzes legen die Annahme zugrunde, dass vor allem mithilfe von wissensbezogenen Ressourcen Wettbewerbsvorteile realisiert werden können (vgl. Yli-Renko/Autio/Sapienza 2001, S. 587). Diese Erweiterungen werden im Rahmen des sogenannten Wissensbasierten Ansatzes (vgl. Abschnitt 2.3.2) diskutiert (vgl. u.a. Grant 1996b; Spender 1996). Aufgrund der Bedeutung von wissensbezogenen Ressourcen für die vorliegende Arbeit wird der Wissensbasierte Ansatz in Abschnitt 2.3.2 dargestellt.

Der Ressourcenbasierte Ansatz hat in den letzten Jahren viel Aufmerksamkeit erfahren (vgl. Acedo/Barroso/Galan 2006; Newbert 2007). Insbesondere im Bereich der Innovationsforschung (vgl. u.a. Katila/Shane 2005; Kleinschmidt/De Brentani/Salomo 2007; Paladino 2008), der Marketingforschung (vgl. u.a. Ellinger et al. 2008; Palmatier/Dant/Grewal 2007; Stock/Krohmer 2005) sowie der Personal- und Organisationsforschung (vgl. u.a. De Saá-Pérez/García-Falcón 2002; Stock-Homburg 2008) findet der Ressourcenbasierte Ansatz Anwendung. Kleinschmidt/De Brentani/Salomo (2007) untersuchen beispielsweise den Zusammenhang zwischen organisationalen Ressourcen (u.a. Innovationskultur und Formalität des Produktentwicklungsprozesses) und dem Innovationserfolg.

Der Ressourcenbasierte Ansatz ist jedoch nicht ohne Kritik geblieben. Im Wesentlichen lassen sich drei Kritikpunkte unterscheiden (vgl. Priem/Butler 2001). Der *erste Kritikpunkt* bezieht sich auf die Verwendung von unpräzisen Definitionen. Hierbei monieren Priem/Butler (2001), dass die „characteristics (of resources) and outcomes (competitive advantage) must be conceptualized independently" (Priem/Butler 2001, S. 28).

Der *zweite Kritikpunkt* bezieht sich auf die unzureichende Erklärung von Wirkungsmechanismen. Beispielsweise wird in den Arbeiten zum Ressourcenbasierten Ansatz weitgehend offen gelassen, wie Unternehmen Ressourcen gewinnen. Darüber hinaus kritisieren Priem/Butler (2001), dass bisherige Arbeiten nur wenige Erkenntnisse zu den „complex interactions [...] between a firm's resources and its competitive environment" (vgl. Priem/Butler 2001, S. 35) im Zeitverlauf liefern. Im Rahmen des Ansatzes der „Dynamic

Capabilities" wird diese Kritik jedoch aufgegriffen und versucht Wirkungszusammenhänge im Zeitverlauf zu beschreiben (vgl. u.a. Wang/Ahmed 2007).

Der *dritte Kritikpunkt* bezieht sich auf die Berücksichtigung von externen Rahmenbedingungen. In diesem Zusammenhang wird betont, dass „a match between environmental conditions and organizational capabilities and resources is critical to performance" (Bourgeois 1985, S. 548). In der Literatur wird vor allem moniert, dass in den Arbeiten zum Ressourcenbasierten Ansatz die Nachfrage der Kunden wenig berücksichtigt wird (vgl. Priem/Butler 2001).

Trotz der Kritik am Ressourcenbasierten Ansatz wird festgehalten, dass der Ressourcenbasierte Ansatz durch zusätzliche konzeptionelle Arbeiten diese Herausforderungen überwinden kann (vgl. Priem/Butler 2001, S. 34). Mit Blick auf die Erweiterungen des Ressourcenbasierten Ansatzes lässt sich festhalten, dass aktuelle Arbeiten die Kritik aufnehmen und der Ressourcenbasierte Ansatz signifikant weiterentwickelt wird (vgl. u.a. Dyer/Singh 1998; Wang/Ahmed 2007).

Der Erklärungsbeitrag des Ressourcenbasierten Ansatzes für die vorliegende Arbeit soll im Folgenden skizziert werden (vgl. dazu für eine ausführliche Diskussion den Abschnitt 3.1.2 bzw. 3.2.2 zur Herleitung der Hypothesen). Der Ressourcenbasierte Ansatzes liefert insbesondere Erkenntnisse zum Zusammenhang zwischen der Gewinnung von Informationen aus den zentralen Quellen und der produktbezogenen Innovativität. Konkret trägt der Ressourcenbasierte Ansatz wie folgt bei:

1. Der Ressourcenbasierte Ansatz liefert zunächst einen konzeptionellen Rahmen zur Einordnung der produktbezogenen Innovativität: Die produktbezogene Innovativität stellt aus der Perspektive des Ressourcenbasierten Ansatzes einen Wettbewerbsvorteil dar. Der Ressourcenbasierte Ansatz hebt dabei hervor, dass durch Ressourcen strategische Wettbewerbsvorteile, wie die produktbezogene Innovativität, realisiert werden können (vgl. Barney 1991).

2. Die Bedeutung von intangiblen Ressourcen wird durch den Ressourcenbasierten Ansatz betont: So zeigt der Ressourcenbasierte Ansatz, dass vor allem intangible Ressourcen, wie beispielsweise Informationen und Wissen, zur Realisierung von Wettbewerbsvorteilen beitragen (vgl. Grant 1996a).

3. Die Bedeutung der Integration von Ressourcen wird durch den Ressourcenbasierten Ansatz erklärt: Die konstante Integration von Ressourcen im Unternehmen führt nach dem Ressourcenbasierten Ansatz zu einem nachhaltigen Wettbewerbsvorteil (vgl. Grant 1996a).

4. Der Ressourcenbasierte Ansatz leistet schließlich einen Beitrag zur Unterscheidung und Relevanz von unternehmensinternen, unternehmensexternen bzw. hybriden Ressourcen: Aus

dem Ressourcenbasierten Ansatz kann abgeleitet werden, dass Informationen, die im Unternehmen gewonnen werden, zur Realisierung von strategischen Wettbewerbsvorteilen von Bedeutung sind. Die Mitarbeiter eines Unternehmens stellen also eine wichtige Quelle zur Gewinnung von Informationen dar. Im Rahmen der dynamikbezogenen Erweiterungen des Ressourcenbasierten Ansatzes wird zudem insbesondere die Bedeutung von unternehmensexternen Quellen zur Gewinnung von Informationen hervorgehoben. Nach den beziehungsbasierten Erweiterungen können darüber hinaus Kooperationen eine Quelle für Ressourcen darstellen (vgl. u.a. Wang/Ahmed 2007).

2.3.2 Der Wissensbasierte Ansatz

Der Wissensbasierte Ansatz wird insbesondere zur theoretischen Fundierung des Zusammenhangs zwischen der Gewinnung von Informationen aus den zentralen Quellen und der Integration von Informationen und dem Zusammenhang zwischen der Integration von Informationen und der produktbezogenen Innovativität herangezogen.

Der Wissensbasierte Ansatz baut auf den Aussagen zum Ressourcenbasierten Ansatz (vgl. dazu Abschnitt 2.3.1) auf. In der Literatur existiert eine Reihe von Arbeiten zum Wissensbasierten Ansatz (vgl. u.a. Conner/Prahalad 1996; Grant 1996a,b; Kogut/Zander 1992; Nonaka 1991, 1994; Spender 1996). Der Wissensbasierte Ansatz wird in der Literatur vor allem mit den Arbeiten von Grant (1996a,b) in Verbindung gebracht (vgl. u.a. Gopalakrishnan/Bierly 1999; Paruchuri/Nerkar/Hambrick 2006). Die folgenden Ausführungen beziehen sich deshalb im Wesentlichen auf die Arbeiten von Grant (1996a,b). Dem Wissensbasierten Ansatz liegen fünf zentrale Annahmen zugrunde (vgl. Grant 1996a, S. 385; Grant 1996b):

- Zunächst wird angenommen, dass zur Realisierung von Wettbewerbsvorteilen Wissen die wichtigste Rolle spielt (vgl. Grant 1996a, S. 375). Diese Feststellung geht auf Studien (vgl. u.a. Denison 1968) zurück, in welchen in internationalen Vergleichen gezeigt werden kann, dass der Wissenszuwachs von Individuen zu einem großen Teil zum Anstieg ihres Einkommens beiträgt (vgl. Grant 1996a, S. 385).
- Der Wissensbasierte Ansatz unterscheidet zwischen explizitem und implizitem Wissen (vgl. Grant 1996b, S. 111). Während explizites Wissen „can be written down" (Grant 1996a, S. 377), ist dies bei implizitem Wissen, wie beispielsweise „'know-how', skills, and ‚practical knowledge'" (Grant 1996a, S. 377) nicht möglich.
- Die Weitergabe von implizitem Wissen zwischen Individuen ist im Vergleich zu explizitem Wissen mit höheren Kosten, höherer Unsicherheit und einer längeren Zeitdauer verbunden (vgl. Kogut/Zander 1992).

- Individuen verfügen über limitierte kognitive Fähigkeiten. Die Tiefe des gewonnenen Wissens führt deshalb zur Reduktion der Breite des Wissens von Individuen (vgl. Grant 1996a, S. 377). In diesem Zusammenhang wird auch von spezifischem Wissen gesprochen.

- Darüber hinaus liegt dem Wissensbasierten Ansatz die Annahme zugrunde, dass Unternehmen zur Wertschöpfung ein breites Spektrum an Wissen, wie beispielsweise Wissen im Bereich der Produktion sowie Wissen im Bereich des Marketing bzw. Vertriebs, benötigen (vgl. Grant 1996a, S. 385).

Im Mittelpunkt der Aussagen des Wissensbasierten Ansatzes steht die effiziente Integration des spezifischen Wissens von Individuen (vgl. Grant 1996a, S. 385). Dabei wird die schlichte Weitergabe bzw. der Transfer von Wissen nicht als effizienter Ansatz zur Integration von Wissen im Unternehmen angesehen (vgl. Grant 1996b, S. 114). Vielmehr werden nach Grant (1996b, S. 114) vier Koordinationsmechanismen unterschieden, die zur effizienten Integration von Wissen im Unternehmen beitragen:

- *Regeln und Direktiven*: Diese Form der Integration bietet „a means by which tacit knowledge can be converted into readily comprehensible explicit knowledge" (Grant 1996b, S. 115). Ein Beispiel dafür stellen Regeln für die Qualitätskontrolle im Produktionsprozess dar. Ein Qualitätskontrolleur kann mithilfe dieser Regeln Mitarbeitern in der Produktion Qualitätsstandards vermitteln ohne jedem einzelnen Mitarbeiter sein gesamtes Wissen über Qualitätskontrolle beibringen zu müssen (vgl. Grant 1996b).

- *Bildung einer Reihenfolge*: Mithilfe dieser Integrationsform können Mitarbeiter ihr Wissen unabhängig voneinander jeweils in einem vorgesehenen Zeitfenster nacheinander im Unternehmen einbringen. Beispielsweise bietet ein Produktionsprozess mit mehreren unterschiedlichen aufeinanderfolgenden Produktionsstufen ein hohes Potenzial das Wissen von Spezialisten nacheinander zur Weiterentwicklung des Produkts einzubringen (vgl. Grant 1996b).

- *Routinen*: Unter Routinen werden in diesem Zusammenhang „relativ komplexe Verhaltensmuster verstanden" (Winter 1986, S. 165). Im Vergleich zu den ersten zwei Koordinationsmechanismen besteht hierbei eher die Möglichkeit, eine komplexe Interaktion zwischen Individuen zu ermöglichen. Ein Beispiel wäre hier die Zusammenarbeit in einem Team des Automotorsports (vgl. Grant 1996b).

- *Problemlösung in der Gruppe und Entscheidungsfindung*: Diese Form der Integration ist tendenziell personal- und kommunikationsintensiv. Aus diesem Grund ist dieser Koordinationsansatz im Vergleich zu anderen Mechanismen eher im Falle ungewöhnlicher und komplexer Aufgaben, wie zum Beispiel die Formulierung einer Strategie durch ein Team von Führungskräften, effizient (vgl. Grant 1996b).

Nach dem Wissensbasierten Ansatz hängt die Realisierung von Wettbewerbsvorteilen im Wesentlichen von der effizienten Wissensintegration ab. Wie oben erwähnt, liegt dabei die Annahme zugrunde, dass Unternehmen zur Realisierung von Wettbewerbsvorteilen ein breites Spektrum an Wissen benötigen. Das Potenzial zur Realisierung von nachhaltigen Wettbewerbsvorteilen steigt dabei mit der Breite des integrierten Wissens (vgl. Grant 1996a, S. 385). Dazu führt Grant (1996a, S. 377) aus: „Production [...] requires a wide array of knowledge, usually through combining the specialized knowledge of a number of individuals". Daraus lässt sich schließlich folgern, dass die Gewinnung von neuem Wissen über die Wissensintegration zur Realisierung von Wettbewerbsvorteilen beiträgt (vgl. Grant 1996a, S. 385; Grant/Baden-Fuller 2004; Hult/Ketchen/Slater 2004; Yli-Renko/Autio/Sapienza 2001).

Wie auch der Ressourcenbasierte Ansatz (vgl. hierzu Abschnitt 2.3.1) ist der Wissensbasierte Ansatz nicht ohne Kritik geblieben. Insbesondere wird moniert, dass die Arbeiten zum Wissensbasierten Ansatz (vgl. u.a. Grant 1996a,b) die Organisationsform Hierarchie im Vergleich zur Organisationsform Markt als überlegen ansehen. Ein Auslöser für diese Kritik ist darin zu sehen, dass „markets can cultivate learning capabilities and shared context" (vgl. Foss 1999, S. 738). Ein weiterer Kritikpunkt besteht in der unzureichenden Erklärung von Wirkungszusammenhängen durch den Wissensbasierten Ansatz.

In der Innovationsforschung findet der Wissensbasierte Ansatz in einer Reihe von empirischen Arbeiten Anwendung (vgl. u.a. De Luca/Atuahene-Gima 2007; Fey/Birkinshaw 2005; Hult/Ketchen/Slater 2004; Safizadeh/Field/Ritzman 2008). De Luca/Atuahene-Gima (2007) untersuchen in ihrer Arbeit beispielsweise, welche Auswirkungen die Mechanismen der Wissensintegration auf den Innovationserfolg haben. Hervorzuheben ist hierbei, dass ausschließlich die Integration von Wissen über Märkte untersucht wird.

Der Wissensbasierte Ansatz liefert wertvolle Erkenntnisse für die vorliegende Untersuchung. Zusammenfassend können folgende drei Aussagen auf Basis des Wissensbasierten Ansatzes getroffen werden:

1. Zunächst hebt der Wissensbasierte Ansatz die Relevanz von Informationen als Ressource hervor: Informationen werden als eine zentrale Ressource zur Realisierung von Wettbewerbsvorteilen aufgefasst. Dabei ist festzuhalten, dass die produktbezogene Innovativität in der Literatur als ein Wettbewerbsvorteil angesehen wird (vgl. u.a. Leonard-Barton 1992).

2. Der Wissensbasierte Ansatz leistet vor allem einen Beitrag zur theoretischen Fundierung des Zusammenhangs zwischen der Integration von Informationen und der produktbezogenen Innovativität: Aus dem Wissensbasierten Ansatz lässt sich ableiten, dass die Integration von Informationen die Realisierung von Wettbewerbsvorteilen beeinflusst. Daher kann auf den positiven Einfluss der Integration von Informationen auf die produktbezogene Innovativität geschlossen werden (vgl. Grant 1996a,b).

3. Der Wissensbasierte Ansatz leistet einen weiteren Beitrag zum Zusammenhang zwischen der Gewinnung von Informationen und der Integration von Informationen: Um Informationen effizient im Unternehmen weitergeben zu können, müssen Unternehmen die Informationen integrieren. Je höher die Gewinnung von Informationen ist, desto mehr Informationen liegen vor. Um die Informationen effizient weitergeben zu können, müssen die Informationen integriert werden. Daher ist ein positiver Effekt der Gewinnung von Informationen auf die Integration von Informationen zu vermuten (vgl. Grant 1996a,b).

2.3.3 Die Informationsökonomie

In der vorliegenden Arbeit wird die Informationsökonomie zum einen zur theoretischen Fundierung des Zusammenhangs zwischen der Gewinnung von Informationen und der produktbezogenen Innovativität herangezogen. Zum anderen liefert die Informationsökonomie Hinweise darüber, unter welchen Bedingungen dieser Zusammenhang stärker oder schwächer ist.

Die Informationsökonomie wird den Theorien der Neuen Institutionenökonomie zugeordnet (vgl. Aufderheide/Backhaus 1995, S. 63 f.; Helm 1995, S. 4 f.). Unter dem Dach der Neuen Institutionenökonomie werden neben der Informationsökonomie die Property-Rights-Theorie (vgl. Alchian 1961, 1965; Alchian/Demsetz 1973; Alchian/Woodward 1988; Demsetz 1966, 1967), die Principal-Agent-Theorie (vgl. Alchian/Demsetz 1972; Bergen/Dutta/Walker 1992; Spence 1976) und die Transaktionskostentheorie (vgl. u.a. Coase 1937; Williamson 1975, 1979, 1981, 1985, 1991a,b, 1996, 1999) zusammengefasst (vgl. Hax 1991; Gümbel/Woratschek 1995). Die Transaktionskostentheorie leistet ebenfalls einen wichtigen Beitrag für die vorliegende Arbeit. Deshalb wird die Transaktionskostentheorie in Abschnitt 2.3.4 ausführlich dargestellt.

Eine zentrale Annahme der Informationsökonomie bezieht sich auf die asymmetrische Verteilung von Informationen (vgl. Stiglitz 2000, S. 1441; Weiber/Adler 1995, S. 48). Stiglitz (2002, S. 469) beschreibt Informationsasymmetrie als „fact that different people know different things". Die Aussagen zur asymmetrischen Verteilung von Informationen gehen insbesondere auf die Arbeiten von Akerlof (1970), Spence (1973) und Stiglitz (2000) zurück. Neben der Informationsasymmetrie liegen der Informationsökonomie die Annahmen zugrunde, dass Informationen unvollkommen und nicht kostenlos sind (vgl. Stiglitz 2000, S. 1441; Weiber/Adler 1995, S. 48).

Im Kern beschäftigt sich die Informationsökonomie mit der Unsicherheit von Marktteilnehmern (vgl. Akerlof 1970). Die Unsicherheit wird danach im Wesentlichen durch Informationsasymmetrie, unvollkommene Information und Kosten von Informationen hervorgerufen wird (vgl. Akerlof 1970; Weiber/Adler 1995). In den Arbeiten zur Informationsökonomie werden zwei Arten von Unsicherheit unterschieden. Dabei handelt es sich um die Ereignisunsicherheit und die Marktunsicherheit (vgl. Hirshleifer/Riley 1979, S. 1376 f.; Weiber/Adler 1995, S. 47).

Ereignisunsicherheit, die auch als technologische Unsicherheit bezeichnet wird, entsteht „wenn sich die Informationsdefizite der Austauschpartner auf Variablen beziehen, die sich außerhalb des betrachteten ökonomischen Systems, d.h. in der exogenen Umwelt befinden" (Weiber/Adler 1995, S. 47). Aus diesem Grund wird die Ereignisunsicherheit auch als exogene Unsicherheit bezeichnet (vgl. Kaas 1990, S. 541).

Die *Marktunsicherheit* entsteht hingegen, wenn Informationsdefizite innerhalb des betrachteten ökonomischen Systems existieren. Die Marktunsicherheit bezieht sich dabei auf die Austauschbeziehung der Marktteilnehmer. Beispielsweise wird die Unsicherheit eines Anbieterunternehmens durch unvollkommene Informationen über die Präferenzen der Kunden des Unternehmens hervorgerufen. Deshalb wird die Marktunsicherheit auch als endogene Unsicherheit bezeichnet (Hirshleifer/Riley 1979; Weiber/Adler 1995).

Im Rahmen der Informationsökonomie werden im Wesentlichen zwei Maßnahmen zur Überwindung von Unsicherheit diskutiert. Dabei handelt es sich zum einen um das „Screening" und zum anderen um das „Signaling" von Informationen (vgl. Hirshleifer/Riley 1979; Kaas 1990, 1991; Spence 1976).

Während das *Screening* der Gewinnung von Informationen dient, wird unter dem *Signaling* die Übertragung von Informationen verstanden (vgl. Hirshleifer/Riley 1979; Kaas 1990, 1991; Spence 1976). Bei der Gewinnung von Informationen geht die Initiative „von der nicht informierten Seite aus" (Kaas 1990, S. 541). Hingegen kann beim Signaling die Informationsübertragung hingegen „nur von der informierten Seite ausgehen" (Kaas 1990, S. 541). An dieser Stelle ist festzuhalten, dass die Gewinnung von Informationen bei Kaas (1990) explizit diskutiert wird und daher als Konstrukt aus der Informationsökonomie abgeleitet werden kann. Die Gewinnung von Informationen auf der organisationalen Ebene stellt einen zentralen Aspekt der Forschungsfragen 2 bis 5 dar (vgl. hierzu Abschnitt 1.2). Daher wird im Folgenden die Gewinnung von Informationen auf der organisationalen Ebene weiter vertieft.

Die Gewinnung von Informationen wird bei Kaas (1990, S. 541) auch als Leistungsfindung bezeichnet. Dabei wird unterstellt, dass die Leistungsfindung die Realisierung von Angeboten verfolgt, „die von den Nachfragern allen anderen (Angeboten) gegenüber präferiert werden" (Kaas 1990, S. 543). In diesem Zusammenhang wird betont, dass vor allem Innovationen ein Ziel der Leistungsfindung darstellen. Dazu führt Kaas (1990) wie folgt aus: „Am prägnantesten wird das Bemühen des Unternehmens, sich einen Informationsvorsprung zu verschaffen und auszunutzen, in der Innovationspolitik" (vgl. Kaas 1990, S. 543).

Wie oben erläutert, stellen asymmetrisch verteilte Informationen zwischen einem Unternehmen und dem Markt eine wesentliche Ursache für Unsicherheit dar. Daraus lässt sich ableiten, dass bei einer hohen Unsicherheit die Gewinnung von Informationen aus dem Markt, wie beispielsweise Präferenzen hinsichtlich zukünftiger Produkte, die Realisierung produktbezogener Innovativität fördert.

Die Informationsökonomie wird u.a. in der Marketingforschung (vgl. u.a. Heide 2003; Homburg/Stock/Kühlborn 2005; Swait/Erdem 2007) und in der Forschung zur Wirtschaftsinformatik (vgl. u.a. Bolton/Loebecke/Ockenfels 2008; Pavlou/Dimoka 2006) angewandt. In der Arbeit von Heide (2003) wird beispielsweise untersucht, inwieweit das Problem der Informationsasymmetrie zwischen Anbieter- und Kundenunternehmen mithilfe von unterschiedlichen Organisationsformen gelöst werden kann. Der Kenntnis des Autors nach existieren in der Innovationsforschung jedoch bislang kaum empirische Arbeiten, welche die Informationsökonomie zur theoretischen Fundierung heranziehen.

Wie die vorangegangenen Ausführungen angedeutet haben, leistet die Informationsökonomie einen wichtigen Beitrag für die vorliegende Arbeit. Konkret lassen sich die folgenden Ableitungen treffen:

1. Aus der Informationsökonomie lässt sich das Konstrukt *Gewinnung von Informationen* ableiten: Nach der Informationsökonomie dient das Screening der Gewinnung von Informationen. Die Gewinnung von Informationen wird dabei explizit diskutiert. Mithilfe der Gewinnung von Informationen kann insbesondere Unsicherheit reduziert werden. Informationsasymmetrien werden in diesem Zusammenhang als wesentliche Ursache für die Entstehung von Unsicherheit betrachtet (vgl. Kaas 1990, 1991).

2. Die Informationsökonomie leistet einen Beitrag zur Erklärung des Zusammenhangs zwischen der Gewinnung von Informationen und der produktbezogenen Innovativität: Im Rahmen der Informationsökonomie wird auf die Informationsasymmetrie zwischen Anbieter- und Kundenunternehmen hingewiesen (vgl. Hirshleifer/Riley 1979). In der Logik der Informationsökonomie können Unternehmen durch die Gewinnung von Informationen mehr über die Nachfrager erfahren und somit wichtige Impulse zur Realisierung von neuartigen bzw. nützlichen Produkten erhalten. Die Gewinnung von Informationen über den Markt stellt deshalb für Unternehmen eine wichtige Voraussetzung zur Realisierung von Innovationen dar (vgl. Kaas 1990, 1991).

3. Die Informationsökonomie erklärt abschließend, unter welchen Rahmenbedingungen die Gewinnung von Informationen relevant ist: Den Aussagen der Informationsökonomie folgend, hat die Informationsasymmetrie zwischen Anbieter- und Kundenunternehmen einen wesentlichen Einfluss auf die Unsicherheit. Bei einer hohen Marktunsicherheit sind Anbieterunternehmen zum Teil darüber im Unklaren, welche Präferenzen die Kunden des Unter-

nehmens in der Gegenwart und in der Zukunft aufweisen. Die Gewinnung von Informationen kann Aufschluss über diese Präferenzen geben. Die Kenntnis über diese Präferenzen ermöglicht es dem Unternehmen wiederum, neuartige Produkte zu realisieren, die von Kunden als Nutzen stiftend wahrgenommen werden (vgl. Kaas 1990, 1991). Daraus lässt sich ableiten, dass die Gewinnung von Informationen bei einer hohen Unsicherheit die produktbezogene Innovativität positiv beeinflusst.

2.3.4 Die Transaktionskostentheorie

In der vorliegenden Arbeit dient die Transaktionskostentheorie zum einen zur Identifikation von Rahmenbedingungen, die einen Einfluss auf den Zusammenhang zwischen der Gewinnung von Informationen und der produktbezogenen Innovativität haben. Wie in Abschnitt 1.2 erläutert, können Rahmenbedingungen die Stärke bzw. Richtung eines Zusammenhangs beeinflussen. Zum anderen werden mithilfe der Transaktionskostentheorie Koordinationsformen für die Abwicklung von Transaktionen, d.h. Quellen zur Gewinnung von Informationen, identifiziert.

Die Transaktionskostentheorie lässt sich bis zu Coase (1937) zurück verfolgen (vgl. Rindfleisch/Heide 1997; Wolter/Veloso 2008). Die Arbeiten von Williamson (1975, 1979, 1981, 1985, 1990, 1991a,b, 1996, 1998, 1999, 2005) stellen jedoch den heutigen Entwicklungsstand der Transaktionskostentheorie dar.

Die Transaktion stellt die zentrale Bezugseinheit in der Transaktionskostentheorie dar (Williamson 1999, S. 1089). Sie findet dann statt, wenn „a good or service is transferred between technologically separable stages. One stage of processing or assembly activity terminates and another begins" (Williamson 1999, S. 1089). Die Gewinnung von Informationen wird in der Literatur als eine Transaktion aufgefasst (vgl. Choudhury/Sampler 1997). Es werden im Rahmen der Transaktionskostentheorie im Wesentlichen zwei Annahmen zum Verhalten der Akteure zugrunde gelegt (vgl. Williamson 1985, S. 47 ff.):

- beschränkte Rationalität und
- Opportunismus.

In Bezug auf die erste Verhaltensannahme wird davon ausgegangen, dass die Akteure der Transaktionsabwicklung nur in *begrenztem Ausmaß rational* handeln. Diese Verhaltensannahme wird auf die limitierten Informationsgewinnungs und -verarbeitungskapazitäten von Individuen zurückgeführt (vgl. Williamson 1990, S. 51 f.). Die zweite Annahme bezieht sich auf das *opportunistische Verhalten der Akteure* der Transaktionsabwicklung. Williamson (1985, S. 47) definiert opportunistisches Verhalten als „self-interest seeking with guile".

Im Kern erklärt die Transaktionskostentheorie die effiziente Wahl von unterschiedlichen Organisationsformen zur Abwicklung von Transaktionen (vgl. Williamson 1998, 1999). Dazu führt Williamson (1991b, S. 79) aus: „Firms seek to align transactions, which differ in their attributes, with governance structures, which differ in their costs and competencies, in a discriminating (mainly transaction cost minimizing) way". Die folgenden Elemente der Transaktionskostentheorie lassen sich also unterscheiden (in Anlehnung an Ebers/Gotsch 2002; Palmatier/Dant/Grewal 2007; Rindfleisch/Heide 1997):

- Transaktionskosten,
- Merkmale der Transaktion und
- Organisationsform zur Abwicklung von Transaktionen.

Die Transaktionskosten stellen ein zentrales Element der Transaktionskostentheorie dar und werden in der Literatur unterschiedlich breit definiert. In einer vergleichsweise umfassenden Definition (vgl. Williamson 1991a, S. 269) werden Transaktionskosten als „costs of running the economic system" (Arrow 1969, S. 48) bezeichnet. Im engeren Sinn lassen sich die Transaktionskosten als „costs of drafting, negotiating, and safeguarding an agreement" (Williamson 1985, S. 20) eingrenzen. Die Transaktionskosten umfassen u.a. den zeitlichen Aufwand zur Abwicklung einer Transaktion. Der zeitliche Aufwand kann einen wesentlichen Teil der Transaktionskosten ausmachen (vgl. u.a. Choudhury/Sampler 1997; Jacobides/Winter 2005). In der Literatur hat sich zwischenzeitlich die Unterscheidung von sechs Kostenarten zur Abwicklung von Transaktionen durchgesetzt (vgl. Picot/Dietl 1990, S. 178):

- Anbahnungskosten,
- Vereinbarungskosten,
- Abwicklungskosten,
- Kontrollkosten,
- Anpassungskosten und
- Auflösungskosten.

Hierbei ist anzumerken, dass Transaktionskosten nur schwer berechnet werden können (vgl. Masten 1996). Die explizite Berechnung von Transaktionskosten ist in den Arbeiten von Williamson jedoch auch nicht das Ziel (vgl. u.a. Williamson 1991a,b). Vielmehr verfolgt die Transaktionskostentheorie das Ziel unterschiedliche Koordinationsformen in Bezug auf die Höhe der Transaktionskosten zur Abwicklung von Transaktionen zu vergleichen (vgl. Williamson 2005, S. 6). Darauf soll in diesem Abschnitt noch ausführlicher eingegangen werden.

Ein weiteres wichtiges Element der Transaktionskostentheorie bezieht sich auf die *Merkmale der Transaktion*. Die Merkmale einer Transaktion haben einen Einfluss auf die Höhe der

Transaktionskosten (vgl. Williamson 1991a). Williamson (1991a,b) unterscheidet insbesondere die folgenden zwei Merkmale von Transaktionen:

- Spezifität der Transaktion und
- Unsicherheit der Transaktion.

Die *Spezifität der Transaktion* bezieht sich auf das Ausmaß „to which an asset can be redeployed to alternative uses and by alternative users without sacrifice of productive value" (Williamson 1991a, S. 281). Ein Beispiel dafür stellt die Investition in ein Logistiksystem zur Belieferung eines bestimmten Kundenunternehmens dar, welches nur mit vergleichsweise hohen zusätzlichen Aufwand für andere Kundenunternehmen verwendet werden kann.

Das zweite Merkmal von Transaktionen stellt die *Unsicherheit der Transaktion* dar. Mit Bezug auf die Transaktion wird zwischen endogener und exogener Unsicherheit unterschieden (Williamson 1990). *Endogene Unsicherheit* bezieht sich auf die Unkenntnis der Verhaltensweisen der Transaktionspartner. *Exogene Unsicherheit* hingegen wird durch die Unkenntnis über zukünftige Umweltzustände hervorgerufen (vgl. Williamson 1990, S. 64 ff.).

Die Höhe der Transaktionskosten hängt neben den Merkmalen der Transaktion von der *Koordinationsform zur Abwicklung der Transaktion* ab (vgl. Williamson 1991a). Nach Williamson (1991a) werden grundsätzlich die Koordinationsformen Markt, Hierarchie und Hybridform unterschieden. Die erste Form bezieht sich auf die Koordination von Transaktionen durch den Marktmechanismus. Dieser Mechanismus wird durch Anreize, wie beispielsweise der Preis, gestützt (vgl. Williamson 1991a). Unter der zweiten Form wird die unternehmensinterne Koordination von Transaktionen verstanden. Die Koordination ist hierbei auf die „authority relation (fiat)" (Williamson 1991a, S. 279), d.h. die hierarchische Anweisung, gestützt. Die Hybridform wird zwischen den Koordinationsformen Markt und Hierarchie angesiedelt (vgl. Williamson 2005, S. 7). Williamson (1991a) versteht Hybridformen als „various forms of long-term contracting, reciprocal trading, regulation, franchising, and the like" (Williamson 1991a, S. 280). Wie in Abschnitt 3.1.1 noch zu erläutern ist, bezieht sich die Hybridform in der vorliegenden Arbeit auf interorganisationale Beziehungen in der Form von Kooperationen (vgl. Ring/Van de Ven 1994; White/Lui 2005).

Die Auswirkung der Merkmale Spezifität und Unsicherheit auf die Wahl der jeweils effizientesten Koordinationsform wird im Folgenden anhand von zwei Fällen diskutiert:

1. Vergleich der Koordinationsformen unter Berücksichtigung des Merkmals Spezifität.

2. Vergleich der Koordinationsformen unter Berücksichtigung des Merkmals Unsicherheit.

Im *ersten Fall* werden die Koordinationsformen in Bezug auf die Höhe der Transaktionskosten unter Berücksichtigung des Merkmals Spezifität miteinander verglichen (vgl. Abbildung 2-7). Dazu sollen zunächst die beiden Koordinationsformen Markt und Hierarchie gegenübergestellt werden. Die Transaktionskostentheorie postuliert, dass bei hoher Spezifität die Koordination über den Markt im Vergleich zur Hierarchie mit höheren Transaktionskosten verbunden ist. Dies wird zum einen damit begründet, dass der Transaktionspartner aufgrund von transaktionsspezifischen Investitionen nur unter Inkaufnahme hoher Transaktionskosten gewechselt werden kann. Zum anderen entstehen Kosten zur Absicherung gegen opportunistisches Verhalten, da transaktionsspezifische Investitionen den Anreiz erhöhen, Konditionen der Austauschbeziehung nachzuverhandeln (vgl. Ebers/Gotsch 2002, S. 229). Zudem wird die Effizienz der Koordinationsform Hierarchie hierbei darauf zurückgeführt, dass eine Einheit existiert, die über Weisungsrechte gegenüber Transaktionspartnern verfügt (vgl. Milgrom/Roberts 1995). Demzufolge kann die Leistungserstellung besser an geänderte Bedingungen angepasst werden und opportunistisches Verhalten verhindert werden (vgl. Williamson 1991a). Dagegen ist die Koordinationsform Markt bei niedriger Spezifität sowohl aufgrund von Konkurrenzmechanismen als auch aufgrund der Anreizintensität effizienter als die Hierarchie (vgl. Ebers/Gotsch 2002, S. 237). Aus den vorangehenden Ausführungen lässt sich folgern, dass die Gewinnung von Informationen durch die Hierarchie, d.h. durch die Mitarbeiter des Unternehmens, bei hoher Spezifität effizienter ist als die Gewinnung von Informationen durch die Koordinationsform Markt bzw. Hybridform.

Abbildung 2-7: Höhe der Transaktionskosten in Abhängigkeit des Merkmals Spezifität
(in Anlehnung an Williamson 1991a)

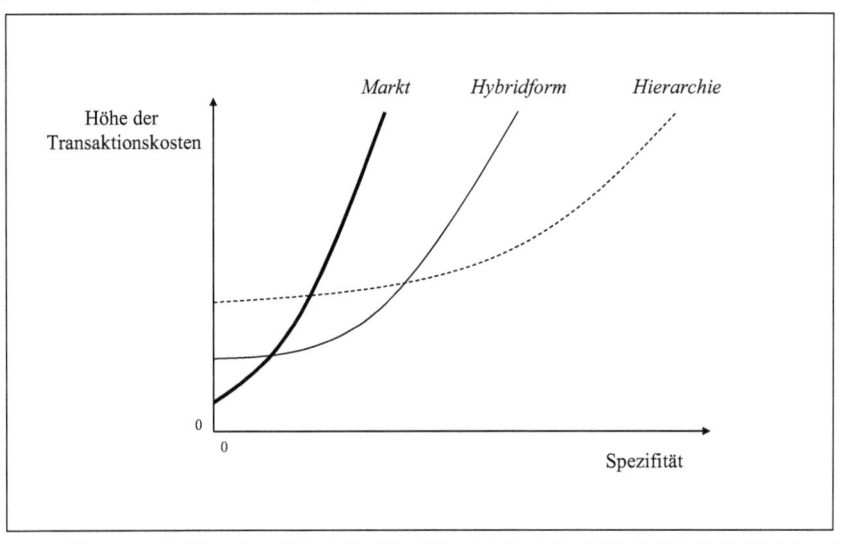

In Bezug auf die Transaktionskosten bei der Koordination durch die Hybridform führt Williamson (1991a) folgendes aus: „Compared with the market, the hybrid sacrifices incentives in favor of superior coordination among the parts. As compared with the hierarchy, the hybrid sacrifices cooperativeness in favor of greater incentive intensity" (vgl. Williamson 1991a, S. 283). In Bezug auf die Höhe der Transaktionskosten wird die Hybridform daher bei niedriger bzw. hoher Spezifität zwischen dem Markt und der Hierarchie eingeordnet (vgl. Abbildung 2-7).

Im zweiten Fall werden die Koordinationsformen zur Abwicklung von Transaktionen unter Berücksichtigung des Merkmals Unsicherheit verglichen. Zunächst ist festzuhalten, dass in Bezug auf die Unsicherheit zwischen der Häufigkeit und der Varianz von Veränderungen in der Umwelt unterschieden wird (vgl. Williamson 1991a).

Bei einer *Häufigkeit von Veränderungen* besteht das Risiko, dass die Effizienz aller Koordinationsformen sinkt. Diesbezüglich ist die Hybridform „arguably the most susceptible" Williamson (1991a, S. 291). Während die Anpassung an Veränderungen in der Umwelt bei Transaktionen über den Markt unilateral und bei Transaktionen über die Hierarchie mithilfe von Weisungsbefugnissen erfolgt, erfordert die Anpassung an Umweltveränderungen gegenseitigen Konsens zwischen den Kooperationspartnern. Die Bildung von Konsens, insbesondere durch Verhandlungen, kann jedoch mit einem hohen zeitlichen Aufwand verbunden sein und birgt bei hoher Unsicherheit die Gefahr von „failures of adaptation" (Williamson 1991a, S. 291). Fehlanpassungen können vor allem dann entstehen, „if a hybrid mode is negotiating an adjustment to one disturbance only to be hit by another" (Williamson 1991a, S. 291).

In Bezug auf die *Varianz der Veränderungen* in der Umwelt ist die Effizienz der Hybridform ebenfalls stärker betroffen als die Koordinationsformen Markt und Hierarchie, da „outliers induce greater defection on the spirit of the agreement for hybrid modes" (Williamson 1991a, S. 291). Unter hoher Unsicherheit können also beispielsweise hohe Transaktionskosten durch die erweiterten Verhandlungen mit Kooperationspartnern oder durch die Suche nach neuen Kooperationspartnern nach Abbruch einer gescheiterten Kooperation auftreten.

Aus den vorangegangenen Ausführungen lässt sich folgern, dass die Gewinnung von Informationen durch Kooperationen bei hoher Unsicherheit das Risiko von Fehlanpassungen birgt. Darüber hinaus ist die Gewinnung von Informationen durch Kooperationen bei hoher Unsicherheit mit einem hohen zeitlichen Aufwand verbunden (vgl. Choudhury/Sampler 1997; Jacobides/Winter 2005), beispielsweise aufgrund der Verhandlungen über Anpassungen an Veränderungen.

Die vorangehenden Ausführungen haben gezeigt, dass die Merkmale Spezifität und Unsicherheit einen unterschiedlichen Einfluss auf die Höhe der Transaktionskosten zur Abwicklung von Transaktionen in den Koordinationsformen haben. Der Zusammenhang zwischen diesen Merkmalen und der Vorteilhaftigkeit der Abwicklung von Transaktionen in den unterschiedlichen Koordinationsformen wird in Abbildung 2-8 zusammenfassend veranschaulicht.

Abbildung 2-8: Vorteilhaftigkeit der Koordinationsformen in Abhängigkeit der Merkmale Spezifität und Unsicherheit (in Anlehnung an Williamson 1991a)

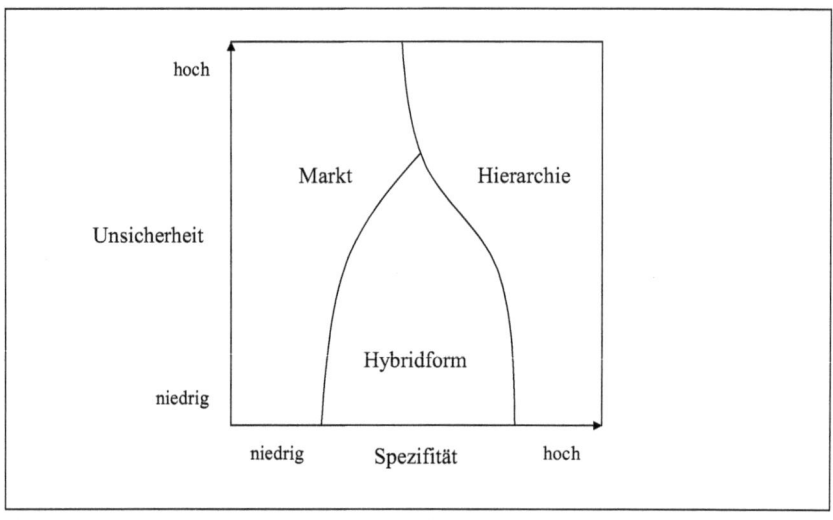

Die Transaktionskostentheorie liefert wichtige Hinweise zu den Koordinationsformen der Transaktionsabwicklung und zu Merkmalen, die einen Einfluss auf die Höhe der Transaktionskosten haben (vgl. Williamson 1991a). Die Transaktionskostentheorie ist jedoch nicht ohne Kritik geblieben. Eberts/Gotsch (2002) kritisieren beispielsweise die Verhaltensannahme Opportunismus. Daran wird bemängelt, dass die Reduktion der Motivationsstruktur der Transaktionspartner auf „Streben nach Geld, Gütern und Leistungen" (Ebers/Gotsch 2002, S. 243) eine zu eng gefasste Verhaltensannahme darstellt. Ein Überblick zur Kritik an der Transaktionskostentheorie wird in Milgrom/Roberts (1992, S. 33 ff.) und Ebers/Gotsch (2002, S. 243 ff.) gegeben.

Die Transaktionskostentheorie hat eine breite Anwendung in der Forschung gefunden (vgl. u.a. Geyskens/Steenkamp/Kumar 2006; Rindfleisch/Heide 1997). In dem Beitrag von Rindfleisch/Heide (1997) wird beispielsweise ein Überblick über empirische Arbeiten gegeben, welche den Transaktionskostenansatz auf Fragestellungen der Marketingforschung anwenden. Geyskens/Steenkamp/Kumar (2006) führen des Weiteren eine Meta-Analyse zur Transaktionskostentheorie durch. Darüber hinaus werden von Buxmann/Diefenbach/Hess (2008)

Zusammenhänge in der Softwareindustrie anhand der Transaktionskostentheorie erklärt. In der Innovationsforschung findet die Transaktionskostentheorie im Vergleich zum Ressourcenbasierten- bzw. Wissensbasierten Ansatz jedoch bislang relativ wenig Beachtung (vgl. hierzu ausführlich Abschnitt 2.2).

Die Transaktionskostentheorie liefert einen wichtigen Erklärungsbeitrag für die vorliegende Arbeit. Die folgenden Aussagen lassen sich im Wesentlichen ableiten:

1. Mithilfe der Transaktionskostentheorie kann ein konzeptioneller Rahmen zur Einordnung der unterschiedlichen Quellen zur Gewinnung von Informationen abgeleitet werden: Die Transaktionskostentheorie unterscheidet die Koordinationsformen Markt, Hybridform und Hierarchie zur Abwicklung von Transaktionen (vgl. Williamson 1991a). Wie noch zu zeigen ist, können die Koordinationsformen zur Einordnung der zentralen Quellen Kunden, Experten, Kooperationen und Mitarbeiter herangezogen werden (vgl. hierzu ausführlich Abschnitt 3.1.1).

2. Die Transaktionskostentheorie dient zur Identifikation von Rahmenbedingungen, welche den Zusammenhang zwischen der Gewinnung von Informationen und der produktbezogenen Innovativität beeinflussen: Die Transaktionskostentheorie postuliert, dass die Gewinnung von Informationen durch die Koordinationsform Hierarchie bei hoher *Spezifität* effizienter ist als die Gewinnung von Informationen durch die Koordinationsform Markt bzw. Hybridform. Darüber hinaus erklärt die Transaktionskostentheorie, dass die Gewinnung von Informationen durch den Markt bzw. die Hierarchie bei hoher *Unsicherheit* effizienter ist als die Gewinnung von Informationen durch die Hybridform (vgl. Williamson 1991a).

In der Literatur wird die Relevanz einer schnellen Produktentwicklung hervorgehoben (vgl. u.a. Eisenhardt/Tabrizi 1995). In Bezug auf produktbezogene Innovationen wird betont, dass „fast pace has become critical in product innovation" (Eisenhardt/Tabrizi 1995, S. 84). Da Transaktionskosten auch den zeitlichen Aufwand für die Gewinnung von Informationen umfassen, spielt die Effizienz der Abwicklung von Transaktionen eine wesentliche Rolle im Rahmen der Realisierung der produktbezogenen Innovativität. Daraus kann gefolgert werden, dass die Gewinnung von Informationen durch die Hierarchie bei hoher Spezifität die produktbezogene Innovativität eher positiv beeinflusst als die Gewinnung von Informationen durch den Markt bzw. die Hybridform. Zudem lässt sich ableiten, dass die Gewinnung von Informationen durch den Markt bzw. die Hierarchie bei hoher Unsicherheit die produktbezogene Innovativität eher positiv beeinflusst als die Gewinnung von Informationen durch die Hybridform (vgl. Abbildung 2-9).

Abbildung 2-9: Vorteilhaftigkeit der Koordinationsformen zur Gewinnung von Informationen in Abhängigkeit der Merkmale Spezifität und Unsicherheit (in Anlehnung an Williamson 1991a)

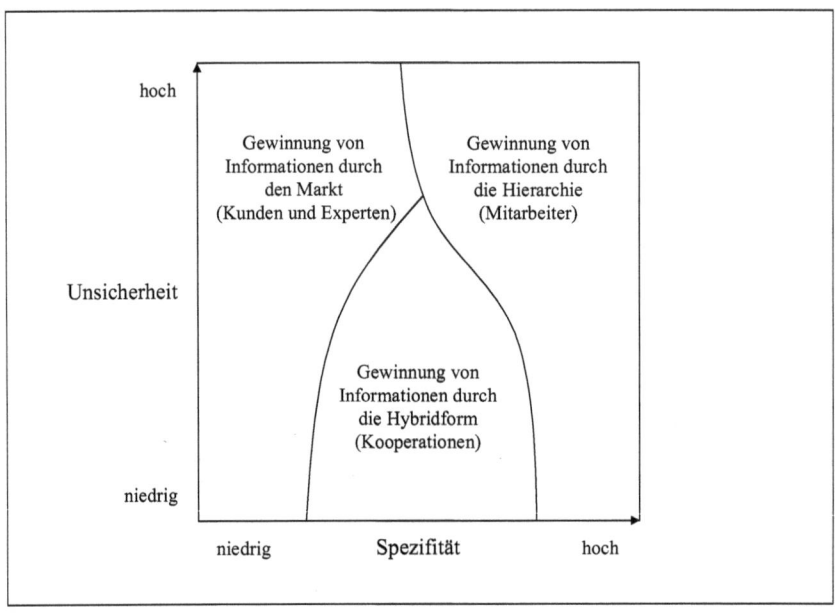

2.3.5 Zusammenfassende Würdigung der theoretischen Bezugspunkte

In diesem Abschnitt sollen die theoretischen Bezugspunkte der vorangehenden Abschnitte 2.3.1 bis 2.3.4 zunächst vergleichend gegenübergestellt werden. Abschließend werden die Erklärungsbeiträge der theoretischen Bezugspunkte für die vorliegende Arbeit zusammenfassend dargestellt.

Die Gegenüberstellung der vier theoretischen Bezugspunkte soll mithilfe von fünf Aspekten erfolgen. Dazu zählen die zentralen Verhaltensannahmen, die Untersuchungsgegenstände, die zentralen Gestaltungsvariablen, die Erfolgskriterien und die Betrachtungsperspektiven.

Die Anwendung von unterschiedlichen theoretischen Bezugspunkten in einem Untersuchungsmodell ist nur möglich, wenn die Konsistenz der *zentralen Verhaltensannahmen* in hinreichendem Maß gegeben ist (vgl. Fritz 1995; Stock 2003, S. 86). Mit Blick auf die Gegenüberstellung in Tabelle 2-13 ist zu konstatieren, dass alle theoretischen Bezugspunkte von beschränkter Rationalität der Individuen ausgehen (vgl. Barney 1991; Grant 1996b; Stiglitz 2000; Williamson 1991a).

Tabelle 2-13: Vergleichende Gegenüberstellung der theoretischen Bezugspunkte

	Ressourcen-basierter Ansatz	**Wissensbasierter Ansatz**	**Informations-ökonomie**	**Transaktions-kostentheorie**
Zentrale Verhaltens-annahmen	Beschränkte Rationalität; Opportunismus	Beschränkte Rationalität; Opportunismus	Beschränkte Rationalität; Opportunismus	Beschränkte Rationalität; Opportunismus
Untersuchungs-gegenstand	Ressourcen und Unterschiede zwischen Unternehmen bzw. strategischer Wettbewerbsvorteil	Wissensintegration und strategischer Wettbewerbsvorteil	Unsicherheit durch Informations-asymmetrie	Transaktionen bei Spezifität und Unsicherheit sowie unterschiedlichen Organisations-formen
Zentrale Gestaltungs-variablen	Fähigkeiten des Unternehmens	Koordinations-mechanismen zur Integration von Wissen	Screening (Gewinnung von Informationen) und Signaling	Koordinations-mechanismen
Erfolgskriterium	Ressourcen	Integration von Wissen	Höhe der Kosten zur Gewinnung von Informationen; Signalingkosten	Höhe der Transaktionskosten
Zentrale Vertreter	Wernerfelt (1984); Barney (1986); Grant (1991)	Grant (1996b)	Akerlof (1970); Kaas (1990, 1991); Spence (1973); Stiglitz (2000); Weiber/Adler (1995)	Coase (1937); Williamson (1991a,b)

Des Weiteren wird in den Arbeiten zu den theoretischen Bezugspunkten von opportunistischem Verhalten ausgegangen (vgl. u.a. Mahoney 2001; Stiglitz 2000; Williamson 1991a). In Bezug auf die Untersuchungsgegenstände, die zentralen Gestaltungsvariablen und die Erfolgskriterien weisen die theoretischen Bezugspunkte Unterschiede auf. Vor diesem Hintergrund werden die theoretischen Bezugspunkte zur Erklärung von unterschiedlichen Aspekten der Untersuchung herangezogen.

Wie in Abschnitt 1.2 erläutert, sollen in der vorliegenden Arbeit zum einen die Auswirkungen der Gewinnung von Informationen aus den zentralen Quellen und der Integration von Informationen auf die produktbezogene Innovativität untersucht werden. Zum anderen beschäftigt sich die vorliegende Arbeit mit moderierenden Effekten auf den Zusammenhang zwischen der Gewinnung von Informationen aus den zentralen Quellen und der produktbezogenen Innovativität. Deshalb wird der Erklärungsbeitrag der theoretischen Bezugspunkte mit Blick auf diese Effekte im Folgenden zusammengefasst.

Zur Fundierung des Zusammenhangs zwischen der Gewinnung von Informationen aus den zentralen Quellen und der produktbezogenen Innovativität können alle vier theoretischen Bezugspunkte herangezogen werden. Die Transaktionskostentheorie liefert einen theoretischen Rahmen zur Einordnung der zentralen Quellen zur Gewinnung von Informationen.

Der Ressourcenbasierte Ansatz und der Wissensbasierte Ansatz betonen, dass Ressourcen, insbesondere Informationen bzw. Wissen, für die Realisierung von nachhaltigen Wettbewerbsvorteilen von großer Bedeutung sind. Die produktbezogene Innovativität wird in diesem Zusammenhang als nachhaltiger Wettbewerbsvorteil aufgefasst (vgl. Leonard-Barton 1995). Den Aussagen der Informationsökonomie folgend, kann die produktbezogene Innovativität gesteigert werden, wenn Informationsasymmetrien abgebaut werden. Informationsasymmetrien werden hierbei mithilfe der Gewinnung von Informationen reduziert.

Zur theoretischen Fundierung des Zusammenhangs zwischen der Integration von Informationen und der produktbezogenen Innovativität leisten der Ressourcenbasierte Ansatz und der Wissensbasierte Ansatz einen wichtigen Erklärungsbeitrag. Vor allem der Wissensbasierte Ansatz liefert wertvolle Aussagen für die Untersuchung. Im Rahmen dieses Ansatzes wird davon ausgegangen, dass die Integration von Wissen die Realisierung von Wettbewerbsvorteilen fördert. Folglich kann unterstellt werden, dass die Integration von Informationen die produktbezogene Innovativität positiv beeinflusst.

Die theoretische Fundierung der moderierenden Effekte stützt sich auf die Informationsökonomie und die Transaktionskostentheorie. Die zwei theoretischen Bezugspunkte lassen sich heranziehen, um Aussagen darüber zu treffen, unter welchen Bedingungen die Gewinnung von Informationen aus den zentralen Quellen die produktbezogene Innovativität beeinflusst. Aus der Transaktionskostentheorie lässt sich vor allem ableiten, dass bei hoher Spezifität die Gewinnung von Mitarbeiterinformationen am ehesten zu Realisierung von produktbezogener Innovativität führt. Im Rahmen der Hypothesenbildung (vgl. Abschnitt 3.1.2 bzw. 3.2.2) werden die Aussagen zur Anwendung der theoretischen Bezugspunkte vertieft.

3 Entwicklung der Untersuchungsmodelle

Die Entwicklung der beiden Untersuchungsmodelle erfolgt auf Basis der definitorischen Grundlagen (vgl. Abschnitt 2.1), der Literaturbestandsaufnahme (vgl. Abschnitt 2.2) und der theoretischen Bezugspunkte (vgl. Abschnitt 2.3). Das erste Untersuchungsmodell setzt sich mit Forschungsfrage 3 auseinander. Dabei geht es um den indirekten Effekt, d.h., die Frage, welche Rolle die Integration von Informationen als Bindeglied zwischen der Gewinnung von Informationen und der produktbezogenen Innovativität spielt. Das zweite Untersuchungsmodell beschäftigt sich mit den Forschungsfragen 4 und 5. Der direkte Effekt der Gewinnung von Informationen auf die produktbezogene Innovativität wird in Forschungsfrage 4 betrachtet. In Forschungsfrage 5 geht es darum, unter welchen Bedingungen der Zusammenhang zwischen der Gewinnung von Informationen und der produktbezogene Innovativität beeinflusst wird. Die Untersuchungseinheit ist in beiden Untersuchungsmodellen ein Unternehmen und dessen produktbezogene Innovativität auf der Produktprogrammebene.

3.1 Entwicklung des Untersuchungsmodells zur Integration von Informationen

Im folgenden Abschnitt wird das Untersuchungsmodell zur Integration von Informationen vorgestellt (vgl. Abschnitt 3.1.1). Anschließend werden die Hypothesen zu diesem Modell formuliert (vgl. Abschnitt 3.1.2).

3.1.1 Untersuchungsmodell im Überblick

Der Zusammenhang zwischen der Integration von Informationen und der produktbezogenen Innovativität wird in diesem Untersuchungsmodell nicht isoliert betrachtet. Vielmehr wird eine Wirkungskette unterstellt, die von der Gewinnung von Informationen aus den zentralen Quellen bis hin zum finanziellen Erfolg reicht (vgl. Abbildung 3-1). Die Konstrukte dieser Wirkungskette werden im Folgenden dargestellt und definiert. In Bezug auf die Integration von Informationen wird unterstellt, dass diese von der Gewinnung von Information aus den unterschiedlichen Quellen (d.h. Kunden, Experten, Kooperationen und Mitarbeiter) beeinflusst wird. Die Identifikation dieser Einflussgrößen geht sowohl auf die Literaturbestandsaufnahme (vgl. hierzu ausführlich Abschnitt 2.2.3) als auch auf die theoretischen Bezugspunkte (vgl. hierzu ausführlich Abschnitt 2.3.4) zurück.

Abbildung 3-1: Untersuchungsmodell zur Integration von Informationen im Überblick

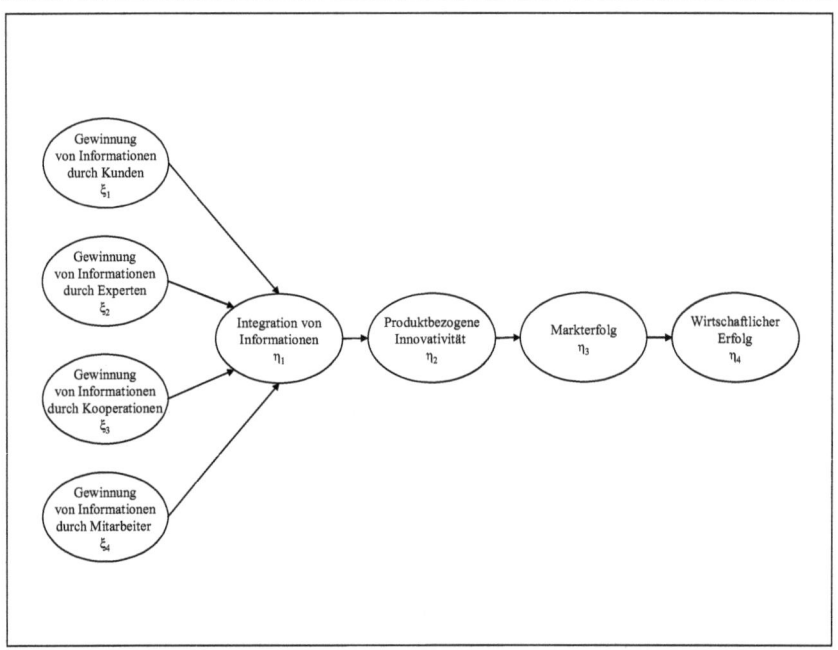

Auf Basis der Informationsökonomie (vgl. Abschnitt 2.3.3) kann das Konstrukt Gewinnung von Informationen abgeleitet werden. In Bezug auf die Quellen zur Gewinnung von Informationen liefert die Transaktionskostentheorie (vgl. Abschnitt 2.3.4) einen theoretischen Rahmen. Danach können grundsätzlich die drei Koordinationsformen Markt, Hybridform und Hierarchie unterschieden werden (vgl. Williamson 1991a). Für diese Koordinationsformen können mithilfe der Literaturbestandsaufnahme die zentralen Quellen Kunden, Experten, Kooperationen und Mitarbeiter identifiziert werden (vgl. hierzu ausführlich Abschnitt 2.2.3). Hierbei lassen sich Kunden sowie Experten der Koordinationsform Markt, Kooperationen der hybriden Koordinationsform und Mitarbeiter der Koordinationsform Hierarchie zuordnen. Demzufolge werden die folgenden vier Konstrukte unterschieden:

- Gewinnung von Informationen durch Kunden,
- Gewinnung von Informationen durch Experten,
- Gewinnung von Informationen durch Kooperationen und
- Gewinnung von Informationen durch Mitarbeiter.

Troy/Szymanski/Varadarajan (2001) heben Ideen als eine Voraussetzung zur Realisierung von produktbezogenen Innovationen hervor (vgl. hierzu auch Chandy et al. 2006; Cooper/ Kleinschmidt 1986). In diesem Zusammenhang betonen Herstatt/Lüthje (2005), dass Ideen aus Informationen hervorgehen. Die Gewinnung von Informationen stellt deshalb eine wichtige Aktivität im Rahmen der Ideenentwicklung dar (vgl. Herstatt/Lüthje 2005). Hierbei stellt sich die Frage, aus welcher Quelle Informationen gewonnen werden.

Sowohl die gesichteten Arbeiten in der Literaturbestandsaufnahme (vgl. Abschnitt 2.2) als auch die Arbeiten zur Informationsökonomie (vgl. Kaas 1990) legen die Vermutung nahe, dass Kunden - im Rahmen der Koordinationsform Markt - eine wichtige Quelle zur Gewinnung dieser Informationen darstellen. Demzufolge beschreibt die Gewinnung von Informationen durch Kunden das *Ausmaß, in dem Unternehmen die Informationen für produktbezogene Ideen von Kunden erlangen.*

In Arbeiten zum Wissensbasierten Ansatz (vgl. u.a. Grant 1996a) wird die Bedeutung spezifischen Wissens hervorgehoben. Insbesondere unternehmensexterne Experten verfügen über dieses Wissen (vgl. De Luca/Atuahene-Gima 2007, S. 98; Gerpott 2005, S. 444). In Anlehnung an Spence/Brucks (1997, S. 233) werden Experten als *Organisationen, die über spezifisches Wissen auf einem Gebiet verfügen,* definiert. In der vorliegenden Arbeit werden Experten daher als organisationale Einheit betrachtet. Beispielsweise repräsentieren Universitäten und Forschungseinrichtungen Experten auf einem bestimmten Gebiet. Die Gewinnung von Informationen durch Experten wird als zweites Konstrukt der Koordinationsform Markt untersucht. Die Gewinnung von Informationen durch Experten bezieht sich auf das *Ausmaß, in dem Unternehmen die Informationen für produktbezogene Ideen von Experten erlangen.*

Die dritte untersuchte Einflussgröße der Informationsintegration stellt die Gewinnung von Informationen durch Kooperationen dar. Die Literaturbestandsaufnahme (vgl. Abschnitt 2.2.3) und die Transaktionskostentheorie (vgl. Abschnitt 2.3.4) liefern wichtige Hinweise zur Identifikation des Konstrukts. Kooperationen stellen in der vorliegenden Arbeit eine Konzeptualisierung der hybriden Koordinationsform dar (vgl. dazu auch Brockhoff 1992; White/Lui 2005). Das Konstrukt Gewinnung von Informationen durch Kooperationen beschreibt das *Ausmaß, in dem Unternehmen die Informationen für produktbezogene Ideen aus Kooperationen erlangen.*

In der Literaturbestandsaufnahme können darüber hinaus Mitarbeiter als Quelle zur Gewinnung von Informationen identifiziert werden (vgl. Abschnitt 2.2.3). Zudem legen die Aussagen des Wissensbasierten Ansatzes zur Bedeutung des Mitarbeiterwissens (vgl. Grant 1996a) sowie die Ausführungen von Williamson (1991a) zur Hierarchie, d.h. der internen Abwicklung von Transaktionen, die Vermutung nahe, dass Mitarbeiter eine wichtige Quelle zur Gewinnung von Informationen darstellen. Die Gewinnung von Informationen durch Mitarbeiter wird definiert als das *Ausmaß, in dem Unternehmen die Informationen für produkt-bezogene Ideen von Mitarbeitern erlangen.*

In Bezug auf die vier Konstrukte zur Gewinnung von Informationen wird in der vorliegenden Arbeit angenommen, dass diese direkt die Integration von Informationen beeinflussen. Diese Annahme wird durch die Literaturbestandsaufnahme (vgl. Abschnitt 2.2.3) als auch durch den Wissensbasierten Ansatz (vgl. Abschnitt 2.3.2) untermauert. In Abschnitt 3.1.2 zur Herleitung der Hypothesen werden die unterstellten Zusammenhänge ausführlich erläutert.

Obwohl die Literatur zur Unternehmenspraxis die Bedeutung der Integration von Informationen betont (vgl. Hansen/Birkinshaw 2007), existieren in der Innovationsforschung dazu bislang relativ wenige empirische Arbeiten. Die Literaturbestandsaufnahme (vgl. Abschnitt 2.2) und die theoretischen Bezugspunkte (vgl. Abschnitt 2.3) zeigen, dass sich Integration von Informationen sowohl auf die Analyse von Informationen als auch auf die Verbreitung von Informationen bezieht. Demzufolge wird das Konstrukt Integration von Informationen in der vorliegenden Arbeit anhand dieser zwei Dimensionen konzeptualisiert.

Die *Analyse von Informationen* kann auf Basis des Wissensbasierten Ansatzes (vgl. Abschnitt 2.3.2) und ausgewählter Arbeiten der Literaturbestandsaufnahme (vgl. u.a. Zhou/Yim/Tse 2005) abgeleitet werden. Nach dem Wissensbasierten Ansatz können Informationen nur mithilfe bestimmter Mechanismen effizient integriert werden (vgl. hierzu ausführlich Abschnitt 2.3.2 zum Wissensbasierten Ansatz). Im Kern dieser Mechanismen steht die Strukturierung von Wissen (vgl. Schmickl/Kieser 2008). Es ist naheliegend, dass die Strukturierung von Wissen eine Interpretation des Wissens, d.h. Analyse des Wissens, voraussetzt. Dazu führt Hult (2003, S. 193) aus: „Crucial components of knowledge development include the mechanism for evaluating the quality and usefulness of the processed information, the mechanism for developing a shared understanding of the information". Parallel dazu wird in Arbeiten zum organisationalen Lernen die Analyse von Informationen als wesentlicher Bestandteil des Lernens aufgefasst (vgl. Day 1994; Homburg/Groz-danovic/Klarmann 2007; Huber 1991; Sinkula 1994; Zhou/Yim/Tse 2005). Darüber hinaus wird in der Arbeit von De Luca/Atuahene-Gima (2007, S. 97) hervorgehoben, dass Integrationsmechanismen die Analyse von Informationen umfassen. Demzufolge wird die Integration von Informationen anhand des Konstrukts Analyse von Informationen kon-zeptualisiert. Die Analyse von Informationen wird verstanden als das *Ausmaß, in dem Informationen zu produktbezogenen Innovationen untersucht werden.*

Die Auswahl des Konstrukts *Verbreitung von Informationen* erfolgt ebenfalls auf Basis des Wissensbasierten Ansatzes (vgl. Abschnitt 2.3.2) und der Literaturbestandsaufnahme zu informationsbezogenen Einflussgrößen der produktbezogenen Innovativität (vgl. Abschnitt 2.2.3). In Arbeiten zum Wissensbasierten Ansatz wird betont, dass die Verteilung von Informationen eine wichtige Facette von Integrationsmechanismen darstellt (vgl. De Luca/

Atuahene-Gima 2007). Der Ansatz der Marktorientierung (vgl. Jaworski/Kohli 1993; Kohli/ Jaworski 1990) hebt zudem die Relevanz der Verbreitung von Informationen im Unternehmen hervor. Auf diesen Ansatz stützt sich eine Reihe von Arbeiten der Literaturbestandsaufnahme (vgl. u.a. Li/Calantone 1998; Zhou/Yim/Tse 2005). Dabei wird betont: „Responding effectively to a market need requires the participation of virtually all departments in an organization" (Kohli/Jaworski 1990, S. 1). Es ist also anzunehmen, dass die Verbreitung von Informationen einen wichtigen Aspekt zur Integration von Informationen darstellt. Daher wird die Verbreitung von Informationen als zweite Dimension des Konstrukts Integration von Informationen ausgewählt und verstanden als *Ausmaß, zu dem Informationen zu produktbezogenen Innovationen zwischen den unterschiedlichen Funktionsbereichen bzw. mit Kooperationspartnern ausgetauscht werden.*

Demzufolge umfasst die Integration von Informationen sowohl die Analyse von Informationen als auch die Verbreitung von Informationen. Die Integration wird deshalb definiert als das *Ausmaß, in dem Informationen zu produktbezogenen Innovationen untersucht sowie zwischen den unterschiedlichen Funktionsbereichen bzw. mit Kooperationspartnern ausgetauscht werden.*

Im Rahmen des Untersuchungsmodells zur Integration von Informationen wird davon ausgegangen, dass die Integration von Informationen die produktbezogene Innovativität beeinflusst (vgl. Abbildung 3-1). Diese Annahme basiert vor allem auf dem Wissensbasierten Ansatz (vgl. Abschnitt 2.3.2) als auch auf ausgewählten Arbeiten der Literaturbestandsaufnahme (vgl. Abschnitt 2.2.3).

Wie in Abschnitt 2.1.2.1 bereits ausführlich erläutert, wird die produktbezogene Innovativität anhand von drei Dimensionen konzeptualisiert. So bezieht sich die produktbezogene Innovativität auf den *Grad der Neuartigkeit von Produkten, den Grad des Nutzens neuartiger Produkte und die Häufigkeit der Markteinführung von neuartigen Produkten eines Unternehmens in der Wahrnehmung von Kunden des Unternehmens.*

Der Zusammenhang zwischen der Integration von Informationen und der produktbezogenen Innovativität wird in der vorliegenden Arbeit nicht isoliert betrachtet. So wird von einer Wirkungskette ausgegangen, in welcher sich die produktbezogene Innovativität direkt auf den Markterfolg auswirkt (vgl. Abbildung 3-1). Zudem untermauern die Arbeiten der Literaturbestandsaufnahme (vgl. Abschnitt 2.2.4) diese Annahme. Der Markterfolg wird in der vorliegenden Arbeit verstanden als *Effektivität der Marktbearbeitung eines Unternehmens* (vgl. Stock-Homburg 2007).

Abschließend wird im Rahmen des Untersuchungsmodells zur Integration von Informationen davon ausgegangen, dass der Markterfolg den wirtschaftlichen Erfolg beeinflusst (vgl. Abbildung 3-1). Dabei wird unterstellt, dass Unternehmen, die erfolgreich auf dem Markt sind,

tendenziell auch wirtschaftlich erfolgreich sind. Ergebnisse aus der Kundenzufriedenheits-
und Kundenloyalitätsforschung (vgl. u.a. Anderson/Sullivan 1993; Rust/Zaborik 1993) bzw.
der Erfolgsmessung im Marketingbereich (vgl. u.a. Ambler/Kokkinaki 1997) stützen diese
Annahme. Darüber hinaus können Stock-Homburg (2007) und Pflesser (1999) in ihrer
empirischen Untersuchung einen positiv signifikanten Effekt des Markterfolgs auf den
wirtschaftlichen Erfolg nachweisen.

3.1.2   Herleitung der Hypothesen

Die ersten vier Hypothesen widmen sich dem Einfluss der Gewinnung von Informationen aus
den unterschiedlichen Quellen auf die Integration von Informationen. Auf Basis der Literaturbestandsaufnahme (vgl. Abschnitt 2.2.3) und in Anlehnung an die in der Transaktionskostentheorie unterschiedenen Koordinationsformen Markt, Hybridform und Hierarchie (vgl. Abschnitt 2.3.4), werden in der vorliegenden Arbeit vier Quellen zur Gewinnung von
Informationen unterschieden:

- Kunden (Hypothese H_{1a}),
- Experten (Hypothese H_{1b}),
- Kooperationen (Hypothese H_2) und
- Mitarbeiter (Hypothese H_3).

In Hypothese H_{1a} wird der Zusammenhang zwischen der Gewinnung von Informationen
durch Kunden und der Integration von Informationen betrachtet. Dieser Zusammenhang wird
mithilfe des Ressourcenbasierten Ansatzes (vgl. Abschnitt 2.3.1) und des Wissensbasierten
Ansatzes (2.3.2) begründet. In den Arbeiten zum Ressourcenbasierten Ansatz wird betont,
dass die „ability of a firm to recognize the value of new, external information" (Cohen/
Levinthal 1990, S. 128) eine wichtige Rolle zur Realisierung von Wettbewerbsvorteilen
spielt. Parallel dazu heben Arbeiten zur Marktorientierung die Relevanz der Gewinnung von
Informationen durch Kunden hervor (vgl. u.a. Jaworski/Kohli 1993; Kohli/Jaworski 1990).

Mit dem Ausmaß der Gewinnung von Informationen durch Kunden ist ein Anstieg der
Heterogenität der Informationen verbunden (vgl. De Luca/Atuahene-Gima 2007; Grant
1996a), wie beispielsweise Informationen über die unterschiedlichen Bedürfnisse einzelner
Kunden. Dazu kommt, dass sich Kundenbedürfnisse zu einem gewissen Grad im Zeitverlauf
verändern. Dadurch können auch die im Zeitverlauf durch Kunden gewonnenen
Informationen variieren (vgl. De Luca/Atuahene-Gima 2007).

Die Heterogenität von Informationen erschwert jedoch die einfache Weitergabe von
Informationen zwischen unterschiedlichen Funktionsbereichen im Unternehmen (vgl.
Galunic/Rodan 1998), beispielsweise aufgrund von Abstimmungsschwierigkeiten und Inter-

pretationsspielräumen. In diesem Zusammenhang hebt der Wissensbasierte Ansatz zudem hervor, dass die einfache Weitergabe von Informationen nicht effizient ist. Da Unternehmen darauf angewiesen sind, dass alle Funktionsbereiche effizient mit relevanten Informationen versorgt werden, entwickeln Unternehmen Mechanismen, um Informationen im Unternehmen zu integrieren (vgl. De Luca/Atuahene-Gima 2007; Grant 1996a). Hierbei wird betont, dass vor allem die Analyse von Informationen und die Verbreitung von Informationen eine wichtige Rolle spielen, um Informationen im Unternehmen zu integrieren (vgl. De Luca/Atuahene-Gima 2007; Schmickl/Kieser 2008).

Einen weiteren Hinweis auf den Zusammenhang zwischen der Gewinnung von Informationen durch Kunden und der Integration von Informationen liefern empirische Arbeiten der Innovationsforschung. So kann in der Untersuchung von De Luca/Atuahene-Gima (2007) beispielsweise gezeigt werden, dass umfassendes Wissen u.a. über Kunden die Integration von Wissen positiv beeinflusst. Auf Basis des Ressourcenbasierten Ansatzes, des Wissensbasierten Ansatzes sowie der empirischen Befunde wird also die folgende Hypothese formuliert:

H_{1a}: Die Gewinnung von Informationen durch Kunden hat einen positiven Einfluss auf die Integration von Informationen.

Hypothese H_{1b} befasst sich mit dem Zusammenhang zwischen der Gewinnung von Informationen durch Experten und der Integration von Informationen. Die Begründung dieses Zusammenhangs erfolgt auf Basis der Arbeiten zum Wissensbasierten Ansatz (vgl. Abschnitt 2.3.2). Experten, wie beispielsweise Universitäten und Beratungsunternehmen, verfügen über spezifisches Wissen auf Ihrem jeweiligen Fachgebiet (vgl. Glaser 1999). Unternehmen können also in einem hohen Maße spezifische Informationen von Experten gewinnen. Aufgrund ihrer Spezifität können spezifische Informationen schnell an Wert zu verlieren. In diesem Zusammenhang wird betont, dass sich ein drohender Wertverlust von Wissen auf die Entstehung von Regeln bzw. Normen zur Entscheidungsfindung, wie beispielsweise funktionsübergreifende Treffen, auswirkt (vgl. De Luca/Atuahene-Gima 2007). Regeln stellen einen Mechanismus zur effizienten Integration von Wissen in Unternehmen dar (vgl. Grant 1996b). Demnach führen Informationen von Experten zu einer relativ effizienten Verbreitung im Unternehmen (vgl. De Luca/Atuahene-Gima 2007). Darüber hinaus argumentieren Galunic/Rodan (1998, S. 1197), dass die Gewinnung von Informationen durch Experten eine Spezialisierung in der Zusammenarbeit mit den Experten erfordert. Unternehmen versuchen daher Schwierigkeiten im Rahmen der funktionsübergreifenden Kommunikation entgegen zu treten und in einem bestimmten zeitlichen Rahmen Informationen über unterschiedliche Funktionsbereiche hinweg zu verbreiten (vgl. De Luca/Atuahene-Gima 2007). Im Rahmen der Zusammenarbeit mit Experten werden die gewonnenen Informationen im Unternehmen integriert. Daher wirkt sich die Gewinnung von Informationen durch Experten auf die Integration von Informationen aus. Demzufolge lautet die folgende Hypothese:

H_{1b}: *Die Gewinnung von Informationen durch Experten hat einen positiven Einfluss auf die Integration von Informationen.*

Die Hypothese H_2 bezieht sich auf den Zusammenhang zwischen der Gewinnung von Informationen durch Kooperationen und der Integration von Informationen. Die Begründung des Zusammenhangs erfolgt mithilfe des Ressourcenbasierten Ansatzes (vgl. Abschnitt 2.3.1) und des Wissensbasierten Ansatzes (vgl. Abschnitt 2.3.2).

In Arbeiten zum Ressourcenbasierten Ansatz wird hervorgehoben, dass strategische Wettbewerbsvorteile mithilfe der Ressourcen von Kooperationspartnern realisiert werden können (vgl. Dyer/Singh 1998). Die Bedeutung von Kooperationen wird insbesondere darauf zurückgeführt, dass Kooperationspartner über komplementäre Ressourcen, d.h. in diesem Zusammenhang komplementäres Wissen, verfügen (vgl. Dyer/Singh 1998; Grant/Baden-Fuller 2004; Hill/Hellriegel 1994; Shan/Walker/Kogut 1994). Komplementäre Ressourcen werden verstanden als: „Distinctive resources [...] that collectively generate greater rents than the sum of those obtained from the individual endowments of each partner" (Dyer/Singh 1998, S. 667). Die simple, funktionsübergreifende Weitergabe von komplementären Informationen, die aus Kooperationen gewonnen werden, wird jedoch nicht als effizient angesehen (vgl. Grant/Baden-Fuller 2004). Als Grund dafür lässt sich die notwendige Identifikation von relevanten Informationen anführen. Im Rahmen der Gewinnung von Informationen durch Kooperationen ist die Trennung von komplementären und nicht-komplementären bzw. unwichtigen Informationen notwendig. Darüber hinaus können sich die komplementären Informationen des Kooperationspartners in ihrer Breite bzw. Tiefe im Vergleich zu den Informationen im Unternehmen unterscheiden. Bei der simplen Weitergabe der Informationen besteht deshalb beispielsweise Risiko in Bezug auf die Entstehung von Fehlinterpretationen und Unsicherheit (vgl. Germain/Droge 1997). Deshalb steigt mit der Gewinnung von Informationen durch Kooperationen die Bedeutung von Mechanismen zur Integration von Informationen (vgl. Grant/Baden-Fuller 2004, S. 69). Die Gewinnung von Informationen durch Kooperationen beeinflusst daher die Integration von Informationen. Demzufolge wird die folgende Hypothese aufgestellt:

H_2: *Die Gewinnung von Informationen durch Kooperationen hat einen positiven Einfluss auf die Integration von Informationen.*

Die dritte Hypothese bezieht sich auf den Zusammenhang zwischen der Gewinnung von Informationen durch Mitarbeiter und der Integration von Informationen. Die Hypothese wird auf Basis von Arbeiten zum Wissensbasierten Ansatz (vgl. Abschnitt 2.3.2) abgeleitet. Nach dem Wissensbasierten Ansatz verfügen die Mitarbeiter eines Unternehmens jeweils über spezifisches Wissen (Grant 1996a, S. 377). Aufgrund des spezifischen Wissens einzelner Mitarbeiter können in den unterschiedlichen Funktionsbereichen eines Unternehmens eigene „thought worlds" (Leonard-Barton 1992) entstehen. Die einfache Weitergabe von Informationen über Funktionsbereiche hinweg ist deshalb mit Schwierigkeiten in der Kommunikation verbunden und somit ineffizient (vgl. De Luca/Atuahene-Gima 2007; Grant 1996a,b; Szulanski 1996). Daher benötigen Unternehmen Mechanismen zur Integration von Informationen „to ensure early settlement of communication difficulties" (De Luca/Atuahene-Gima 2007, S. 98). Mithilfe dieser Mechanismen wird gewährleistet, dass in den unterschiedlichen Funktionsbereichen im Unternehmen Informationen effizienter interpretiert werden können (vgl. Hoopes/Postrel 1999). Es wird also davon ausgegangen, dass die Gewinnung von Informationen durch Mitarbeiter die Integration von Informationen beeinflusst. Daher lautet die folgende Hypothese:

H_3: Die Gewinnung von Informationen durch Mitarbeiter hat einen positiven Einfluss auf die Integration von Informationen.

In der vierten Hypothese wird auf den Zusammenhang zwischen der Integration von Informationen und der produktbezogenen Innovativität eingegangen (vgl. Abbildung 3-1). Die Begründung des Zusammenhangs erfolgt auf Basis des Wissensbasierten Ansatzes (vgl. Abschnitt 2.3.2) und der Literaturbestandsaufnahme (vgl. Abschnitt 2.2).

Nach dem Wissensbasierten Ansatz hat die Integration von Informationen einen wesentlichen Einfluss auf die Realisierung von Wettbewerbsvorteilen (vgl. Grant 1996a, S. 380). In der Literatur wird die produktbezogene Innovativität als entscheidender Wettbewerbsvorteil hervorgehoben (vgl. Leonard-Barton 1992).

Die Realisierung von Wettbewerbsvorteilen lässt sich nach dem Wissensbasierten Ansatz im Wesentlichen darauf zurückführen, dass mithilfe der Integration von Informationen die Wahrscheinlichkeit steigt, effizient Lösungen im Produktentwicklungsprozess zu finden (vgl. De Luca/Atuahene-Gima 2007). Zudem können mithilfe der Integration von Informationen, beispielsweise in Form von funktionsübergreifenden Treffen, Informationen periodisch überprüft werden. Dadurch kann die Qualität in der Entscheidungsfindung gesteigert werden. Aufgrund der Einbindung von unterschiedlichen Funktionsbereichen durch die Integration von Informationen werden zudem unterschiedliche Aspekte im Entwicklungsprozess berücksichtigt. Dadurch wird die Realisierung einer produktbezogenen Innovativität positiv beeinflusst (vgl. De Luca/Atuahene-Gima 2007; Sheremata 2000).

Empirische Untersuchungen liefern einen weiteren Hinweis für den Einfluss der Integration von Informationen auf die produktbezogene Innovativität. In der Arbeit von Li/Calantone (1998) kann beispielsweise gezeigt werden, dass der Wissensmanagementprozess - insbesondere bestehend aus der Integration von Wissen - den Neuprodukterfolg positiv beeinflusst. Auf Basis dieser Ausführungen lautet die folgende Hypothese:

H_4: *Die Integration von Informationen hat einen positiven Einfluss auf die produktbezogene Innovativität.*

Die fünfte Hypothese bezieht sich auf den Zusammenhang zwischen der produktbezogenen Innovativität und dem Markterfolg. Die Begründung erfolgt hierbei im Wesentlichen mithilfe des Ressourcenbasierten Ansatzes (vgl. Abschnitt 2.3.1) und des Wissensbasierten Ansatzes (vgl. Abschnitt 2.3.2). Nach dem Ressourcenbasierten Ansatz und dem Wissensbasierten Ansatz stellt die Realisierung von Wettbewerbsvorteilen eine Voraussetzung für die Erzielung von Erfolg dar. Grant (1996a, S. 379) führt dazu aus: „To earn rents for the firm [...] depends upon [...] creating and sustaining advantage". Die Realisierung von Wettbewerbsvorteilen erfordert vor allem die Erfüllung von Kundenbedürfnissen. Grant (1996a) argumentiert hierzu: „A firm's productive activities must correspond to a market need" (vgl. Grant 1996a, S. 379). Daraus lässt sich folgern, dass die produktbezogene Innovativität, die in der vorliegenden Arbeit u.a. mithilfe der Dimension Grad des Nutzens von neuartigen Produkten konzeptualisiert wird, die Höhe des Markterfolgs positiv beeinflusst.

Darüber hinaus betont eine Reihe von Arbeiten, dass die Unternehmensreputation den Erfolg von Unternehmen positiv beeinflusst (vgl. u.a. Olavarrieta/Friedmann 2008; Roberts/Dowling 2002). Nach Black/Carnes/Richardson (2000) stellt die Innovativität eine zentrale Facette der organisationalen Reputation dar.

Des Weiteren untermauern empirische Ergebnisse die Annahme, dass die produktbezogene Innovativität den Markterfolg beeinflusst. In der Meta-Analyse von Henard/Szymanski (2001) kann beispielsweise gezeigt werden, dass die Neuartigkeit von Produkten einen positiven Effekt auf den Neuprodukterfolg hat. Daher wird die folgende Hypothese formuliert:

H_5: *Die produktbezogene Innovativität hat einen positiven Einfluss auf den Markterfolg.*

Die sechste Hypothese beschäftigt sich mit der Auswirkung des Markterfolgs auf den wirtschaftlichen Erfolg. Die Begründung des Zusammenhangs stützt sich hierbei im Wesentlichen auf bisherige empirische Arbeiten. Beispielsweise können Pflesser (1999) und Stock-Homburg (2007) zeigen, dass der Markterfolg den wirtschaftlichen Erfolg positiv beeinflusst. Zudem kann angenommen werden, dass sich das Wachstum von Unternehmen in der Regel positiv auf den wirtschaftlichen Erfolg auswirkt. Daher wird die folgende Hypothese formuliert:

H_6: *Der Markterfolg hat einen positiven Einfluss auf den wirtschaftlichen Erfolg.*

3.2 Entwicklung des Untersuchungsmodells zur Gewinnung von Informationen

Das Ziel des vorliegenden Abschnitts ist die Entwicklung des Untersuchungsmodells zur Gewinnung von Informationen. Hierbei soll ein wesentlicher Beitrag zur Beantwortung der dritten und vierten Forschungsfrage geleistet werden. Hinsichtlich des Untersuchungsmodells zur Integration von Informationen (vgl. Abschnitt 3.1) wurde angenommen, dass der Zusammenhang zwischen der Gewinnung von Informationen und der produktbezogenen Innovativität durch die Integration von Informationen mediiert wird. Die Literaturbestandsaufnahme (vgl. Abschnitt 2.2.3) und die theoretischen Bezugspunkte (vgl. Abschnitt 2.3) liefern darüber hinaus Hinweise dahin gehend, dass die Gewinnung von Informationen die produktbezogene Innovativität direkt beeinflusst (Forschungsfrage 4). Zudem kann auf Basis der theoretischen Bezugspunkte davon ausgegangen werden, dass die Zusammenhänge zwischen der Gewinnung von Informationen aus den zentralen Quellen und der produktbezogenen Innovativität unter bestimmten Bedingungen stärker bzw. schwächer sind (Forschungsfrage 5).

In Abschnitt 3.1.1 wird zunächst das Untersuchungsmodell zur Gewinnung von Informationen überblicksartig dargestellt, welches sich im Wesentlichen auf die theoretischen Bezugspunkte (vgl. Abschnitt 2.3) und die Ergebnisse der Literaturbestandsaufnahme (vgl. Abschnitt 2.2) stützt. Im Anschluss werden in Abschnitt 3.2.2 die Hypothesen zu diesem Untersuchungsmodell formuliert.

3.2.1 Untersuchungsmodell im Überblick

Im Fokus des vorliegenden Untersuchungsmodells steht der direkte Zusammenhang zwischen der Gewinnung von Informationen und der produktbezogenen Innovativität. Hierbei wird jedoch keine isolierte Betrachtung der Zusammenhänge vorgenommen, sondern ebenfalls von einer Wirkungskette ausgegangen (vgl. hierzu die Ausführungen zum Untersuchungsmodell zur Integration von Informationen in Abschnitt 3.1). Die Wirkungskette des vorliegenden

Modells beginnt bei den Konstrukten zur Gewinnung von Informationen und endet mit dem wirtschaftlichen Erfolg (vgl. Abbildung 3-2). Im vorliegenden Untersuchungsmodell werden neben den direkten Effekten des Zusammenhangs zwischen der Gewinnung von Informationen und der produktbezogenen Innovativität auch moderierende Effekte betrachtet.

In Bezug auf die *direkten Effekte* des Untersuchungsmodells wird angenommen, dass die Gewinnung von Informationen die produktbezogene Innovativität beeinflusst. Der unterstellte Zusammenhang im Wesentlichen durch die empirischen Arbeiten der Literaturbestandsaufnahme (vgl. Abschnitt 2.2.3) sowie die Informationsökonomie (vgl. Abschnitt 2.3) gestützt. In den Arbeiten zur Informationsökonomie (vgl. Abschnitt 2.3.3) wird hervorgehoben, dass die Gewinnung von Informationen einen wichtigen Faktor zur Realisierung von Innovationen darstellt (vgl. u.a. Kaas 1990).

Abbildung 3-2:   Untersuchungsmodell zur Gewinnung von Informationen im Überblick

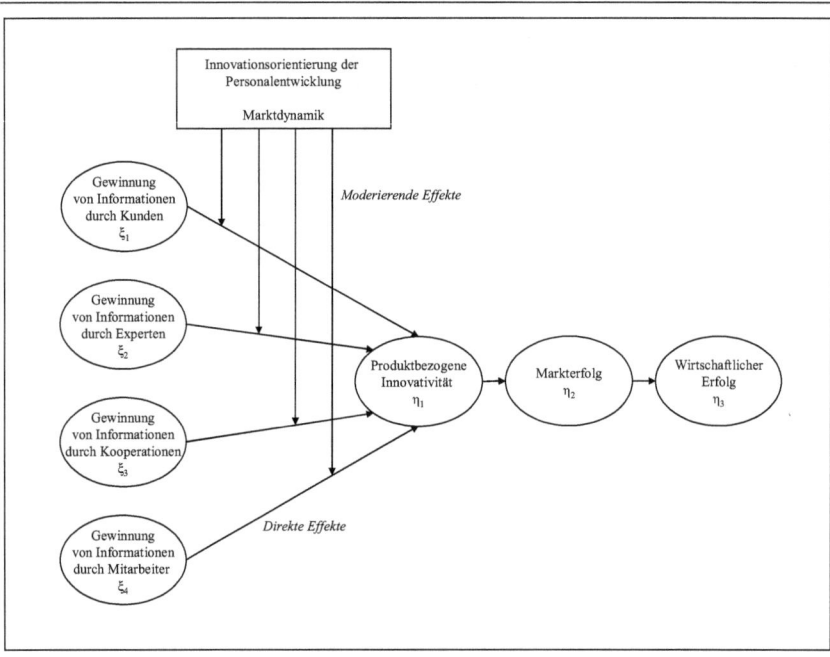

Die Konstrukte zur Gewinnung von Informationen wurden bereits in Abschnitt 3.1.1 ausführlich diskutiert. Deshalb soll an dieser Stelle nicht weiter auf diese Konstrukte eingegangen werden. Wie oben angedeutet, wird der Zusammenhang zwischen der Gewinnung von Informationen und der produktbezogenen Innovativität nicht isoliert betrachtet. So wird in diesem Untersuchungsmodell zum einen ein positiver Effekt der produktbezogenen

Innovativität auf den Markterfolg als auch ein positiver Effekt des Markterfolgs auf den wirtschaftlichen Erfolg unterstellt (vgl. hierzu auch Abschnitt 3.1.1).

Neben den direkten Effekten werden im vorliegenden Untersuchungsmodell auch *moderierende Effekte* betrachtet. Nach Baron/Kenny (1986, S. 1174) wird der Begriff Moderator definiert als eine „variable that affects the direction and/or strength of the relation between an independent or predictor variable and a dependent or criterion variable". Die Auswahl der Moderatoren erfolgt hier im Wesentlichen auf Basis der Transaktionskostentheorie (vgl. hierzu ausführlich Abschnitt 2.3.4). Der Transaktionskostentheorie zufolge haben die Transaktionsmerkmale Spezifität und Unsicherheit einen wesentlichen Einfluss auf die Höhe der Kosten zur Abwicklung von Transaktionen.

Nach der Transaktionskostentheorie ist bei hoher Spezifität die Abwicklung von Transaktionen über die Koordinationsform Hierarchie effizienter als über die Koordinationsform Markt bzw. die Hybridform (vgl. Williamson 1991a). Die Transaktionskosten können zu einem wesentlichen Teil als zeitlicher Aufwand anfallen (vgl. Choudhury/Sampler 1997; Jacobides/Winter 2005). Zeit wird wiederum als „critical in product innovation" (Eisenhardt/Tabrizi 1995, S. 84) angesehen (vgl. hierzu auch Chandy et al. 2006; Tatikonda/Montoya-Weiss 2001). Deshalb geht die vorliegende Arbeit von der Annahme aus, dass die Gewinnung von Informationen durch die Hierarchie (Mitarbeiter) die produktbezogene Innovativität bei hoher Spezifität stärker positiv beeinflusst als bei niedriger Spezifität und die Gewinnung von Informationen durch den Markt (Kunden, Experten) bei hoher Spezifität einen negativen Effekt auf die produktbezogene Innovativität hat.

Im Rahmen der Transaktionskostentheorie wird eine Reihe von unterschiedlichen Arten der Spezifität diskutiert (vgl. hierzu ausführlich Abschnitt 2.3.4 zur Transaktionskostentheorie). Am häufigsten wird dabei die „human-asset specificity" (Williamson 1991a, S. 281) untersucht, deren Konzeptualisierung in der vorliegenden Arbeit mithilfe des Wissensbasierten Ansatzes (vgl. Abschnitt 2.3.2) erfolgt. Im Rahmen des Wissensbasierten Ansatzes wird die Bedeutung des Wissens von Mitarbeitern zur Realisierung von Innovationen hervorgehoben (vgl. Grant 1996a). Die Entwicklung von Mitarbeitern stellt einen wesentlichen Faktor dar, um das Wissen von Mitarbeitern, d.h. humane Werte, auf- und auszubauen. Demzufolge wird die „human asset"-Spezifität durch das Konstrukt *Innovationsorientierung der Personalentwicklung* konzeptualisiert. Die Innovationsorientierung der Personalentwicklung wird verstanden als das *Ausmaß, in dem die Kenntnisse der Mitarbeiter kontinuierlich auf- und ausgebaut werden, mit dem Ziel produktbezogene Innovationen zu realisieren.*

Wie oben erläutert, lässt sich auf Basis der Transaktionskostentheorie die Unsicherheit als zweiter Moderator ableiten. Den Aussagen der Transaktionskostentheorie folgend, ist bei hoher Unsicherheit die Abwicklung von Transaktionen über die hybride Koordinationsform mit höheren Transaktionskosten verbunden als die Abwicklung von Transaktionen über den

Markt bzw. die Hierarchie. Daher wird davon ausgegangen, dass die Gewinnung von Informationen durch Kooperationen bei hoher Unsicherheit die produktbezogene Innovativität stärker negativ beeinflusst als bei niedriger Unsicherheit.

In einer Reihe von Arbeiten wird die Marktdynamik als eine zentrale Facette der Unsicherheit angesehen (vgl. u.a. Homburg/Workman/Krohmer 1999; Stock 2003). Dementsprechend wird in der vorliegenden Arbeit die Unsicherheit anhand der Marktdynamik konzeptualisiert. Nach Stock (2003) bezieht sich die Marktdynamik auf die *Häufigkeit bedeutender Veränderungen auf dem Absatzmarkt eines Anbieterunternehmens.*

3.2.2 Herleitung der Hypothesen

Wie in Abschnitt 3.2.1 erläutert, werden im Untersuchungsmodell zur Gewinnung von Informationen sowohl direkte als auch moderierende Effekte unterstellt. Die Hypothesen zu den direkten Effekten werden in Abschnitt 3.2.2.1 hergeleitet. Anschließend erfolgt in Abschnitt 3.2.2.2 die Formulierung der Hypothesen zu den moderierenden Effekten.

3.2.2.1 Herleitung der Hypothesen zu den Haupteffekten

In diesem Abschnitt werden die Hypothesen zu den Haupteffekten des vorliegenden Untersuchungsmodells formuliert. Die Zusammenhänge zwischen der Gewinnung von Informationen aus den zentralen Quellen und der produktbezogenen Innovativität werden, wie in Abschnitt 3.2.1 erläutert, nicht isoliert betrachtet. Die unterstellte Wirkungskette reicht von der Gewinnung von Informationen aus den zentralen Quellen bis hin zum wirtschaftlichen Erfolg. Hierbei unterscheidet sich das vorliegende Untersuchungsmodell vom Modell zur Integration von Informationen (vgl. Abschnitt 3.1.1) dahin gehend, dass direkte Effekte zwischen den Konstrukten zur Gewinnung von Informationen und der produktbezogenen Innovativität betrachtet werden. In Bezug auf diesen Zusammenhang werden vier Hypothesen formuliert (H_{7a}, H_{7b}, H_8 und H_9). Wie bereits in Abschnitt 3.1.2 erläutert, werden in Anlehnung an die Transaktionskostentheorie grundsätzlich drei Kategorien von Quellen zur Informationsgewinnung unterschieden. Dabei handelt es sich um die Koordinationsformen Markt, Hybridform und Hierarchie. In Bezug auf die Koordinationsform Markt können Kunden und Experten als Quellen identifiziert werden. Hinsichtlich der hybriden Koordinationsform werden Kooperationen als Quelle erfasst. Bezüglich der Koordinationsform Hierarchie werden Mitarbeiter als Quelle identifiziert.

Die erste Hypothese bezieht sich auf den Zusammenhang zwischen der Gewinnung von Informationen durch Kunden und der produktbezogenen Innovativität. Dabei wird ein positiver Einfluss der Gewinnung von Informationen durch Kunden auf die produktbezogene

Innovativität angenommen. Die theoretische Begründung des Zusammenhangs erfolgt auf Basis der Informationsökonomie (vgl. Abschnitt 2.3.3) und Arbeiten der Literaturbestandsaufnahme (vgl. Abschnitt 2.2).

Im Kern der Informationsökonomie steht die Annahme, dass Informationen asymmetrisch verteilt sind (vgl. Kaas 1990). Aufgrund von Informationsasymmetrien zwischen Anbieter- und Kundenunternehmen (vgl. Corbett/Zhou/Tang 2004) besteht die Möglichkeit für Anbieterunternehmen neuartige Informationen von Kunden (z. B. über deren Präferenzen) zu gewinnen. Die Kenntnis über die Präferenzen der Kunden stellt nach der Informationsökonomie einen wesentlichen Erfolgsfaktor zur Realisierung von Innovationen dar (vgl. Kaas 1990).

Einen weiteren Hinweis für den positiven Einfluss der Gewinnung von Informationen durch Kunden auf die produktbezogene Innovativität liefern die empirischen Arbeiten der Literaturbestandsaufnahme (vgl. u.a. Fang 2008; Li/Calantone 1998; Veldhuizen/Hultink/Griffin 2006). Li/Calantone (1998) zeigen beispielsweise, dass der Kundenwissensmanagementprozess einen positiven Einfluss auf den Neuproduktvorteil hat. Sie begründen diesen Zusammenhang damit, dass die Gewinnung von Informationen durch Kunden es ermöglicht, „to explore innovation opportunities created by emerging market demand and reduce potential risks of misfitting buyer needs" (Li/Calantone 1998, S. 16). Zudem betonen Fang (2008) und Griffin/Hauser (1993), dass mithilfe von Informationen über Kunden Markttrends eruiert und relevante Produktattribute erkannt werden können. Des Weiteren können Informationen über Kunden Hinweise dahingehend liefern, dass bestimmte Produktmerkmale „customer benefits and of value to customers" (Cooper 1992, S. 124) sind. Diese Arbeiten untermauern somit den positiven Effekt der Gewinnung von Informationen auf die produktbezogene Innovativität. Daher wird die folgende Hypothese formuliert:

H_{7a}: Die Gewinnung von Informationen durch Kunden hat einen positiven Einfluss auf die produktbezogene Innovativität.

Wie oben erläutert, werden Experten als weitere Quelle zur Gewinnung von Informationen im Rahmen der Koordinationsform Markt aufgefasst. Daher bezieht sich die folgende Hypothese auf den Zusammenhang zwischen der Gewinnung von Informationen durch Experten und der produktbezogenen Innovativität. Zur Begründung des Einflusses der Gewinnung von Informationen durch Experten auf die produktbezogene Innovativität wird die Informationsökonomie (vgl. Abschnitt 2.3.3) herangezogen. Darüber hinaus stützt sich die Argumentation auf die Literaturbestandsaufnahme (vgl. Abschnitt 2.2).

Experten, wie beispielsweise Beratungsunternehmen, stellen eine wichtige Quelle für Markt-informationen dar (vgl. u.a. Sarvary/Parker 1997). Die Informationsökonomie postuliert, dass Marktinformationen die Realisierung von Innovationen positiv beeinflussen (vgl. Kaas 1990). Daraus kann geschlossen werden, dass die Gewinnung von Informationen durch Experten einen positiven Effekt auf die produktbezogene Innovativität hat.

Des Weiteren wird in der Literatur die Realisierung von Innovationen mit der Lösung von Problemen in Verbindung gebracht (vgl. u.a. Chang/Harrington 2007). Dabei kann in der Arbeit von Cross/Sproull (2004) auf individueller Ebene gezeigt werden, dass Führungskräfte zur Lösung von Problemen auf Informationen von unternehmensexternen Experten zurück-greifen. Zudem wird nachgewiesen, dass die Gewinnung von Experteninformationen signi-fikant zur Lösung von Problemen beiträgt (vgl. Cross/Sproull 2004). Auf die organisationale Ebene übertragen lässt sich also ein positiver Einfluss der Gewinnung von Experten-informationen auf die produktbezogene Innovativität annehmen. Zudem verfügen Experten über spezifisches Wissen in Bezug auf Märkte und Technologien (vgl. De Luca/Atuahene-Gima 2007). Mithilfe dieses Wissens tragen Experten wesentlich zur Diagnose und Lösung von Problemen, d.h. der Realisierung von Innovationen in Unternehmen, bei (vgl. Subramani/Venkatraman 2003). Auf Basis der vorangegangenen Überlegungen wird daher die folgende Hypothese formuliert:

H_{7b}: Die Gewinnung von Informationen durch Experten hat einen positiven Einfluss auf die produktbezogene Innovativität.

Die achte Hypothese bezieht sich auf den Zusammenhang zwischen der Gewinnung von Informationen durch Kooperationen und der produktbezogenen Innovativität. In der vor-liegenden Arbeit wird von einem negativen Einfluss der Gewinnung von Informationen durch Kooperationen auf die produktbezogene Innovativität ausgegangen. Hinweise dazu liefern die Transaktionskostentheorie (vgl. Abschnitt 2.3.4) sowie empirische Arbeiten der Literatur-bestandsaufnahme (vgl. Abschnitt 2.2.).

Nach der Transaktionskostentheorie werden Hybridformen (Kooperationen) auf einem Kontinuum zwischen den Koordinationsformen Markt (Kunden, Experten) und Hierarchie (Mitarbeiter) angesiedelt (vgl. Williamson 1991a). In Bezug auf die Hybridformen betont Williamson (1991a, S. 272): „The parties to such contracts maintain autonomy". Aufgrund der fehlenden „higher authorities" (Sivadas/Dwyer 2000) von Kooperationen wird in der Lit-eratur ein „potential for conflict and a clash of interest between alliance partners" (Sivadas/Dwyer 2000, S. 32) gesehen. In diesem Zusammenhang wird in der Literatur fest-gestellt, dass ein großer Teil der Unternehmenskooperationen scheitert (vgl. Gates 1993;

Sivadas/Dwyer 2000). Insbesondere wird davon ausgegangen, dass bis zu 70 % der Unternehmensallianzen fehlschlagen (vgl. Parkhe 1993).

In Arbeiten zu Unternehmenskooperationen wird festgestellt, dass es einen Konflikt der sogenannten „logic of innovation" und der sogenannten „logic of alliances" gibt (vgl. Bidault/Cummings 1994). Während Kooperationen dann erfolgreich sind, wenn Ziele und Verantwortlichkeiten im Rahmen der Kooperation detailliert abgestimmt werden (vgl. Häusler/Hohn/Lütz 1994; Lorange/Roos 1992), erfordert die Realisierung von Innovationen einen bestimmten Grad an Flexibilität (vgl. Sivadas/Dwyer 2000). Kooperationspartner suchen „joint control" (Sivadas/Dwyer 2000, S. 32) über das Kooperationsprojekt. Abweichungen von vorangehenden Vereinbarungen, wie beispielsweise ein erweiterter Zugriff auf Informationen des Kooperationspartners, können jedoch Nachverhandlungen nach sich ziehen, welche mit zusätzlichen Transaktionskosten verbunden sind (vgl. Sivadas/Dwyer 2000; Williamson 1991a). Die zur Realisierung von Innovationen nötige Flexibilität ist also bei Kooperationen mit hohen Transaktionskosten verbunden.

Die vorangegangenen Ausführungen zeigen, dass die Gewinnung von Informationen durch Kooperationen mit vergleichsweise hohen Transaktionskosten verbunden ist. Da Transaktionskosten mit einem hohen zeitlichen Aufwand einhergehen können (vgl. Choudhury/Sampler 1997; Jacobides/Winter 2005) und dieser Aufwand als kritisch im Rahmen der Realisierung von Innovationen angesehen wird (vgl. u.a. Chandy et al. 2006; Eisenhardt/Tabrizi 1995; Tatikonda/Montoya-Weiss 2001), beeinflusst die Gewinnung von Informationen durch Kooperationen die produktbezogene Innovativität negativ. Daher wird die folgende Hypothese formuliert:

H₈: Die Gewinnung von Informationen durch Kooperationen hat einen negativen Einfluss auf die produktbezogene Innovativität.

Die neunte Hypothese befasst sich mit dem Zusammenhang zwischen der Gewinnung von Informationen durch Mitarbeiter und der produktbezogenen Innovativität. Die Begründung des Zusammenhangs erfolgt im Wesentlichen mithilfe des Wissensbasierten Ansatzes (vgl. Abschnitt 2.3.2), der Transaktionskostentheorie (vgl. Abschnitt 2.3.4) und empirischer Arbeiten der Literaturbestandsaufnahme (vgl. Abschnitt 2.2).

Nach dem Wissensbasierten Ansatz stellt das Wissen von Mitarbeitern einen wesentlichen Faktor zur Realisierung von Wettbewerbsvorteilen dar (vgl. Grant 1996a,b). Die Mitarbeiter verfügen insbesondere über spezialisiertes Wissen (vgl. Grant 1996a, S. 384 f.). Folglich hat die Gewinnung von Informationen, aus welchen Ideen für produktbezogene Innovationen hervorgehen, einen Einfluss auf die Realisierung von Wettbewerbsvorteilen. Informationen von Mitarbeitern, aus welchen Ideen für produktbezogene Innovationen hervorgehen, können beispielsweise durch ein Vorschlagssystem (vgl. Prokesch 2009), Brainstorming (vgl. Hargadon/Sutton 1997) und interne Produkttests (vgl. Cooper/Kleinschmidt 1986) gewonnen werden. Da unter der produktbezogenen Innovativität ein Wettbewerbsvorteil verstanden wird (vgl. Katila 2002), kann ein positiver Effekt der Gewinnung von Informationen durch Mitarbeiter auf die produktbezogene Innovativität unterstellt werden.

Gemäß der Transaktionskostentheorie besitzen Unternehmen aufgrund von Weisungsbefugnissen gegenüber den Mitarbeitern eine hohe Anpassungsfähigkeit. Dazu führt Williamson (1991a, S. 279) aus: „The authority relation (fiat) has adaptive advantages". Beispielsweise kann die Unternehmensleitung jederzeit Erhebungen zu Verbesserungsvorschlägen durchführen lassen bzw. Mechanismen zur Eruierung von Vorschlägen anpassen und technische Analysen oder Produkttests mit relativ geringem Abstimmungsaufwand durchführen.

Die Arbeiten der Literaturbestandsaufnahme liefern ein weiteres Indiz für den unterstellten Zusammenhang zwischen der Gewinnung von Mitarbeiterinformationen und der produktbezogenen Innovativität. Beispielsweise zeigen Shu/Wong/Lee (2005), dass die Zunahme von innovationsrelevantem Wissen in unterschiedlichen Bereichen des Unternehmens zur Steigerung der produktbezogenen Innovativität führt. Zudem ist in der praxisorientierten Literatur ein Indiz zu finden. So beschreibt Nonaka (2007) anhand von Praxisbeispielen wie Unternehmen durch ihre Mitarbeiter Informationen gewinnen, aus welchen Ideen für Innovationen hervorgehen. Auf Basis der vorangegangenen Ausführungen wird daher die folgende Hypothese formuliert:

H_9: Die Gewinnung von Informationen durch Mitarbeiter hat einen positiven Einfluss auf die produktbezogene Innovativität.

Die weiteren zwei Hypothesen zum vorliegenden Untersuchungsmodell beziehen sich auf den Zusammenhang zwischen der produktbezogenen Innovativität und dem Markterfolg bzw. zwischen dem Markterfolg und dem wirtschaftlichen Erfolg. In Abschnitt 3.1.2 wurden diese Hypothesen bereits ausführlich hergeleitet. Deshalb sollen sie hier lediglich nochmals formuliert werden:

H_{10}: Die produktbezogene Innovativität hat einen positiven Einfluss auf den Markterfolg.

H_{11}: Der Markterfolg hat einen positiven Einfluss auf den wirtschaftlichen Erfolg.

3.2.2.2 Herleitung der Hypothesen zu den moderierenden Effekten

Wie in Abschnitt 3.2.1 ausführlich dargelegt, werden auf Basis der Transaktionskostentheorie die zwei Moderatoren Innovationsorientierung der Personalentwicklung und Marktdynamik ausgewählt. Im Folgenden werden zunächst die Hypothesen zum Moderator Innovationsorientierung der Personalentwicklung formuliert (Hypothese H_{12a}, H_{12b}, H_{13} und H_{14}) und anschließend die Hypothesen zum Moderator Marktdynamik hergeleitet (Hypothese H_{15a}, H_{15b}, H_{16} und H_{17}).

Es wird davon ausgegangen, dass die Innovationsorientierung der Personalentwicklung den Zusammenhang zwischen der Gewinnung von Informationen durch Kunden, Experten bzw. Kooperationen und der produktbezogenen Innovativität negativ moderiert. Hingegen wird postuliert, dass die Innovationsorientierung der Personalentwicklung ein positiver Moderator des Zusammenhangs zwischen der Gewinnung von Informationen durch Mitarbeiter und der produktbezogenen Innovativität ist. Die genannten Zusammenhänge werden anhand der Transaktionskostentheorie (vgl. Abschnitt 2.3.4) begründet.

Nach der Transaktionskostentheorie führen transaktionsspezifische Investitionen zur Abhängigkeit von Transaktionspartnern (vgl. Williamson 1991a, S. 282). Infolge dessen kann ein Wechsel der Transaktionspartner „nur unter Inkaufnahme von schlechteren Bedingungen" (Ebers/Gotsch 2002, S. 228) stattfinden. Hierbei kommt es insbesondere zu einem Anstieg der Opportunitätskosten, weil die Investitionen auf bestimmte Transaktionen zugeschnitten sind (vgl. Rindfleisch/Heide 1997).

Wie in Abschnitt 3.2.1 erläutert, stellt die Innovationsorientierung der Personalentwicklung eine transaktionsspezifische Investition dar. Die Entwicklung von Mitarbeitern wird mit der Steigerung an Wissen bzw. Fähigkeiten assoziiert (vgl. Conger/Fishel 2007; Mathieu/Tannenbaum/Salas 1992). Daher führt die Innovationsorientierung der Personalentwicklung zu einer Spezialisierung der Mitarbeiterfähigkeiten. In Bezug auf diese Fähigkeiten wird hervorgehoben: „Firms are not likely to find these skills in the open labor market" (Lepak/Snell 1999, S. 35). Bei einer hohen Innovationsorientierung der Personalentwicklung können also weniger humane Quellen zur Gewinnung von wichtigen Informationen auf dem Markt gefunden werden als bei einer niedrigen Innovationsorientierung der Personalentwicklung. Dabei wird betont, dass „small number bargaining leads to opportunistic exploitation" (Rindfleisch/Heide 1997, S. 43). Der Schutz vor opportunistischen Verhalten ist mit hohen Transaktionskosten verbunden (vgll. Williamson 1991a).

In Bezug auf die Gewinnung von Informationen durch Kooperationen fallen bei einer hohen Innovationsorientierung der Personalentwicklung ebenfalls relativ hohe Transaktionskosten an. Dies lässt sich darauf zurückführen, dass „a firm deploys specific assets and fears that its partner may opportunistically exploit these investments" (Rindfleisch/Heide 1997, S. 43). Dabei entstehen Kosten zur Absicherung der Transaktion (vgl. Williamson 1991a.).

Hinsichtlich des moderierenden Effekts der Innovationsorientierung der Personalentwicklung auf den Zusammenhang zwischen der Gewinnung von Informationen durch Mitarbeiter und der produktbezogenen Innovativität kann Folgendes auf Basis der Transaktionskostentheorie festgestellt werden: Je höher die Kosten für die Berücksichtigung aller situativen Einflussfaktoren in Transaktionsbeziehungen sind und je höher der Gewinn für Transaktionspartner aus opportunistischen Verhalten ist, desto attraktiver ist die Gewinnung von Informationen durch Mitarbeiter (vgl. Ebers/Gotsch 2002, S. 239; Williamson 1991a,b). Daher ist die Gewinnung von Informationen durch Mitarbeiter bei hoher Innovationsorientierung der Personalentwicklung im Vergleich der drei Koordinationsformen am effizientesten. In Bezug auf den geringeren zeitlichen Aufwand der hiermit verbunden ist, lässt sich feststellen, dass „by shortening development cycle time, companies can both extend patent-protected product sales and create [...] time savings with which they can generate sales, enter markets early and grow those markets quickly, and invest in future R&D initiatives" (Getz/De Bruin 2000, S. 78). Somit kann ein positiv moderierender Effekt der Innovationsorientierung der Personalentwicklung auf den Zusammenhang zwischen der Gewinnung von Informationen durch Mitarbeiter und der produktbezogenen Innovativität unterstellt werden. Aus den vorangegangenen Ausführungen lassen sich die folgenden Hypothesen ableiten:

H_{12a}: *Der Zusammenhang zwischen der Gewinnung von Informationen durch Kunden und der produktbezogenen Innovativität ist umso niedriger, je höher die Innovationsorientierung der Personalentwicklung ist.*

H_{12b}: *Der Zusammenhang zwischen der Gewinnung von Informationen durch Experten und der produktbezogenen Innovativität ist umso niedriger, je höher die Innovationsorientierung der Personalentwicklung ist.*

H_{13}: *Der Zusammenhang zwischen der Gewinnung von Informationen durch Kooperationen und der produktbezogenen Innovativität ist umso niedriger, je höher die Innovationsorientierung der Personalentwicklung ist.*

H_{14}: *Der Zusammenhang zwischen der Gewinnung von Informationen durch Mitarbeiter und der produktbezogenen Innovativität ist umso höher, je höher die Innovationsorientierung der Personalentwicklung ist.*

Die *Marktdynamik* stellt den zweiten Moderator dar, der im vorliegenden Untersuchungsmodell betrachtet wird. Es wird postuliert, dass die Marktdynamik den Zusammenhang zwischen der Gewinnung von Informationen durch Kunden, Experten bzw. Mitarbeitern und der produktbezogenen Innovativität positiv moderiert. Hingegen wird davon ausgegangen, dass die Marktdynamik den Zusammenhang zwischen der Gewinnung von Informationen durch Kooperationen und der produktbezogenen Innovativität negativ moderiert. Zur theoretischen Begründung dieser Zusammenhänge wird im Wesentlichen die Transaktionskostentheorie (vgl. Abschnitt 2.3.4) herangezogen.

Nach der Transaktionskostentheorie hat die Unsicherheit einen Einfluss auf die Effizienz der Koordinationsformen zur Abwicklung von Transaktionen. Dabei ist die Abwicklung von Transaktionen durch die hybride Koordinationsform (Kooperationen) bei hoher Unsicherheit mit höheren Transaktionskosten verbunden als die Abwicklung von Transaktionen durch die Koordinationsformen Markt (Kunden, Experten) und Hierarchie (Mitarbeiter). Williamson (1991a) begründet dies damit, dass die Anpassung an Umweltveränderungen gegenseitigen Konsens zwischen Transaktionspartnern im Rahmen der hybriden Koordinationsform (Kooperationspartner) erfordert. Im Rahmen der Koordinationsform Markt (Kunden, Experten) erfolgt die Anpassung an Veränderungen in der Umwelt hingegen unilateral und bei der Abwicklung von Transaktionen über die Hierarchie (Mitarbeiter) mithilfe von Weisungsbefugnissen (vgl. Williamson 1991a).

Die Bildung von Konsens zur Gewinnung von Informationen verursacht hohe Transaktionskosten (vgl. Williamson 1991a). Beispielsweise kann bei einer hohen Marktdynamik in Form von häufig wechselnden Kundenpräferenzen ein hoher Abstimmungsaufwand zwischen Kooperationspartnern nötig sein. In diesem Zusammenhang hebt Williamson (1991a) hervor: „An increase in market and hierarchy and a decrease in hybrid will thus be associated with an (above threshold) increase in the frequency of disturbances" (Williamson 1991a, S. 291). Eine hohe Marktdynamik führt also eher zu einer Abwicklung von Transaktionen durch den Markt (Kunden, Experten) bzw. die Hierarchie (Mitarbeiter), da hier kein hoher Abstimmungsaufwand aufgrund von Wettbewerbsmechanismen bzw. Weisungsbefugnissen entsteht. Vor dem Hintergrund häufiger Veränderungen in der Umwelt ist die Abstimmung zwischen Kooperationspartnern zudem eher fehleranfällig (vgl. Williamson 1991a).

Wie oben erläutert, stellen Transaktionskosten, die mit einem hohen zeitlichen Aufwand verbunden sind, ein Hindernis bei der Realisierung von Innovationen dar (vgl. Getz/De Bruin 2000, S. 78). Daher hat die Marktdynamik einen negativen, moderierenden Effekt auf den Zusammenhang zwischen der Gewinnung von Informationen durch Kooperationen und der produktbezogenen Innovativität bzw. einen positiven, moderierenden Effekt auf den Zusammenhang zwischen der Gewinnung von Informationen durch Kunden, Experten bzw. Mitarbeiter und der produktbezogenen Innovativität.

Einen weiteren Hinweis für die unterstellten Zusammenhänge liefert die Informationsökonomie. Danach besteht bei hoher Marktdynamik das Potenzial mithilfe der Gewinnung von Informationen durch den Markt (Kunden, Experten) Informationsasymmetrien, wie beispielsweise veränderte Kundenpräferenzen, abzubauen. Diese Überlegung steht zudem im Einklang mit den empirischen Arbeiten zur Informationsperspektive der Marktorientierung (vgl. u.a. Jaworski/Kohli 1993). Vor dem Hintergrund der vorangegangenen theoretischen Überlegungen werden die folgenden vier Hypothesen formuliert:

H_{15a}: *Der Zusammenhang zwischen der Gewinnung von Informationen durch Kunden und der produktbezogenen Innovativität ist umso höher, je höher die Marktdynamik ist.*

H_{15b}: *Der Zusammenhang zwischen der Gewinnung von Informationen durch Experten und der produktbezogenen Innovativität ist umso höher, je höher die Marktdynamik ist.*

H_{16}: *Der Zusammenhang zwischen der Gewinnung von Informationen durch Kooperationen und der produktbezogenen Innovativität ist umso niedriger, je höher die Marktdynamik ist.*

H_{17}: *Der Zusammenhang zwischen der Gewinnung von Informationen durch Mitarbeiter und der produktbezogenen Innovativität ist umso höher, je höher die Marktdynamik ist.*

4 Empirische Untersuchung

Die zweite Zielsetzung dieser Arbeit besteht in der empirischen Überprüfung der zugrunde liegenden Hypothesen der beiden Untersuchungsmodelle. Mithilfe der empirischen Überprüfung soll die Forschungsfrage 3, 4 und 5 beantwortet werden. Dazu wird in Abschnitt 4.1 die Vorgehensweise und die Datengrundlage der empirischen Untersuchung beschrieben. In Abschnitt 4.2 werden die Grundlagen zur Konstruktmessung und der Dependenzanalyse dargestellt. Im Anschluss daran werden die Ergebnisse der Untersuchung des Modells zur Integration von Informationen (Abschnitt 4.3) und die Ergebnisse der Untersuchung des Modells zur Gewinnung von Informationen (Abschnitt 4.4) diskutiert.

4.1 Vorgehensweise und Datengrundlage der empirischen Untersuchung

Im vorliegenden Abschnitt steht die Erhebung der empirischen Daten im Mittelpunkt. Dazu wird in Abschnitt 4.1.1 zunächst die Vorgehensweise der empirischen Untersuchung dargestellt. Anschließend wird in Abschnitt 4.1.2 die gewonnene Datengrundlage beschrieben.

4.1.1 Vorgehensweise der empirischen Untersuchung

In Abschnitt 1.2 wurden an die durchzuführende empirische Untersuchung zwei Anforderungen gestellt. Die Anforderungen an die empirische Untersuchung wurden bei der Gestaltung der Vorgehensweise der empirischen Untersuchung berücksichtigt.

Die *erste Anforderung* bezieht sich auf die Erhebung von triadischen Daten. Hierbei ist eine Befragung von zwei Führungskräften auf der Seite des Anbieterunternehmens und die Befragung eines Ansprechpartners aus mindestens einem Kundenunternehmen des Anbieterunternehmens vorgesehen. Hinsichtlich der Relevanz der Bereiche Marketing bzw. Vertrieb sowie F&E bzw. Produktion für die Realisierung von Innovationen (vgl. hierzu ausführlich Abschnitt 2.2), sollen auf Anbieterseite ein Marketingleiter bzw. ein Vertriebsleiter sowie ein F&E-Leiter bzw. ein Produktionsleiter befragt werden. Die Messung der produktbezogenen Innovativität bei Kundenunternehmen stellt zudem einen wichtigen Aspekt der ersten Anforderung an die empirische Untersuchung dar.

Die *zweite Anforderung* stellt die Durchführung einer branchenübergreifenden Datenerhebung im Business-to-Business-Kontext (B2B-Kontext) dar. Im Hinblick auf die Bedeutung von Innovationen in der Industriegüterbranche wird die Datenerhebung im B2B-Kontext durchgeführt (vgl. hierzu auch Abschnitt 1.2). Darüber hinaus wird die B2C-Branche nicht berücksichtigt, um eine zu große Heterogenität in der Stichprobe zu vermeiden. Die branchenübergreifende Datenerhebung soll einen Beitrag zu einem hohen Maß an Generalisierbarkeit der Untersuchungsergebnisse leisten. Dabei sollen Branchen ausgewählt werden, die für produktbezogene Innovationen charakteristisch sind.

Zur Identifikation von Branchen, in welchen die produktbezogene Innovativität von hoher Bedeutung ist, wurden zum einen zwölf Experteninterviews durchgeführt und zum anderen praxisbezogene Literatur gesichtet. Im Rahmen der Experteninterviews wurden sowohl Marketing- und Vertriebsleiter aus unterschiedlichen Branchen als auch Unternehmensberater mit entsprechender Expertise befragt. Zudem wurde eine Reihe von praxisbezogenen Publikationen hinsichtlich der Auswahl relevanter Branchen gesichtet. Aus den Gesprächen und der Literatursichtung ergaben sich die folgenden vier Branchen für die empirische Untersuchung:

- Dienstleistung,
- Elektronik,
- Maschinenbau/Anlagenbau/Zulieferer und
- Software.

Neben der Auswahl der Branchen stellt die Wahl der Erhebungsform einen zentralen Aspekt der Datenerhebung dar (vgl. Herrmann/Homburg/Klarmann 2008). Als Erhebungsform wurde die Online-Befragung gewählt. Vor dem Hintergrund der Anforderungen an die empirische Untersuchung, weist die Online-Befragung Vorteile gegenüber der persönlichen bzw. telefonischen Befragung auf. Die wesentlichen Vorteile der Online-Befragung werden im Folgenden aufgezeigt (vgl. u.a. Couper/Traugott/Lamias 2001; Ilieva/Baron/Healey 2002):

- Online-Befragungen sind im Vergleich zu schriftlichen Befragungen mit geringen Kosten verbunden, beispielsweise aufgrund des Versands per Email.
- Online-Befragungen geben den Befragten die Möglichkeit über gestellte Fragen nachzudenken.
- Online-Befragungen können im Vergleich zu schriftlichen Befragungen automatisiert werden. Dadurch können die Fragen in Abhängigkeit vom Verlauf der Online-Befragung gestellt werden. Somit ist es möglich nur solche Fragen zu stellen, die für den Befragten bzw. die Datenerhebung relevant sind.
- Online-Fragebögen können in der Regel leichter als schriftliche Fragebögen zugestellt werden. Beispielsweise kann der Fragebogen per Email an Personen gesandt werden, die sich auf Geschäftsreise befinden.

Im Rahmen der ersten Anforderung an die Datenerhebung wurde jeweils ein Fragebogen für die beiden Ansprechpartner im Anbieterunternehmen (Marketing- bzw. Vertriebsleiter und F&E- bzw. Produktionsleiter) konzipiert. Zudem wurde ein Fragebogen für den Ansprechpartner im jeweiligen Kundenunternehmen entwickelt. Hinsichtlich des Leistungsangebots des Anbieterunternehmens wurden die drei Fragebögen darüber hinaus sowohl für Sachgüter- als auch für Dienstleistungsunternehmen erstellt.

In die Konzeption der Fragebögen sind neben den Erkenntnissen aus der Literaturbestandsaufnahme (vgl. Abschnitt 2.2), die Überlegungen zu den theoretischen Bezugspunkten eingegangen. Vor der empirischen Untersuchung wurden die Fragebögen einem Pretest unterzogen (vgl. Hunt/Sparkman/Wilcox 1982). Das Ziel des Pretest bestand in der kritischen Überprüfung der Fragebögen hinsichtlich der folgenden Aspekte (in Anlehnung an Homburg/Krohmer 2008):

- Verständlichkeit und Neutralität der Formulierungen,
- Aufbau sowie Länge und
- technische Funktionalität.

Alle sechs Fragebögen wurden insgesamt 14 Personen zur Überprüfung vorgelegt. Davon waren sieben Personen aus dem akademischen Umfeld und sieben Personen als Mitarbeiter beziehungsweise Führungskräfte im Marketingbereich tätig. Die endgültige Version der Fragebögen wurde auf Basis der Anmerkungen dieser Personen fertiggestellt.

Die Vorgehensweise zur Erhebung der empirischen Daten wird in Abbildung 4-1 im Überblick dargestellt. Insgesamt werden vier Stufen der Datenerhebung unterschieden.

In der *ersten Stufe* wurden Unternehmensadressen von zwei kommerziellen Adressanbietern erworben. Anschließend wurden Unternehmen aus Branchen, die einen hohen „Innovationsgrad" aufweisen, d.h. in welchen die produktbezogene Innovativität eine hohe Bedeutung hat, ausgewählt (vgl. dazu die obigen Ausführungen). Dabei handelt es sich um Unternehmen aus den Branchen Dienstleistung, Elektronik, Maschinenbau/Anlagenbau/Zulieferer und Software. Im nächsten Schritt wurde durch eine telefonische Kontaktaufnahme überprüft, ob in den jeweiligen Unternehmen mindestens 50 Mitarbeiter tätig sind. Unternehmen mit weniger als 50 Mitarbeitern wurden von der Datenerhebung ausgeschlossen. Diese Vorgehensweise verfolgt den Ausschluss von solchen Unternehmen, die nicht zwischen unterschiedlichen Funktionsbereichen, wie beispielsweise Marketing und F&E, unterscheiden (vgl. dazu u.a. Ottum/Moore 1997). Die Marketing- bzw. Vertriebsleiter der Anbieterunternehmen wurden auf Basis der Adressdaten schriftlich kontaktiert und um die Mitwirkung an der Studie gebeten. Im Rahmen der Datenerhebung war aufgrund der eigentlichen Befragung und zusätzlichen Identifikation eines F&E- bzw. Produktionsleiters sowie 5-10 Kundenunternehmen mit einem hohen Aufwand für die Marketing- bzw. Vertriebsleiter zu rechnen. Aus diesem Grund wurde den Marketing- bzw. Vertriebsleitern ein kostenloses Exemplar des Lehrbuches „Marketingmanagement" (Homburg/Krohmer 2006)[1] sowie ein individualisierter Ergebnisbericht über Chancen und Risiken des Innovationsmanagements im Unternehmensvergleich als Anreiz zur Teilnahme angeboten.

Abbildung 4-1: Vorgehensweise der Datenerhebung im Überblick

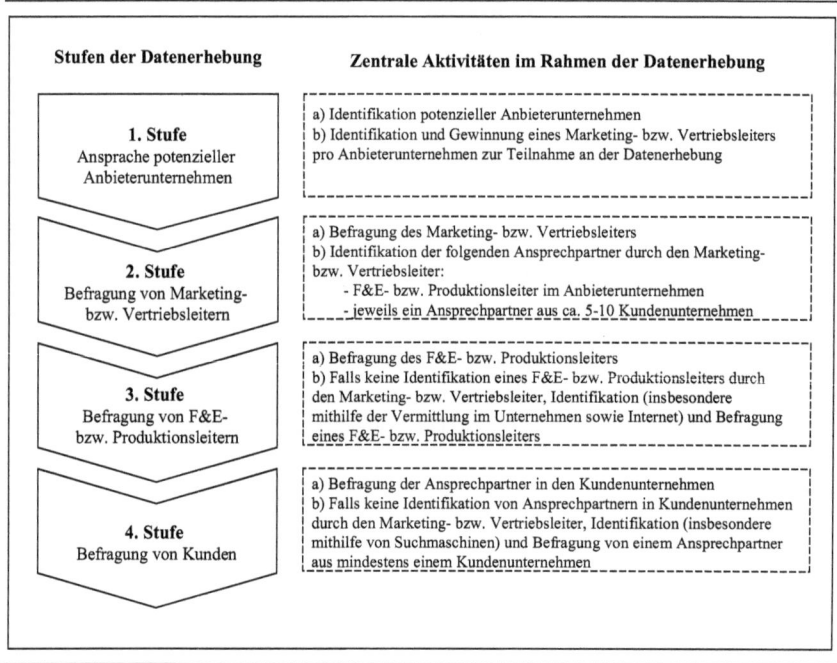

In der *zweiten Stufe* der Datenerhebung wurde den Marketing- bzw. Vertriebsleitern, die ihre Teilnahme an der Studie zugesagt hatten, vom Autor eine Email mit Link zu einem Online-Fragebogen zugesandt. Der Online-Fragebogen umfasste neben dem eigentlichen Fragebogen ein Formular zur Eingabe der Kontaktdaten der F&E- bzw. Produktionsleiter und der Kontaktdaten der Ansprechpartner aus den jeweiligen Kundenunternehmen. Es wurde im Fragebogen explizit darauf hingewiesen solche Ansprechpartner aus Kundenunternehmen zu benennen, die mit den Produkten des Anbieterunternehmens vertraut sind. Den kontaktierten Marketing- bzw. Vertriebsleitern wurde ausdrücklich die Vertraulichkeit ihrer Angaben zugesichert. Nach ca. drei Wochen wurden die Marketing- bzw. Vertriebsleiter im Rahmen einer Nachfassaktion an die Teilnahme erinnert und gebeten den Fragebogen auszufüllen.

---

[1] Der Autor dankt Herrn Prof. Dr. Dr. h.c mult. Christian Homburg für die freundliche Unterstützung der Datenerhebung durch die Zurverfügungstellung von 200 Exemplaren dieses Lehrbuchs.

Im Rahmen der *dritten Stufe* der Datenerhebung wurden die F&E- bzw. Produktionsleiter per Email kontaktiert. Die Email enthielt neben der Einladung zur Teilnahme an der Studie den Link zum Online-Fragebogen. Um eine möglichst hohe Rücklaufquote zu erreichen, wurde den F&E- bzw. Produktionsleitern die Zusendung eines Ergebnisberichts angeboten. Der Ergebnisbericht für Marketing- bzw. Vertriebsleiter als auch für F&E- bzw. Produktionsleiter eines Unternehmens war dabei identisch.

In der *vierten Stufe* der Datenerhebung wurden die Ansprechpartner aus den Kundenunternehmen, die durch den Marketing- bzw. Vertriebsleiter identifiziert wurden, kontaktiert. Auch hier wurde die Vertraulichkeit der Befragung zugesichert. Zudem wurden den Ansprechpartnern aus den Kundenunternehmen zwei Arbeitspapiere des Fachgebiets „Marketing und Personalmanagement" der Technischen Universität Darmstadt in Aussicht gestellt. Die Ansprechpartner aus den Kundenunternehmen wurden mithilfe einer Email kontaktiert, die einen Link zum Online-Fragebogen enthielt. Wie auch die F&E- bzw. Produktionsleiter, wurden die Ansprechpartner aus Kundenunternehmen, die noch nicht oder teilweise geantwortet hatten, nach Ablauf einer Frist von ca. zwei Wochen, erneut per Email kontaktiert.

4.1.2 Datengrundlage der Untersuchung

Die Darstellung der Datengrundlage orientiert sich an den vier Stufen zur Vorgehensweise der Datenerhebung, die in Abschnitt 4.1.1 erläutert werden. In der *ersten Stufe* konnten insgesamt 4.150 Anbieterunternehmen identifiziert werden. Anschließend wurden die Marketing- bzw. Vertriebsleiter in zwei Wellen kontaktiert. In der ersten Welle wurden die Marketing- bzw. Vertriebsleiter im Sommer 2007 angeschrieben. Die zweite Welle erfolgte im Herbst 2007. Die Versendung von Einladungen resultierte in 304 Zusagen zur Teilnahme an der Studie.

Nach Zusage zur Teilnahme an der Studie wurde der Fragebogen in der *zweiten Stufe* der Datenerhebung an die Marketing- bzw. Vertriebsleiter verschickt. Nach ca. 3 Wochen konnten insgesamt 177 ausgefüllte Fragebögen von Marketing- bzw. Vertriebsleitern verzeichnet werden. Dies entspricht einer Rücklaufquote von 4,3 %. Die geringe Rücklaufquote lässt sich zum einen damit erklären, dass Vertriebsleiter stark mit Studien frequentiert werden. Zum anderen sind Vertriebsleiter aufgrund ihres Außendienstes schwer erreichbar. Von den teilgenommenen Marketing- bzw. Vertriebsleitern wurden 162 F&E- bzw. Produktionsleiter aus dem jeweiligen Anbieterunternehmen genannt. Des Weiteren haben 82 Marketing- bzw. Vertriebsleiter 5-10 Ansprechpartner aus Kundenunternehmen identifiziert. In Tabelle 4-1 wird der Rücklauf im Überblick dargestellt.

In der *dritten Stufe* der Datenerhebung wurden die F&E- bzw. Produktionsleiter angeschrieben. Neben den 162 F&E- bzw. Produktionsleitern, die von Marketing- bzw. Vertriebsleitern genannt wurden, konnten zusätzlich 62 F&E- bzw. Produktionsleiter vom Autor identifiziert werden. Nach ca. 3 Wochen lagen 140 vollständig ausgefüllte Fragebögen von F&E- bzw. Produktionsleitern vor, was einer Rücklaufquote von 62,5 % entspricht (vgl. Tabelle 4-1).

Die Befragung der Ansprechpartner aus den Kundenunternehmen wurde in der *vierten Stufe* der Datenerhebung vorgenommen. Während 82 Anbieterunternehmen Ansprechpartner aus Kundenunternehmen benannten, konnten für weitere 82 Anbieterunternehmen Ansprechpartner aus Kundenunternehmen vom Autor identifiziert werden. Insgesamt ergab diese Vorgehensweise 1.421 Ansprechpartner aus Kundenunternehmen. Insgesamt haben 316 Kundenunternehmen den Fragebogen vollständig ausgefüllt, wobei eine Rücklaufquote von 22,2 % erzielt werden konnte (vgl. Tabelle 4-1).

Tabelle 4-1: Rücklauf in den einzelnen Stufen der Datenerhebung

Rücklauf in den einzelnen Stufen der Datenerhebung		
1. Stufe	Anzahl der angeschriebenen Unternehmen	4.150
	Anzahl der Marketing- bzw. Vertriebsleiter mit Bereitschaft zur Teilnahme an der Studie	304
2. Stufe	Anzahl der befragten Marketing- bzw. Vertriebsleiter	177
	Anzahl der identifizierten F&E- bzw. Produktionsleiter	224
	Anzahl der identifizierten Ansprechpartner aus Kundenunternehmen	1.421
3. Stufe	Anzahl der befragten F&E- bzw. Produktionsleiter	140
4. Stufe	Anzahl der befragten Ansprechpartner aus Kundenunternehmen	316
Gesamtanzahl der Triaden		109

Bei 56 Anbieterunternehmen lag mehr als eine Antwort eines Kundenunternehmens pro Triade vor. Vor der Aggregation wurde die Übereinstimmung dieser Kundenantworten hinsichtlich der Bewertung des Produktprogramms pro Anbieterunternehmen überprüft. Dabei handelt es sich um die sogenannte *„Interrater Reliability"*, welche als „degree to which judges are ‚interchangeable'" (vgl. James/Demaree/Wolf 1984, S. 86) definiert wird. Alle bei Kunden erhobenen Konstrukte wurden auf „Interrater Reliability" hin beurteilt. Zur Bewertung der „Interrater Reliability" wurde der *Interrater Agreement Index (r_{wg})* herangezogen. In Bezug auf den Grad der Neuartigkeit von Produkten, den Grad des Nutzens von neuartigen Produkten bzw. die Häufigkeit der Markteinführung von neuartigen Produkten weist der Median r_{wg} Werte von 0,87, 0,92 bzw. 0,90 auf. In der Literatur wird für den r_{wg} ein Mindestwert von 0,7 empfohlen. Daher kann von einer Übereinstimmung der Kunden pro Anbieterunternehmen ausgegangen werden (vgl. u.a. James/Demaree/Wolf 1984; Hom-

burg/Schilke/Reimann 2009). Die Kundenantworten konnten demzufolge aggregiert werden. Bei der Aggregation wurde das arithmetische Mittel angewandt (vgl. hierzu u.a. Deshpandé/Farley/Webster 1993).

Zur Bildung der Triaden wurden die Kundendaten mit den Daten der Marketing- bzw. Vertriebsleiter und der F&E- bzw. Produktionsleiter verknüpft. Die Datengrundlage zur Untersuchung der Hypothesen umfasst somit 109 Triaden (vgl. Tabelle 4-1).

Die Frage nach systematischen Unterschieden zwischen der effektiven Stichprobe und der Grundgesamtheit bei Nichtbeteiligung stellt im Rahmen von empirischen Untersuchungen einen zentralen Aspekt dar. Diese systematischen Unterschiede werden auch als Nonresponse Bias bezeichnet (vgl. Armstrong/Overton 1977).

In Bezug auf den Nonresponse Bias werden die empirischen Daten in der vorliegenden Arbeit dahin gehend geprüft, ob die Antworten von früh antwortenden Unternehmen und den spät antwortenden Unternehmen Unterschiede aufweisen. Dahinter steht die Annahme, dass relativ spät antwortende Unternehmen tendenziell eine größere Ähnlichkeit mit Unternehmen besitzen, die sich nicht an der Studie beteiligen (vgl. zu diesem Verfahren Armstrong/Overton 1977). Die Gesamtstichprobe wurde zur Überprüfung des Nonresponse-Bias zunächst in zwei Teile aufgespalten. Der erste Teil der Stichprobe bestand aus Marketing- bzw. Vertriebsleitern, die umgehend ihre Bereitschaft zur Teilnahme an der Studie erklärt hatten. Dagegen bestand der zweite Teil der Gesamtstichprobe aus Marketing- bzw. Vertriebsleitern, die erst im Anschluss an die Nachfassaktion ihre Bereitschaft zur Teilnahme signalisiert hatten. Im nächsten Schritt wurde überprüft, ob in Bezug auf die Variablen zur Gewinnung von Informationen bzw. Integration von Informationen Mittelwertunterschiede zwischen dem ersten und dem zweiten Teil der Gesamtstichprobe bestehen. Die Überprüfung dazu erfolgte mithilfe von t-Tests. Dabei ergaben sich keine signifikanten Unterschiede zwischen den beiden Teilen der Gesamtstichprobe (5 %-Signifikanzniveau). Auf Basis dieser Überprüfung konnte der Nonresponse-Bias ausgeschlossen werden.

Die Branchenverteilung der effektiven Stichprobe wird in Abbildung 4-2 dargestellt. Alle angestrebten Branchen (vgl. Abschnitt 4.1.1), d.h. Dienstleistung, Elektronik, Maschinenbau/Anlagenbau/Zulieferer und Software, sind in der Datengrundlage enthalten. Wie Abbildung 4-2 zeigt, ist die Branchenverteilung dabei relativ homogen.

Abbildung 4-2: Branchenverteilung der Anbieterunternehmen in der Stichprobe

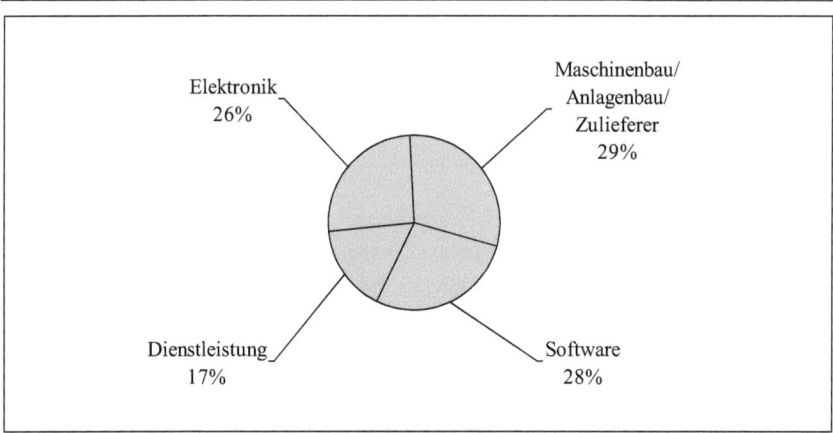

4.2 Grundlagen der Konstruktmessung und Dependenzanalyse

Im vorliegenden Abschnitt wird das methodische Vorgehen zur empirischen Überprüfung der beiden Untersuchungsmodelle dargestellt. Dazu werden zunächst die Grundlagen der Konstruktmessung erläutert (vgl. Abschnitt 4.2.1). Anschließend werden die Grundlagen der Dependenzanalyse vorgestellt (vgl. Abschnitt 4.2.2).

4.2.1 Grundlagen der Konstruktmessung

Die zweite Zielsetzung der vorliegenden Arbeit besteht in der empirischen Überprüfung der beiden Untersuchungsmodelle. Diese Untersuchungsmodelle erfassen die Beziehungen zwischen den theoretischen Konstrukten. Theoretische Konstrukte werden verstanden als „abstract entity which represents the ‚true', nonobservable state or nature of a phenomenon" (Bagozzi/Fornell 1982, S. 24). Da sich derartige Konstrukte bzw. latente Variablen nicht direkt messen lassen (vgl. Bagozzi/Phillips 1982), ergibt sich notwendigerweise eine indirekte Messung dieser Konstrukte. Die indirekte Messung erfolgt über sogenannte Indikatorvariablen, welche auch als Indikatoren oder Items bezeichnet werden. Indikatorvariablen sind im Vergleich zu latenten Variablen direkt messbar (vgl. Homburg/Giering 1996).

Die Konzeptualisierung und die Operationalisierung von Konstrukten stellen die Voraussetzung für die Konstruktmessung dar. Die *Konzeptualisierung* beinhaltet die Erarbeitung von relevanten Dimensionen eines Konstruktes. Die *Operationalisierung* umfasst hingegen die

Entwicklung eines Messinstruments (vgl. Homburg 2000, S. 13). In der Literatur wird dabei empfohlen, pro Konstrukt mehrere Indikatoren zu verwenden (vgl. Churchill 1979, S. 66; Jacoby 1978, S. 93). In der vorliegenden Arbeit erfolgt die Messung der latenten Variablen mithilfe von reflexiven Indikatoren. Dabei handelt es sich um Indikatoren, welche durch die latente Variable verursacht werden. Demzufolge messen reflexive Indikatoren „the same thing and should covary at a high level if they are good measures of the underlying variable" (Bagozzi 1994, S. 331). Die Messung der reflexiven Indikatoren wird dabei als fehlerbehaftet angesehen (vgl. Homburg/Giering 1996). Die Güte der Messung eines theoretischen Konstrukts wird mithilfe der Reliabilität (Zuverlässigkeit) und der Validität (Gültigkeit) beurteilt (vgl. u.a. Bollen 1989; Herrmann/Homburg/Klarmann 2008).

Die *Reliabilität* eines Messinstruments bezieht sich auf die formale Genauigkeit der Messung (vgl. Herrmann/Homburg/Klarmann 2008, S. 11). So wird die Reliabilität als das Ausmaß definiert, zudem die Messung frei von Zufallsfehlern ist (vgl. Peter/Churchill 1986, S. 4). Es lassen sich in der Literatur die folgenden drei Formen der Reliabilität unterscheiden (vgl. Hildebrandt 1998, S. 88; Homburg/Klarmann/Pflesser 2008, S. 278).

Die *Wiederholungsreliabilität* bezieht sich auf die „Korrelation mit einer Vergleichsmessung desselben Messinstruments zum späteren Zeitpunkt" (Homburg/Klarmann/Pflesser 2008, S. 278). Bei der *Parallel-Test-Reliabilität* wird hingegen die Korrelation zwischen der Messung und einer Vergleichsmessung mithilfe eines äquivalenten Messinstruments betrachtet (vgl. Homburg/Klarmann/Pflesser 2008, S. 278; Peter 1979, S. 8f.). Die *Interne-Konsistenz-Reliabilität* stellt auf die Korrelation der Indikatorvariablen untereinander ab (vgl. Homburg/Klarmann/Pflesser 2008, S. 278; Steenkamp/Baumgartner 1998, S. 78ff.). Aufgrund der relativ einfachen Überprüfbarkeit hat die Interne-Konsistenz-Reliabilität die größte Bedeutung in der Marketingforschung erlangt (vgl. Hildebrandt 1998, S. 88). Deshalb wird in der vorliegenden Arbeit die Interne-Konsistenz-Reliabilität überprüft.

Die *Validität* bezieht sich auf die konzeptionelle Richtigkeit eines Messinstruments (vgl. Homburg/Giering 1996). Somit erfordert die Validität, dass die Messung sowohl frei von Zufallsfehlern als auch frei von systematischen Fehlern ist (vgl. Churchill 1991; Herrmann/Homburg/Klarmann 2008). Validität wird daher definiert als „degree to which an instrument measures the construct which is under investigation" (Bohrnstedt 1970, S. 91).

In der Literatur werden die folgenden vier Formen der Validität unterschieden (vgl. Homburg/Klarmann/Pflesser 2008, S. 279):

- Inhaltsvalidität,
- nomologische Validität,
- Konvergenzvalidität und
- Diskriminanzvalidität.

Inhaltsvalidität bezeichnet das Ausmaß, zu dem das Konstrukt inhaltlich-semantisch mit dem Messintrument übereinstimmt (vgl. Homburg/Giering 1996; Homburg/Klarmann/Pflesser 2008). Hohe Inhaltsvalidität ist also gegeben, wenn die wesentlichen inhaltlichen Facetten des Konstrukts durch die verwendeten Indikatoren umfassend abgedeckt werden (vgl. Churchill 1979, S. 490). Die Inhaltsvalidität eines Konstrukts kann sowohl quantitativ als auch qualitativ überprüft werden (vgl. Homburg/Klarmann/Pflesser 2008; Parasuraman/Zeithaml/ Berry 1988). Parasuraman/Zeithaml/Berry (1988, S. 28) merken jedoch an, dass „assessing a scale's content validity is necessarily qualitative rather than quantitative". Deshalb wird die Inhaltsvalidität in der vorliegenden Arbeit lediglich qualitativ evaluiert. Dazu erfolgt eine inhaltlich präzise Abgrenzung des jeweiligen Konstrukts gegenüber den anderen Konstrukten.

Nomologische Validität bezieht sich auf „Grad, zu dem vorhergesagte Beziehungen des Konstrukts zu anderen Konstrukten bestätigt werden können. Die vorhergesagten Beziehungen müssen dabei aus einem übergeordneten theoretische Rahmen abgeleitet werden" (Homburg/Klarmann/Pflesser 2008, S. 279). Aus diesem Grund wird die nomologische Validität auch als „lawlike validity" (Peter/Churchill 1986, S. 4) bezeichnet. Die Überprüfung der nomologischen Validität setzt die Existenz einer einheitlichen, übergeordneten Theorie voraus. In der vorliegenden Arbeit werden die Zusammenhänge zwischen den Konstrukten hingegen auf Basis mehrerer theoretischer Ansätze erklärt. Deshalb ist die Überprüfung der nomologischen Validität in der vorliegenden Arbeit nicht möglich (vgl. Homburg 2000, S. 75).

Konvergenzvalidität bezieht sich auf das Ausmaß der Übereinstimmung zwischen zwei oder mehreren unterschiedlichen Messungen des gleichen Konstrukts (vgl. Bagozzi/Phillips 1982, S. 468). Die quantitative Beurteilung der Konvergenzvalidität kann mithilfe der konfirmatorischen Faktorenanalyse vorgenommen werden (vgl. Homburg/Klarmann/Pflesser 2008; Jöreskog 1966, 1969).

Diskriminanzvalidität bezeichnet das Ausmaß, zu dem sich die Messungen unterschiedlicher Konstrukte voneinander unterscheiden lassen. Sie liegt dann vor, wenn die Indikatoren eines Konstrukts untereinander stärker assoziiert sind als mit Indikatoren anderer Konstrukte (vgl. Bagozzi/Yi/Phillips 1991, S. 425). Auch die Diskriminanzvalidität kann mithilfe der konfirmatorischen Faktorenanalyse quantitativ beurteilt werden (vgl. Homburg/Klarmann/Pflesser 2008; Jöreskog 1966, 1969).

Die Gütekriterien zur Beurteilung der Reliabilität, Konvergenzvalidität und Diskriminanzvalidität lassen sich in Kriterien der ersten und der zweiten Generation unterscheiden (vgl. Fornell 1986; Homburg 2000). Zu den *Gütekriterien der ersten Generation* lassen sich die folgenden Kriterien zählen (vgl. Gerbing/Anderson 1988; Homburg/Giering 1996):

- exploratorische Faktorenanalyse,
- Cronbachsches Alpha und
- Item-to-Total-Korrelation.

Die *exploratorische Faktorenanalyse* findet Anwendung, wenn eine Gruppe von Indikatoren hinsichtlich der ihr zugrunde liegenden Faktorenstruktur untersucht werden soll (vgl. Backhaus et al. 2006, S. 260ff.). Dabei wird das Ziel verfolgt die Gruppe der Indikatoren durch eine möglichst geringe Anzahl an Faktoren hinreichend gut abzubilden (vgl. Hartung/Elpelt/Klösener 2002, S. 505). In der Literatur wird eine Reihe von unterschiedlichen Techniken zur Ermittlung der Anzahl von Faktoren beschrieben (vgl. Churchill 1991, S. 76). Eine weite Verbreitung hat hierbei das Kriterium von Kaiser gefunden, welches in der vorliegenden Arbeit herangezogen wird (vgl. Kaiser 1974). Dieses Kriterium besagt, dass die Anzahl der zu extrahierenden Faktoren der Anzahl der Faktoren mit einem Eigenwert größer als Eins entspricht. Der Eigenwert eines Faktors gleicht der Summe der quadrierten Faktorladungen über alle dem Faktor zugehörigen Indikatoren. Die Faktorladung stellt die Assoziation der Indikatoren mit einem Faktor dar und kann als Maß für die Stärke des Zusammenhangs aufgefasst werden. Als Mindestwert für die Faktorladungen wird ein Wert von 0,4 gefordert (vgl. Homburg 2000). Solche Indikatoren, die nicht ausreichend hoch auf einen Faktor laden, können im Rahmen der exploratorischen Faktorenanalyse eliminiert werden (vgl. Malhotra 1993, S. 619).

Im Rahmen der exploratorischen Faktorenanalyse kann zur Beurteilung der Faktormessung zudem die *erklärte Varianz* herangezogen werden. Dieses Kriterium stellt den durch einen Faktor erklärten Anteil der Varianz aller dem Faktor zugeordneten Indikatoren dar. Homburg/Giering (1996, S. 12) empfehlen hierbei einen Mindestwert von 50 %.

Das *Cronbachsche Alpha* geht auf Lee Cronbach (1947, 1951) zurück und ist „certainly one of the most important and pervasive statistics in research involving test construction and use" (Cortina 1993, S. 98). Insbesondere gehört es zu den am häufigsten verwendeten Reliabilitätsmaßen der ersten Generation (vgl. Peterson 1994; Voss/Stem/Fotopoulos 2000). Das Cronbachsche Alpha wird als Maß für interne Konsistenz der Indikatoren eines Faktors angesehen (vgl. Dorsch/Häcker/Stapf 1994, S. 398). Der Wert für dieses Kriterium wird wie folgt berechnet (vgl. Carmines/Zeller 1979, S. 44; Cronbach 1951, S. 299):

$$\alpha = \left(\frac{N}{N-1} \right) \cdot \left(1 - \frac{\sum_{i=1}^{N} \sigma_i^2}{\sigma_t^2} \right)$$

Wie die Formel zeigt, fließt in die Berechnung des Cronbachschen Alphas (α) die Anzahl der Indikatoren (N), die Varianz des i-ten Indikators (σ_i^2) sowie die Varianz der Summe aller

Indikatoren des Faktors ein (σ_t^2). Der Wert des Cronbachschen Alphas kann somit einen Wert zwischen Null und Eins annehmen. Die Reliabilität der Messung eines Konstrukts ist umso höher, je näher der Wert des Cronbachschen Alphas bei Eins liegt. In der Literatur wird meist ab einem Mindestwert von 0,7 von einer akzeptablen Reliabilität ausgegangen (vgl. Nunnally 1978, S. 245 f.). In der vorliegenden Arbeit wird deshalb der Mindestwert von 0,7 herangezogen. An dieser Stelle ist jedoch darauf hinzuweisen, dass bei neuartigen Untersuchungsgegenständen Mindestwerte von 0,6 gerechtfertigt sein können (vgl. dazu u.a. Nunnally 1967, S. 226; Malhotra 1993, S. 308).

Das dritte Kriterium der ersten Generation stellt die *Item-to-Total-Korrelation* dar. Sie dient der Beurteilung der Konvergenzvalidität (vgl. Homburg/Giering 1996). In der Literatur wird zwischen der einfachen und der korrigierten Item-to-Total-Korrelation unterschieden (vgl. Brosius 2004). Während die *einfache Item-to-Total-Korrelation* die Korrelation eines Indikators mit der Summe aller Indikatoren, die einem Faktor zugeordnet sind, darstellt, bezieht sich die *korrigierte Item-to-Total-Korrelation* auf die Korrelation eines Indikators mit der Summe aller übrigen Indikatoren, die einem Faktor zugehörig sind (vgl. Brosius 2004). In der vorliegenden Arbeit kommt die korrigierte Item-to-Total-Korrelation zum Einsatz. Hierbei wird im Folgenden auf die Bezeichnung „korrigiert" verzichtet. Die Item-to-Total-Korrelation kann Werte zwischen Null und Eins annehmen (vgl. Churchill 1979). In der Literatur wird jedoch kein expliziter Mindestwert vorgeschlagen (vgl. Homburg/Giering 1996). Es wird lediglich betont, dass besonders hohe Werte der Item-to-Total-Korrelation auf ein hohes Maß an Konvergenzvalidität schließen lassen (vgl. Nunnally 1978, S. 274). An dieser Stelle ist anzumerken, dass bei einem zu geringen Wert des Cronbachschen Alphas durch die Eliminierung von Indikatoren mit einer vergleichsweise niedrigen Item-to-Total-Korrelation eine Steigerung dieses Reliabilitätsmaßes erzielt werden kann (vgl. Churchill 1979, S. 68).

Die Gütekriterien der ersten Generation werden trotz der weitverbreiteten Anwendung kritisch diskutiert (vgl. u.a. Bagozzi/Phillips 1982; Baumgartner/Homburg 1996; Fornell 1986; Gerbing/Anderson 1988). In der Literatur werden drei wesentliche Kritikpunkte angeführt.

- *Erstens* weisen die Annahmen, auf welchen die Gütekriterien der ersten Generation basieren, zum Teil eine hohe Restriktivität auf (vgl. Gerbing/Anderson 1988, S. 190).
- *Zweitens* bezieht sich die Kritik darauf, dass die Festlegung der Gütekriterien im Wesentlichen auf relativ intransparenten Kriterien (Faustregeln) basiert (vgl. Bagozzi/ Yi/Phillips 1991, S. 428).
- *Drittens* wird moniert, dass die Gütekriterien der ersten Generation die explizite Schätzung von Messfehlern nicht berücksichtigen (vgl. Homburg/Giering 1996, S. 6).

Aufgrund der Kritik an den Gütekriterien der ersten Generation werden in der vorliegenden Arbeit zudem *Gütekriterien der zweiten Generation* angewandt. Die Gütekriterien der zweiten

Generation basieren auf der konfirmatorischen Faktorenanalyse und sind zu einem großen Teil aussagekräftiger als die Gütekriterien der ersten Generation (vgl. Homburg 2000; Homburg/Giering 1996). Im Folgenden wird deshalb zunächst die konfirmatorische Faktorenanalyse vorgestellt. Anschließend werden die Gütekriterien der zweiten Generation erläutert.

Im Rahmen der *konfirmatorischen Faktorenanalyse* werden die Indikatoren vor der Analyse dem jeweiligen Faktor zugeordnet. Hierbei unterscheidet sich die konfirmatorische Faktorenanalyse von der exploratorischen Faktorenanalyse. Die Spezifikation der Beziehung zwischen den latenten Variablen und den zugehörigen Indikatoren erfolgt in einem sogenannten Messmodell (vgl. Homburg 1989; Homburg/Baumgartner 1995, S. 163). Die Modellparameter werden anschließend durch Schätzverfahren so geschätzt, dass das spezifizierte Modell die empirisch ermittelten Daten möglichst genau wiedergibt. In der Literatur existiert eine Reihe von unterschiedlichen Schätzverfahren. Einen Überblick dazu liefert Homburg (1989, S. 167ff.). In der vorliegenden Arbeit wird auf das Unweighted Least Squares (ULS)-Verfahren zurückgegriffen. Im Vergleich zu den Schätzverfahren Maximum Likelihood (ML) und Generalized Least Squares (GLS) liefert das ULS-Verfahren unter allgemeineren Annahmen konsistente Parameterschätzer und ist weniger sensibel in Bezug auf einen geringen Stichprobenumfang (vgl. u.a. Bollen 1989; Browne 1984).

Im Rahmen der anschließenden Gütebeurteilung geht es darum Aussagen darüber treffen zu können, wie gut die Kovarianzen zwischen den beobachteten Variablen durch das Modell abgebildet werden können (vgl. Bagozzi/Baumgartner 1994, S. 399). In der Literatur wird in diesem Zusammenhang zwischen globalen Gütekriterien und lokalen Gütekriterien unterschieden (vgl. Diamantopoulos/Siguaw 2000; Homburg/Klarmann/Pflesser 2008). Während mithilfe von globalen Gütekriterien beurteilt werden kann, inwieweit das Gesamtmodell durch die empirischen Daten widergespiegelt wird, kann anhand der lokalen Kriterien die Güte einzelner Teilstrukturen des Modells (Indikatoren, Faktoren) bewertet werden (vgl. für einen systematischen Überblick Homburg/Baumgartner 1995, S. 165).

Die folgenden globalen Gütekriterien werden in der vorliegenden Arbeit herangezogen:

- Chi-Quadrat-Test (χ^2-Teststatistik),
- Root Mean Squared Error of Approximation (RMSEA),
- Goodness-of-Fit Index (GFI),
- Adjusted-Goodness-of-Fit Index (AGFI) und
- Comparative-Fit Index (CFI).

Zur Überprüfung der „Richtigkeit" eines Modells wird der *Chi-Quadrat-Test* (χ^2-Teststatistik) herangezogen. Der χ^2-Teststatistik liegt die Nullhypothese zugrunde, dass die empirische Kovarianzmatrix S mit der vom Modell reproduzierten Kovarianzmatrix $\hat{\Sigma}$ übereinstimmt (vgl. Homburg 1989, S. 188). Hierbei wird der χ^2-Wert anhand des p-Wertes beurteilt (vgl. Homburg 2000, S. 92). Bei einem p-Wert von mindestens 0,05, kann keine Ablehnung des Modells auf dem 5 %-Niveau erfolgen (vgl. Homburg/Giering 1996, S. 10). Der χ^2-Wert wird wie folgt berechnet (vgl. Homburg/Klarmann/Pflesser 2008):

$$\chi^2 = (n-1) \cdot F(S, \hat{\Sigma})$$

Dabei wird die Anzahl der Freiheitsgrade mit

$$df = \frac{1}{2} \cdot q \cdot (q+1) - r$$

ermittelt (vgl. Homburg/Klarmann/Pflesser 2008). Neben den Kovarianzmatrizen fließt der Stichprobenumfang (n), die Anzahl der Indikatorvariablen (q) und die Anzahl der zu schätzenden Parameter (r) in die Berechnung ein. Vor dem Hintergrund der Restriktionen der χ^2-Teststatistik (vgl. Bentler/Bonett 1980; Homburg/Dobratz 1991, S. 220) wird vorgeschlagen, den Quotienten aus dem χ^2-Wert und der Anzahl der Freiheitsgrade als Gütekriterium heranzuziehen (vgl. Bagozzi/Baumgartner 1994, S. 398; Homburg/Baumgartner 1995). Der Quotient sollte dabei einen Wert ≤ 3 aufweisen (vgl. Homburg 2000, S. 93). Die vorliegende Arbeit orientiert sich an dieser Empfehlung.

Der *Root Mean Squared Error of Approximation (RMSEA)* stellt ebenfalls ein globales Gütekriterium dar. Bei diesem Kriterium wird die Güte der Approximation eines Modells an die empirischen Daten berechnet und wird deshalb im Vergleich zur χ^2-Teststatistik als vorteilhafter angesehen (vgl. Cudeck/Browne 1983; Homburg/Giering 1996; Homburg/Klarmann/ Pflesser 2008). Der RMSEA wird wie folgt kalkuliert (vgl. Homburg/Klarmann/Pflesser 2008):

$$RMSEA = \sqrt{\frac{\chi^2 - df}{df(n-1)}}$$

Bei diesem Kriterium wird in der Literatur meistens einen Höchstwert von 0,08 empfohlen (vgl. Browne/Cudeck 1993), wobei in einigen Arbeiten auch ein Höchstwert von 0,10 als akzeptabel angesehen wird (vgl. MacCallum/Browne/Sugawara 1996; Steiger 1989).

Der *Goodness-of-Fit Index (GFI)* stellt ein häufig herangezogenes, globales Gütekriterium dar. Die Freiheitsgrade werden bei diesem Kriterium nicht berücksichtigt. Der GFI wird wie folgt berechnet (vgl. Homburg/Baumgartner 1995):

$$GFI = 1 - \frac{sp\left[(\hat{\Sigma}^{-1}S - I)^2\right]}{sp\left[(\hat{\Sigma}^{-1}S)^2\right]}$$

Die Bezeichnung sp steht hierbei für die Summe der Diagonalelemente einer quadratischen Matrix (Spur). Die Einheitsmatrix wird in der Formel durch I repräsentiert. Der Wert des GFI kann zwischen Null und Eins liegen. Bei einem Wert von Eins wird eine perfekte Anpassung des spezifizierten Modells an die empirischen Daten angedeutet. In Anlehnung an Homburg/Baumgartner (1995, S. 167f.) wird in der vorliegenden Arbeit für den GFI ein Mindestwert von 0,9 als ausreichend angesehen. In der Literatur wird an dem Gütekriterium GFI kritisiert, dass die Anzahl der Freiheitsgrade eines Modells nicht in dessen Berechnung berücksichtigt werden. So bleibt der Wert des GFI gleich oder steigt, wenn ein zusätzlicher zu schätzender Modellparameter hinzugefügt wird (vgl. Homburg/Giering 1996; Homburg/Klarmann/Pflesser 2008).

Im Gegensatz zum GFI wird bei dem globalen Gütekriterium Adjusted-Goodness-of-Fit Index (AGFI) die Anzahl der Freiheitsgrade berücksichtigt. Der AGFI wird deshalb im Allgemeinen als aussagekräftiger angesehen und wird wie folgt berechnet (vgl. Homburg/Baumgartner 1995):

$$AGFI = 1 - \frac{q \cdot (q+1)}{2df}(1 - GFI)$$

Der Wert Eins deutet auf eine perfekte Anpassung hin. Als Mindestwert des AGFI wird jedoch ebenfalls ein Wert von 0,9 als ausreichend angesehen (vgl. Homburg/Baumgartner 1995, S. 167f.).

Ein weiteres globales Gütekriterium stellt der *Comparative-Fit Index (CFI)* dar. Während die oben dargestellten globalen Kriterien die Güte eines Modells unabhängig von anderen Modellen überprüfen, liegt bei dem CFI ein sogenanntes Basismodell zugrunde, mit welchem das zu überprüfende Modell verglichen wird (vgl. Bentler/Bonett 1982). Bei dem Basismodell wird in der Regel von der Annahme ausgegangen, dass alle Indikatoren des Modells unabhängig sind. Es handelt sich also um ein Nullmodell, welches keine wesentlichen Informationen enthält (vgl. Homburg/Pflesser 2000b). Im Gegensatz zum Normed-Fit Index (NFI), bei dem ebenfalls ein Basismodell zugrunde gelegt wird, berücksichtigt der CFI die Anzahl der Freiheitsgrade und wird wie folgt berechnet (vgl. Homburg/Klarmann/Pflesser 2008):

$$CFI = 1 - \frac{\max\{\chi_r^2 - df_r; 0\}}{\max\{\chi_b^2 - df_b; \chi_r^2 - df_r\}}$$

Während χ_r^2 den χ^2-Wert des zu überprüfenden Modells bezeichnet, steht χ_b^2 für den χ^2-Wert des Basismodells. Dementsprechend bezieht sich df_r auf die Anzahl der Freiheitsgrade des zu überprüfenden Modells und df_b auf die Anzahl der Freiheitsgrade des Basismodells.

In der vorliegenden Arbeit finden ergänzend zu den globalen Gütekriterien auch lokale Güte-kriterien Anwendung. Insbesondere zur Beurteilung der Konvergenzvalidität besitzen lokale Gütekriterien eine höhere Aussagekraft (vgl. Homburg/Giering 1996). Die folgenden lokalen Gütekriterien lassen sich unterscheiden (vgl. Homburg/Baumgartner 1995; Homburg/Klar-mann/Pflesser 2008):

- Indikatorreliabilität,
- t-Wert der Faktorladung eines Indikators,
- Faktorreliabilität und
- durchschnittlich erfasste Varianz.

Während die ersten zwei Gütekriterien zur Beurteilung von einzelnen Indikatoren heran-gezogen werden, finden die letzten zwei Gütekriterien Anwendung bei der Evaluierung von Faktoren. Zunächst lässt sich durch die *Indikatorreliabilität* beurteilen, wie hoch der Anteil der Varianz eines Indikators ist, der durch einen Faktor erklärt wird. Die Indikatorreliabilität kann Werte zwischen Null und Eins annehmen. Der geforderte Mindestwert in der Literatur liegt bei 0,4 (vgl. Homburg 2000, S. 91; Homburg/Baumgartner 1995, S. 170). Jedoch wird in der Arbeit von Little/Lindenberger/Nesselroade (1999) betont, dass eine zu starke Ge-wichtung der Indikatorreliabilität bei neu entwickelten Messskalen die Inhaltsvalidität des Messmodells gefährden kann. Aus diesem Grund werden in der vorliegenden Arbeit zum Teil Indikatoren aus neu entwickelten Messskalen beibehalten, die bei der Überprüfung der Mess-skala eine Indikatorreliabilität unter 0,4 aufweisen, soweit dies aus inhaltlicher Perspektive als sinnvoll erachtet wird. Die Indikatorreliabilität wird wie folgt berechnet (vgl. Homburg/Klar-mann/Pflesser 2008):

$$IR(x_i) = \frac{\lambda_{ij}^2 \Phi_{jj}}{\lambda_{ij}^2 \Phi_{jj} + \theta_{ii}}$$

λ_{ij} bezeichnet die geschätzte Faktorladung und Φ_{jj} steht für die geschätzte Varianz. θ_{ii} gibt die geschätzte Varianz des Messfehlers δ_i an.

Die Signifikanz der Faktorladung eines Indikators kann mithilfe des *t-Wertes* ermittelt werden. Der t-Wert wird berechnet, indem die geschätzte Faktorladung durch den Standard-fehler der Schätzung geteilt wird (vgl. Jöreskog/Sörbom 1993; Homburg 2000, S. 92). Die Faktorladung lässt sich dann auf dem 5 %-Signifikanzniveau von Null unterscheiden, wenn der t-Wert der Faktorladung eines Indikators mindestens 1,645 beträgt (vgl. Homburg/Giering 1996, S. 11).

Mithilfe der *Faktorreliabilität* und der *durchschnittlich erfassten Varianz* kann festgestellt werden, wie gut ein Faktor durch die Gesamtheit der ihm zugehörigen Indikatoren gemessen wird. Die beiden Gütekriterien können Werte zwischen Null und Eins annehmen. Ein hoher

Wert steht dabei für eine gute Modellanpassung (vgl. Homburg/Baumgartner 1995; Homburg/ Klarmann/Pflesser 2008). Die Faktorreliabilität wird wie folgt kalkuliert (vgl. Homburg/Klarmann/Pflesser 2008):

$$FR(\xi_j) = \frac{\left(\sum_{i=1}^{k}\lambda_{ij}\right)^2 \Phi_{jj}}{\left(\sum_{i=1}^{k}\lambda_{ij}\right)^2 \Phi_{jj} + \sum_{i=1}^{k}\theta_{ii}}$$

Die Anzahl der Indikatoren wird in der Formel durch k ausgedrückt. In der vorliegenden Arbeit wird ein Mindestwert der Faktorreliabilität von 0,6 zugrunde gelegt, um von einer guten Modellgüte ausgehen zu können (vgl. Bagozzi/Yi 1988, S. 82; Homburg/Baumgartner 1995, S. 170).

Die *durchschnittlich erfasste Varianz* gibt an, wie hoch der Anteil der durch den Faktor erklärten Varianz ist (vgl. Homburg/Klarmann/Pflesser 2008). In Anlehnung an Homburg/Baumgartner (1995, S. 170) wird in der vorliegenden Arbeit für dieses Gütekriterium ein Mindestwert von 0,5 als ausreichend angesehen. Die durchschnittlich erfasste Varianz lässt sich wie folgt berechnen (vgl. Homburg/Klarmann/Pflesser 2008):

$$DEV(\xi_j) = \frac{\sum_{i=1}^{k}\lambda_{ij}^2 \Phi_{jj}}{\sum_{i=1}^{k}\lambda_{ij}^2 \Phi_{jj} + \sum_{i=1}^{k}\theta_{ii}}$$

Die bis dato dargestellten Gütekriterien können zur Beurteilung der Reliabilität und der Konvergenzvalidität herangezogen werden. In der Literatur wird eine Reihe von Verfahren zur Beurteilung der Diskriminanzvalidität diskutiert (vgl. hierzu ausführlich Klarmann 2008), wobei dem Fornell-Larcker-Kriterium (vgl. Fornell/Larcker 1981) und dem χ^2-Differenztest (vgl. Anderson/Gerbing 1993; Homburg/Dobratz 1992) besondere Beachtung geschenkt wird. In der vorliegenden Arbeit wird zur Beurteilung der Diskriminanzvalidität das Fornell-Larcker-Kriterium angewandt, da es im Vergleich zum χ^2-Differenztest das bedeutend strengere Kriterium darstellt (vgl. Homburg/Klarmann/Pflesser 2008, S. 287). Das Fornell-Larcker-Kriterium gilt als erfüllt, wenn jede quadrierte Korrelation des zu beurteilenden Faktors mit einem anderen Faktor kleiner als die durchschnittlich erfasste Varianz des zu beurteilenden Faktors ist (vgl. Fornell/Larcker 1981, S. 46).

Abschließend ist anzumerken, dass bei der Beurteilung der Konstruktmessung nicht gefordert wird, dass die gleichzeitige Erfüllung aller Gütekriterien gegeben sein muss. Die Beurteilung der Konstruktmessung sollte also nicht durch die isolierte Betrachtung von einzelnen Gütekriterien vorgenommen werden. Vielmehr sollte sich die Beurteilung der Konstruktmessung an dem Gesamtbild der Gütekriterien orientieren (vgl. Homburg 2000, S. 93; Homburg/ Baumgartner 1995, S. 172). Die in der vorliegenden Arbeit zur Beurteilung der Reliabilität und Validität herangezogenen Gütekriterien sowie die zugehörigen Anspruchsniveaus werden in Tabelle 4-2 zusammenfassend dargestellt.

Tabelle 4-2:   Gütekriterien zur Beurteilung der Messmodelle (in Anlehnung an Homburg/Giering 1996)

Gütekriterium der ersten Generation	Anspruchsniveau
Erklärte Varianz der exploratorischen Faktoranalyse	$\geq 0{,}5$
Cronbachsches Alpha	$\geq 0{,}7$
Item-To-Total-Korrelation	Eliminierung des Indikators mit der niedrigsten Item-to-Total-Korrelation bei einem Cronbachschen Alpha $< 0{,}7$
Güterkriterium der zweiten Generation	**Anspruchsniveau**
χ^2/df	≤ 3
RMSEA	$\leq 0{,}08$ bzw. $0{,}10$
GFI	$\geq 0{,}9$
AGFI	$\geq 0{,}9$
CFI	$\geq 0{,}9$
Indikatorreliabilität	$\geq 0{,}4$
t-Wert der Faktorladung	$\geq 1{,}645$
Faktorreliabilität	$\geq 0{,}6$
Durchschnittlich erfasste Varianz	$\geq 0{,}5$
Fornell-Larcker-Kriterium	$DEV(\xi_j) >$ quadrierte Korrelation zwischen Faktor j und k, $\forall \; j \neq k$

4.2.2   Grundlagen der Dependenzanalyse

In Abschnitt 4.2.1 wurden die Verfahren zur Untersuchung der Beziehungen zwischen den Indikatoren und den Konstrukten bzw. Faktoren dargestellt. Dieser Abschnitt beschäftigt sich mit den methodischen Aspekten der Untersuchung der Abhängigkeitsbeziehungen zwischen den Konstrukten. Die Untersuchung dieser Beziehungen erfordert Methoden der Dependenz-analyse. Da in den beiden Untersuchungsmodellen (vgl. Abschnitt 3.1.1 bzw. Abschnitt 3.2.1) Wirkungsketten unterstellt werden, wird in der vorliegenden Arbeit die Kausalanalyse an-gewandt. Diese bietet im Vergleich zur Regressionsanalyse die Möglichkeit, mehrstufige Zu-sammenhänge zu untersuchen (vgl. ausführlich zur Kausalanalyse Homburg/Klarmann 2006, S. 727ff.). Zudem weist die Kausalanalyse eine höhere Leistungsfähigkeit als beispielsweise die Regressionsanalyse auf (vgl. Homburg 1992) und gehört in der Marketingforschung zu den am häufigsten genutzten multivariaten Analyseverfahren (vgl. Homburg 1992, S. 499; Homburg/Baumgartner 1995, S. 1091).

Die *Kausalanalyse* verfolgt das Ziel, basierend auf empirisch gemessenen Varianzen und Kovarianzen von Indikatoren mithilfe der Parameterschätzung Rückschlüsse auf die Abhängigkeitsbeziehungen zwischen den unterschiedlichen latenten Variablen zu ziehen, die den Indikatoren zugrunde liegen (vgl. Homburg 1989, S. 2). Eine wesentliche Stärke der Kausalanalyse ist die Möglichkeit der simultanen Schätzung mehrerer Messmodelle (vgl. hierzu auch Abschnitt 4.2.1) und eines Strukturmodells, mithilfe dessen die Zusammenhänge zwischen den Konstrukten abgebildet werden (vgl. Bagozzi 1994; Jöreskog/Sörbom 1993). Zudem ist hervorzuheben, dass im Rahmen der Kausalanalyse explizit Messfehler berücksichtigt werden (vgl. Homburg 1992; Klarmann 2008).

Zur Kausalanalyse kommt das Softwareprogramm LISREL (Linear Structural RELationship) häufig zum Einsatz (vgl. Homburg/Sütterlin 1990, S. 181; Jöreskog 1978; Jöreskog/Sörbom 1982). Daher orientieren sich die folgenden Ausführungen an der LISREL-Schreibweise (vgl. Jöreskog/Sörbom 1993). Die kausalanalytischen Berechnungen werden in der vorliegenden Arbeit mithilfe der Version 8.80 des Softwareprogramms LISREL durchgeführt. Die Modellspezifikation lässt sich als System linearer Gleichungen wie folgt darstellen (vgl. Homburg/Pflesser/Klarmann 2008; Jöreskog/Sörbom 1982):

$$\eta = B \cdot \eta + \Gamma \cdot \xi + \zeta \quad \text{(Strukturmodell)}$$

$$y = \Lambda_y \cdot \eta + \varepsilon \quad \text{und} \quad x = \Lambda_x \cdot \xi + \delta \quad \text{(Messmodell)}$$

Die Beziehungen zwischen den unterschiedlichen latenten Variablen werden anhand des *Strukturmodells*, welches durch die erste Gleichung dargestellt wird, spezifiziert. Hierbei steht η für die latenten endogenen Variablen und ξ für die latenten exogenen Variablen. Durch die Koeffizientenmatrix Γ werden die Effekte zwischen den latenten endogenen Variablen modelliert. Die Koeffizientenmatrix B bildet hingegen die Effekte der latenten exogenen Variablen auf die latenten endogenen Variablen ab. ζ bezeichnet die Residualvariablen (Fehlergrößen) der latenten endogenen Variablen des Strukturmodells (vgl. Homburg/Pflesser/Klarmann 2008).

Die Zuordnung der Indikatorvariablen zu den latenten Variablen wird durch die *Messmodelle* abgebildet. Der Vektor y bezeichnet dabei die Indikatorvariablen der latenten endogenen Variablen. Der Vektor x steht hingegen für die Indikatorvariablen der latenten exogenen Variablen. Die Koeffizientenmatrizen Λ_y und Λ_x bezeichnen die Faktorladungsmatrizen. Die Vektoren ε sowie δ beziehen sich auf die Messfehlervariablen. Somit wird davon ausgegangen, dass jede Indikatorvariable eine mit Fehlern behaftete Messung der zugrundeliegenden latenten Variable darstellt (vgl. Homburg/Pflesser/Klarmann 2008). Unter geeigneten Voraussetzungen kann die Kovarianzmatrix Σ der empirisch erfassten Indikatoren als Funktion der acht folgenden Parametermatrizen dargestellt werden (vgl. Homburg 1989, S. 151ff.):

B, Γ, Λ_y Λ_x Φ, ψ, θ_ε und θ_δ.

Hierbei stehen Φ, ψ, θ_ε und θ_δ für die Kovarianzmatrizen der Vektoren ξ, ζ, ε bzw. δ (vgl. Homburg 1989, S. 151ff.). Die Funktion lautet also wie folgt (vgl. Homburg/Pflesser/ Klarmann 2008):

$$\Sigma = \Sigma\left(B, \Gamma, \Lambda_y, \Lambda_x, \Phi, \psi, \theta_\varepsilon, \theta_\delta\right)$$

Die obige Gleichung kann als $\Sigma = \Sigma(\alpha)$ vereinfacht dargestellt werden, indem die acht zu schätzenden Parametermatrizen zusammenfassend als α bezeichnet werden (vgl. Homburg/ Pflesser/Klarmann 2008). Im Kern der anschließenden Parameterschätzung steht die Ermittlung eines Vektors $\hat{\alpha}$ von Parameterschätzern, sodass die vom Modell generierte Kovarianzmatrix $\hat{\Sigma} = \Sigma(\hat{\alpha})$ möglichst stark der empirisch ermittelten Kovarianzmatrix S ähnelt (vgl. Homburg/Pflesser/Klarmann 2008). Die Lösung des folgenden Minimierungsproblems stellt sich also (vgl. Homburg/Pflesser/Klarmann 2008):

$$f_s(\alpha) = F(S, \Sigma(\alpha)) \rightarrow \min$$

F bezeichnet hierbei eine Diskrepanzfunktion, mithilfe welcher die Unterschiedlichkeit von zwei symmetrischen Matrizen gemessen wird (vgl. Homburg/Pflesser 2000b; Homburg/ Pflesser/Klarmann 2008). Wie in Abschnitt 4.2.1 bereits erwähnt, kommt in der vorliegenden Arbeit das Schätzverfahren Unweighted Least Squares zum Einsatz, aus welchem sich die Wahl der Diskrepanzfunktion ergibt (vgl. Homburg 1989).

Die Identifikation des spezifizierten Modells stellt einen weiteren wichtigen Aspekt im Rahmen der Kausalanalyse dar. Die Identifikation ist jedoch nur möglich, wenn ausreichende Informationen für eine eindeutige Schätzung der Modellparameter in der Kovarianzmatrix der Indikatorvariablen enthalten sind (vgl. Homburg/Baumgartner 1995). Eine notwendige, aber nicht hinreichende Bedingung zur Modellidentifikation lautet, dass die Anzahl der zu schätzenden Parameter kleiner oder gleich der Anzahl der empirischen Varianzen und Kovarianzen sein muss. Diese Bedingung lässt sich als Formel wie folgt darstellen (vgl. Homburg/Pflesser/Klarmann 2008):

$$r \leq \frac{q \cdot (q+1)}{2}$$

Hierbei bezeichnet r die Anzahl der Modellparameter und q die Anzahl der Indikatorvariablen. An dieser Stelle sei erwähnt, dass bislang kein Kriterium bekannt ist, welches eine notwendige und hinreichende Bedingung für die Identifikation von Modellen darstellt. Indizien für nicht identifizierte Modelle können jedoch beispielsweise große Standardfehler und entartete Schätzer darstellen (vgl. Bollen 1989, S. 326ff.; Hildebrandt 1983, S. 76ff.).

Von zentraler Bedeutung für die Überprüfung der hypothetischen Dependenzstruktur sind zudem die standardisierten Effekte des Strukturmodells (γ_{ij} und β_{kl}) sowie deren zugehörigen t-Werte. Durch die standardisierten Effekte des Strukturmodells werden Aussagen über die Stärke und die Richtung einer Abhängigkeitsbeziehung ermöglicht. Anhand des dazugehörigen t-Wertes können Rückschlüsse auf die statistische Signifikanz des Zusammenhangs gezogen werden. Auf Basis des t-Wertes wird schließlich die Annahme bzw. Ablehnung der zugrunde liegenden Hypothese entschieden. Hierzu wird die t-Teststatistik herangezogen (vgl. Homburg et al. 2008).

Des Weiteren wird in der Literatur betont, dass die Beurteilung der standardisierten Effekte mithilfe von Mindestwerten nicht sinnvoll ist. Die Beurteilung hat vielmehr in Zusammenhang mit der dahinter stehenden Fragestellung zu erfolgen (vgl. Pflesser 1999, S. 115f.).

Wie in Abschnitt 3.2.2 erläutert, werden in der vorliegenden Arbeit neben den Haupteffekten auch moderierende Effekte untersucht. Die empirische Überprüfung der Hypothesen zu den moderierenden Effekten (vgl. Abschnitt 4.4.2.2) wird wie die empirische Überprüfung der Hypothesen zu den Haupteffekten (vgl. Abschnitt 4.3.2 sowie Abschnitt 4.4.2.1) mithilfe der Kausalanalyse vorgenommen. Das Verfahren zur Überprüfung von moderierenden Effekten wird als *kausalanalytische Mehrgruppenanalyse* bezeichnet (vgl. Bollen 1989; Jöreskog/ Sörbom 1989). In methodischer Hinsicht ist die kausalanalytische Mehrgruppenanalyse der moderierten Regressionsanalyse (vgl. Sharma/Durand/Gur-Arie 1981) deutlich überlegen. Zum Beispiel gilt die Annahme der fehlerfreien Messung aller Variablen nicht für die Kausalanalyse (vgl. Homburg 1992).

Im Rahmen der kausalanalytischen Mehrgruppenanalyse werden Kausalmodelle für unterschiedliche Teildatensätze (Gruppen) gleichzeitig geschätzt. Dazu wird mithilfe von Gütekriterien ein Vergleich hinsichtlich der Anpassungsgüte einer Schätzung unter Identitätsrestriktion bestimmter Modellparameter des Modells und der Anpassungsgüte einer Schätzung ohne diese Restriktion angestellt (vgl. Baumgartner/Steenkamp 1998; Bollen 1989; Jöreskog/Sörbom 1993). Das Modell der Kausalanalyse (vgl. dazu die obigen Ausführungen) wird hierbei um die Möglichkeit einer gleichzeitigen Schätzung der spezifizierten Modellstruktur in g unabhängigen Gruppen (g = 1, 2, ..., G) ergänzt. Die Spezifikation des Modells lautet (vgl. Jöreskog/Sörbom 1989):

(1) $\eta^{(g)} = B^{(g)}\eta^{(g)} + \Gamma^{(g)}\xi^{(g)} + \zeta^{(g)}$

(2) $y^{(g)} = \Lambda_y^{(g)}\eta^{(g)} + \varepsilon^{(g)}$ und (3) $x^{(g)} = \Lambda_x^{(g)}\xi^{(g)} + \delta^{(g)}$

In der ersten Gleichung werden die Strukturmodelle für alle g Gruppen wiedergegeben. Die zweite und die dritte Gleichung repräsentieren die Messmodelle für die g Gruppen. Zunächst erfolgt für jede Gruppe die gleichzeitige Schätzung der Parameter des Strukturmodells und der Parameter des Messmodells.

Unter geeigneten Voraussetzungen kann die Kovarianzmatrix $\Sigma^{(g)}$ der Indikatorvariablen $y^{(g)}$ und $x^{(g)}$ durch die Parametermatrizen $B^{(g)}$, $\Gamma^{(g)}$, $\Lambda_y^{(g)}$, $\Lambda_x^{(g)}$, $\Phi^{(g)}$, $\psi^{(g)}$, $\theta_\varepsilon^{(g)}$ und $\theta_\delta^{(g)}$ wie folgt dargestellt werden (vgl. Jöreskog/Sörbom 1989):

$$\Sigma^{(g)} = \Sigma^{(g)}\left(B^{(g)}, \Gamma^{(g)}, \Lambda_y^{(g)}, \Lambda_x^{(g)}, \Phi^{(g)}, \psi^{(g)}, \theta_\varepsilon^{(g)}, \theta_\delta^{(g)}\right)$$

Im Rahmen der kausalanalytischen Mehrgruppenanalyse umfasst das Modell also $G \cdot 8$ Parametermatrizen. Im Vergleich dazu wird das Kausalmodell ohne Gruppenvergleich mithilfe von acht Parametermatrizen beschrieben. Wie bereits oben erläutert, kann die Gesamtheit der zu schätzenden Parameter durch den Vektor α mit $\alpha = \left(\alpha^{(1)}, \alpha^{(2)}, \ldots, \alpha^{(G)}\right)$, repräsentiert werden. Die Gleichung lautet also wie folgt:

$$\Sigma^{(g)} = \Sigma^{(g)}\left(\alpha^{(g)}\right)$$

In der anschließenden Parameterschätzung soll nun ein solcher Vektor $\hat{\alpha}^{(g)}$ ermittelt werden, sodass die vom Modell erzeugten Kovarianzmatrizen $\hat{\Sigma}^{(g)} = \Sigma^{(g)}\left(\hat{\alpha}^{(g)}\right)$ möglichst stark den empirischen Kovarianzmatrizen $S^{(g)}$ ähneln. Hierbei stellt sich also das folgende Minimierungsproblem (vgl. hierzu die obigen Ausführungen):

$$f_s(\alpha) = \sum_{g=1}^{G} \left(\frac{N_g}{N}\right) F^{(g)}\left(S^{(g)}, \Sigma^{(g)}\left(\alpha^{(g)}\right)\right) \to \min$$

Hierbei bezeichnet N_g den Stichprobenumfang der g-ten Gruppe und N den Umfang der Gesamtstichprobe ($N = N_1 + N_2 + \ldots + N_G$). Im Anschluss an die unabhängige Schätzung der Parameter für die jeweilige Gruppe folgt im Rahmen der kausalanalytischen Mehrgruppenanalyse die Einführung von Identitätsrestriktionen. Hierbei werden bestimmte Parameter zwischen den Gruppen gleichgesetzt. Obwohl die Identitätsrestriktion prinzipiell auf alle β- und γ-Parameter des Strukturmodells angewandt werden kann, sollten die Restriktionen auf inhaltlichen Überlegungen basieren. Im Rahmen der Parameterschätzung mit Identitätsrestriktionen kann nun mithilfe der Differenz der χ^2-Werte überprüft werden, ob sich die Modellanpassung durch die Einführung der Identitätsrestriktionen signifikant verschlechtert hat (vgl. Jaccard/Wan 1996).

Im Rahmen der kausalanalytischen Mehrgruppenanalyse wird die Modellierung von moderierenden Effekten auf der Basis von zwei Teildatensätzen vorgenommen, d.h., durch die Bildung von zwei Teilstichproben aus der Gesamtstichprobe. Hierbei wird die Gesamtstichprobe in etwa zwei gleich große Teilstichproben durch einen Median-Split in Bezug auf den relevanten Moderator geteilt. Während die erste Teilstichprobe (Gruppe 1) die Datensätze mit einer hohen Ausprägung des Moderators enthält, ist die zweite Teilstichprobe (Gruppe 2) durch Datensätze mit einer niedrigen Ausprägung des Moderators gekennzeichnet. Falls der Wert der moderierenden Variablen gleich dem Median ist, können die Werte zufällig zu den Gruppen zugeteilt werden (vgl. Klarmann 2008, S. 69). Anschließend wird der interessierende Effekt bei der unabhängigen Schätzung darauf hin beurteilt, ob deutliche Unterschiede in beiden Gruppen vorliegen. Falls ein solcher Unterschied besteht und sich Modellanpassung bei der Schätzung des Effektes unter Identitätsrestriktionen signifikant verschlechtert, kann ein moderierender Effekt empirisch nachgewiesen werden. Wie oben erläutert, erfolgt die Messung der Modellanpassung durch die Differenz der χ^2-Werte. Um den moderierenden Effekt beispielsweise auf dem 5 %-Signifikanzniveau bestätigen zu können, muss die Differenz also mindestens 3,84 betragen (vgl. Jaccard/Wan 1996).

4.3 Untersuchung des Modells zur Integration von Informationen

Anhand des vorliegenden Abschnitts soll die Forschungsfrage 3 beantwortet werden. Dazu werden in Abschnitt 4.3.1 zunächst die Konstrukte des zugrunde liegenden Untersuchungsmodells operationalisiert. Anschließend werden die Ergebnisse der Hypothesenprüfung in Abschnitt 4.3.2 erläutert.

4.3.1 Operationalisierung der Konstrukte

Im Folgenden wird die Operationalisierung der Konstrukte zur Gewinnung von Informationen vorgenommen. Anschließend wird das Konstrukt Integration von Informationen operationalisiert. Die Operationalisierung des Konstrukts produktbezogene Innovativität erfolgt ebenfalls im vorliegenden Abschnitt. Abschließend werden die Konstrukte Markterfolg und wirtschaftlicher Erfolg operationalisiert. Zur Messung der Konstrukte wurde im Wesentlichen auf die Arbeiten der Literaturbestandsaufnahme zurückgegriffen (vgl. Abschnitt 2.2). Die Ankerpunkte der generierten siebenstufigen Likert-Skalen wurden mit „stimme völlig zu" und „stimme überhaupt nicht zu" bezeichnet. Da zur Messung der Erfolgsgrößen der Branchendurchschnitt zugrunde gelegt wird, erhielten die Ankerpunkte der Skalen zu den Erfolgsgrößen hingegen die Bezeichnung „wesentlich besser" und „wesentlich schlechter".

In der Literatur existiert eine Reihe von Arbeiten, die sich mit der Messung der *Gewinnung von Informationen durch Kunden* befasst haben (vgl. Fang 2008; Kohli/Jaworski/Kumar 1993; Li/Calantone 1998; Veldhuizen/Hultink/Griffin 2006). Vor allem haben sich Arbeiten zur Informationsperspektive der Marktorientierung (vgl. Jaworski/Kohli 1993; Kohli/Jaworski 1990) mit der Gewinnung von Informationen durch Kunden beschäftigt. Daher erfolgt die Operationalisierung des Konstrukts in Anlehnung an die Arbeit von Kohli/Jaworski/Kumar

(1993). Das Konstrukt wird mit insgesamt fünf Indikatoren gemessen, welche bei den Marketing- bzw. Vertriebsleitern der Anbieterunternehmen erhoben wurden. Die Werte der Gütekriterien werden in Tabelle 4-3 dargestellt.

Tabelle 4-3: Messung des Konstrukts „Gewinnung von Informationen durch Kunden"

Gütekriterien zu den Indikatoren des Faktors „Gewinnung von Informationen durch Kunden"			
Bitte geben Sie an, welche Informationen Ihr Unternehmen nutzt, um Ideen für Innovationen zu erhalten.	Item-To-Total-Korrelation	Indikator-reliabilität	t-Wert der Faktorladung
In unserem Unternehmen treffen wir die Kunden mindestens einmal im Jahr, um herauszufinden, welche Sachgüter und Dienstleistungen sie in Zukunft benötigen.	0,57	0,55	16,19
Mitarbeiter aus dem Bereich Forschung und Entwicklung kommunizieren direkt mit den Kunden, um zu lernen, wie sie deren Bedürfnisse besser erfüllen können.	0,54	0,40	15,46
Mitarbeiter aus den Bereichen Marketing bzw. Vertrieb kommunizieren direkt mit den Kunden, um zu lernen, wie sie deren Bedürfnisse besser erfüllen können.	0,54	0,44	14,13
Wir sind schnell, wenn es darum geht, veränderte Kundenbedürfnisse zu erfassen.	0,35	0,16	10,27
Wir befragen die Kunden mindestens einmal im Jahr, um die Qualität unserer Sachgüter und Dienstleistungen zu erfassen.	0,42	0,26	15,58

Gütekriterien zum Faktor „Gewinnung von Informationen durch Kunden"			
Cronbachsches Alpha:	0,72	Erklärte Varianz:	0,48
χ^2-Wert (Freiheitsgrade):	12,26 (5)	p-Wert:	0,03
GFI:	0,99	AGFI:	0,97
CFI:	1,00	RMSEA:	0,12
Faktorreliabilität:	0,73	Durchschnittlich erfasste Varianz:	0,36

Die Gütekriterien deuten hierbei im Ganzen auf eine akzeptable Messung des Konstrukts hin. Zunächst ist festzustellen, dass Wert des Cronbachschen Alphas über dem in der Literatur empfohlenen Schwellenwert von 0,7 liegt. Die Faktorladungen erfüllen darüber hinaus die von der Literatur vorgeschlagenen Mindestwerte. Zwei Indikatoren zeigen hinsichtlich der Indikatorreliabilität jeweils einen Wert von unter 0,4. Die durchschnittlich erfasste Varianz liegt unter einem Wert von 0,5 und der RMSEA liegt etwas über dem Schwellenwert. Jedoch betont Homburg (2000, S. 93), dass die Beurteilung der Konstruktmessung nicht anhand einzelner Gütekriterien vorgenommen werden sollte. Vielmehr sollte eine Orientierung am Gesamtbild der Gütekriterien erfolgen (vgl. Homburg 2000; Homburg/Baumgartner 1995). Diesbezüglich ist bei der Messung des Konstrukts festzustellen, dass die Mehrzahl der Gütekriterien erfüllt wird. Insbesondere werden wichtige Kriterien wie das Cronbachsche Alpha, der Quotient χ^2/df und der CFI erfüllt. Die Faktorreliabilität liegt ebenfalls weit über dem empfohlenen Mindestwert. Vor dem Hintergrund, dass die Faktorreliabilität und die DEV verwandte, lokale Anpassungsmaße der zweiten Generation darstellen (vgl. hierzu Abschnitt 4.2), sprechen die Gütekriterien insgesamt für eine akzeptable Messung. Des Weiteren werden die zwei Indikatoren beibehalten, da es sich um relativ weitverbreitete und anerkannte Indikatoren handelt (vgl. Jaworski/Kohli 1993; Kohli/Jaworski/Kumar 1993; Matsuno/Mentzer 2000). Zudem kann nach Little/Lindenberger/Nesselroade (1999) von einer Eliminierung abgesehen werden, da „constructs can be represented validly even though estimates of reliability suggest otherwise" (Little/Lindenberger/Nesselroade 1999, S. 207).

Die Operationalisierung des Konstrukts *Gewinnung von Informationen durch Experten* erfolgt in Anlehnung an die Messung des Konstrukts „Intelligence Generation" von Kohli/Jaworski/Kumar (1993), wobei der Schwerpunkt der Messung auf die Gewinnung von Informationen durch Experten gesetzt wurde. Insgesamt wurden drei Indikatoren zur Messung des Konstrukts entwickelt. Wie die folgende Gütebeurteilung zeigt, wird kein Item eliminiert. Die drei Indikatoren wurden im Rahmen der empirischen Untersuchung bei den Marketing- bzw. Vertriebsleitern erhoben. Die Werte der Gütekriterien werden in Tabelle 4-4 aufgelistet.

Die Beurteilung des Konstrukts wird zunächst anhand der Gütekriterien der ersten Generation vorgenommen. Auf Basis dieser Gütekriterien ist kein Indikator zu eliminieren. Im Rahmen der exploratorischen Faktoranalyse kann ein Faktor ermittelt werden, der 86 % der Varianz der drei zugrunde liegenden Indikatoren erklärt. Die ermittelten Faktorladungen weisen Werte zwischen 0,83 und 0,92 auf und entsprechen somit dem in der Literatur empfohlenen Mindestwert von 0,4. Auch das Cronbachsche Alpha liegt mit einem Wert von 0,92 deutlich über dem Mindestwert von 0,7. Demzufolge werden die Gütekriterien der ersten Generation erfüllt und keine Indikatoren eliminiert.

Tabelle 4-4: Messung des Konstrukts „Gewinnung von Informationen durch Experten"

Gütekriterien zu den Indikatoren des Faktors „Gewinnung von Informationen durch Experten"			
Bitte geben Sie an, welche Informationen Ihr Unternehmen nutzt, um Ideen für Innovationen zu erhalten.	Item-To-Total-Korrelation	Indikator-reliabilität	t-Wert der Faktorladung
Wir konsultieren Experten (z. B. Universitäten, Forschungseinrichtungen, Beratungen usw.), um Ideen zur Produktgenerierung zu gewinnen.	0,79	0,69	29,84
Von Experten erhalten wir wichtige Impulse für die Generierung von Produkten.	0,86	0,86	29,84
Experten stellen für unser Unternehmen eine wichtige Quelle für Innovationen dar.	0,86	0,85	29,84
Gütekriterien zum Faktor „Gewinnung von Informationen durch Experten"			
Cronbachsches Alpha:	0,92	Erklärte Varianz:	0,86
χ^2-Wert (Freiheitsgrade):	- *	p-Wert:	- *
GFI:	- *	AGFI:	- *
CFI:	- *	RMSEA:	- *
Faktorreliabilität:	0,92	Durchschnittlich erfasste Varianz:	0,80
* Bei drei Indikatoren besitzt ein konfirmatorisches Modell keine Freiheitsgrade. Die Berechnung dieser Gütekriterien ist daher nicht sinnvoll.			

In Bezug auf die Gütebeurteilung des Konstrukts mithilfe der Gütekriterien der zweiten Generation ist anzumerken, dass bei einem Modell mit drei Indikatorvariablen keine Freiheitsgrade existieren (vgl. hierzu Anderson/Gerbing/Hunter 1987, S. 434f.). Aus diesem Grund kommt es zu einer perfekten Anpassung des Modells an die empirischen Daten. Die globalen Gütekriterien χ^2, GFI, AGFI, CFI und RMSEA verlieren hierbei ihre Bedeutung (vgl. Homburg 2000, S. 106). Die Berechnung eines Modells mit drei Indikatoren leistet jedoch einen Beitrag zur Ermittlung der Werte für Gütekriterien, wie beispielsweise die Indikatorreliabilität, die t-Werte zur Beurteilung der Signifikanz der Faktorladungen etc. (vgl. Tabelle 4-4). Hierbei werden die entsprechenden Gütekriterien der zweiten Generation allesamt erfüllt. Insgesamt kann also eine gute Messung des Konstrukts Gewinnung von Informationen durch Experten angenommen werden.

Die Operationalisierung des Konstrukts *Gewinnung von Informationen durch Kooperationen* orientiert sich an der Messung von De Jong/Vermeulen (2006) sowie der Operationalisierung der zwei vorhergehenden Konstrukte, wobei in Bezug auf das vorliegende Konstrukt der

Fokus auf Kooperationen als Quelle zur Gewinnung von Informationen gelegt wird. Zudem wird im Vergleich zur Messung von De Jong/Vermeulen (2006) ein Item ergänzt. Das Konstrukt wird also insgesamt mithilfe von zwei Indikatoren gemessen, die bei den Marketing- und Vertriebsleitern erhoben wurden. In Tabelle 4-5 werden die Gütekriterien zur Messung des Konstrukts dargestellt.

Zunächst ist festzuhalten, dass auf Basis der Gütekriterien der ersten Generation keine Indikatoren zu eliminieren waren. Die exploratorische Faktorenanalyse zeigt, dass der Faktor 92 % der Varianz der zwei Indikatoren erklärt. Der Wert des Cronbachschen Alphas liegt mit 0,91 ebenfalls deutlich über dem in der Literatur empfohlenen Mindestwert von 0,7. Darüber hinaus sind die Werte der Item-To-Total-Korrelation hoch.

Tabelle 4-5:   Messung des Konstrukts „Gewinnung von Informationen durch Kooperationen"

Gütekriterien zu den Indikatoren des Faktors **„Gewinnung von Informationen durch Kooperationen"**			
Bitte geben Sie an, welche Informationen Ihr Unternehmen nutzt, um Ideen für Innovationen zu erhalten.	Item-To-Total-Korrelation	Indikator-reliabilität	t-Wert der Faktorladung
Kooperationen mit anderen Unternehmen stellen für uns Quellen der Informations-gewinnung zur Produktgenerierung dar.	0,84	- *	- *
Wir gewinnen durch Kooperationen Ideen für innovative Produkte.	0,84	- *	- *
Gütekriterien zum Faktor **„Gewinnung von Informationen durch Kooperationen"**			
Cronbachsches Alpha: 0,91	Erklärte Varianz:		0,92
χ^2-Wert (Freiheitsgrade): - *	p-Wert:		- *
GFI: - *	AGFI:		- *
CFI: - *	RMSEA:		- *
Faktorreliabilität: - *	Durchschnittlich erfasste Varianz:		- *
* Bei zwei Indikatoren besitzt ein konfirmatorisches Modell eine negative Zahl von Freiheits-graden. Eine konfirmatorische Faktorenanalyse ist demzufolge nicht durchführbar.			

In Bezug auf die Gütekriterien der zweiten Generation ist festzuhalten, dass eine konfirmatorische Faktorenanalyse nicht durchgeführt werden kann, da das Messmodell aufgrund der Anzahl von zwei Indikatoren eine negative Zahl von Freiheitsgraden aufweisen würde (vgl. dazu auch Abschnitt 4.2.1). Jedoch deuten die lokalen und globalen Gütekriterien der ersten Generation auf eine gute Anpassung des Modells an die empirischen Daten hin.

Die drei Indikatoren des Konstrukts *Gewinnung von Informationen durch Mitarbeiter* wurden in Anlehnung an Subramaniam/Youndt (2005) entwickelt. Im Rahmen der Operationalisierung wird dabei der Schwerpunkt auf Mitarbeiter als Quelle zur Gewinnung von Informationen, aus welchen Ideen hervorgehen, gesetzt. Dazu wurden aus dem ursprünglichen Messinstrument von Subramaniam/Youndt (2005) zwei Indikatoren ausgewählt und entsprechend angepasst. Zudem wurde das Item „Die Mitarbeiter unseres Unternehmens werden regelmäßig zu Innovationen befragt" in Analogie zur Messung des Konstrukts Gewinnung von Informationen durch Kunden aufgenommen. Die Erhebung der empirischen Daten fand hier bei den Marketing- bzw. Vertriebsleitern statt.

Tabelle 4-6:   Messung des Konstrukts „Gewinnung von Informationen durch Mitarbeiter"

Gütekriterien zu den Indikatoren des Faktors „Gewinnung von Informationen durch Mitarbeiter"			
Bitte geben Sie an, welche Informationen Ihr Unternehmen nutzt, um Ideen für Innovationen zu erhalten.	Item-To-Total-Korrelation	Indikator-reliabilität	t-Wert der Faktorladung
Unsere Mitarbeiter sind Quellen für innovative Produktideen.	0,62	0,53	14,17
Die Mitarbeiter unseres Unternehmens werden regelmäßig zu Innovationen befragt.	0,58	0,42	14,17
Informationen von unseren Mitarbeitern für Produkt- und Managementinnovationen sind von hoher Bedeutung.	0,68	0,72	14,17
Gütekriterien zum Faktor „Gewinnung von Informationen durch Mitarbeiter"			
Cronbachsches Alpha:	0,78	Erklärte Varianz:	0,70
χ^2-Wert (Freiheitsgrade):	- *	p-Wert:	- *
GFI:	- *	AGFI:	- *
CFI:	- *	RMSEA:	- *
Faktorreliabilität:	0,79	Durchschnittlich erfasste Varianz:	0,56
* Bei drei Indikatoren besitzt ein konfirmatorisches Modell keine Freiheitsgrade. Die Berechnung dieser Gütekriterien ist daher nicht sinnvoll.			

Die Überprüfung der Gütekriterien der ersten Generation zeigt, dass vor dem Hintergrund der in der Literatur empfohlenen Mindestwerte kein Indikator auszuschließen ist (vgl. Tabelle 4-6). Zunächst ergibt die exploratorische Faktorenanalyse, dass der Faktor 70 % der Varianz der drei Indikatoren erklärt. Die Faktorladungen liegen hierbei über dem empfohlenen Mindestwert von 0,4. Auch das Cronbachsche Alpha entspricht mit einem Wert von 0,78 den Empfehlungen der Literatur.

In Bezug auf die Gütebeurteilung des Konstrukts Gewinnung von Informationen durch Mitarbeiter anhand der Kriterien der zweiten Generation ist festzuhalten, dass die globalen Anpassungsmaße χ^2, GFI, AGFI, CFI und RMSEA aufgrund der Anzahl von drei Indikatoren, wie oben erläutert, keine Bedeutung besitzen. Jedoch liefern auch die lokalen Gütekriterien wichtige Hinweise bezüglich der Güte des Konstrukts. Insbesondere übertreffen die ermittelten Werte der Gütekriterien Indikatorreliabilität, Faktorreliabilität und durchschnittlich erfasste Varianz die gestellten Anforderungen. Diese Gütekriterien deuten also auf gute Eigenschaften des Messinstruments hin.

Im Anschluss an die Operationalisierung der Konstrukte zur Gewinnung von Informationen soll nun das Konstrukt *Integration von Informationen* operationalisiert werden. Wie in Abschnitt 3.1.1 erläutert, wird die Integration von Informationen mithilfe der Dimensionen Analyse von Informationen und Verbreitung von Informationen konzeptualisiert. Daher sollen im Folgenden zunächst diese Dimensionen operationalisiert werden. Anschließend wird die Operationalisierung des Konstrukts Integration von Informationen dargestellt.

Zur Operationalisierung des Konstrukts *Analyse von Informationen* werden zwei Indikatoren zur Interpretation von Informationen aus der Skala zum Kundenwissensmanagementprozess von Li/Calantone (1998) herangezogen und auf den vorliegenden Untersuchungskontext angepasst. Die Erhebung der Indikatoren wurde bei den Marketing- bzw. Vertriebsleitern vorgenommen. In Tabelle 4-7 werden die Gütekriterien hierzu dargestellt.

In Bezug auf die Gütekriterien der ersten Generation ist zunächst festzustellen, dass der Faktor 93 % der Varianz der zwei Indikatoren erklärt. Der Wert des Cronbachschen Alphas liegt zudem mit 0,92 deutlich über dem in der Literatur empfohlenen Mindestwert. Darüber hinaus sind die Werte der Item-To-Total-Korrelation relativ hoch. Wie in Abschnitt 4.2 dargelegt, kann auf Basis von zwei Indikatoren keine konfirmatorische Faktorenanalyse durchgeführt werden.

Tabelle 4-7: Messung des Konstrukts „Analyse von Informationen"

Gütekriterien zu den Indikatoren des Faktors „Analyse von Informationen"			
In unserem Unternehmen ...	Item-To-Total-Korrelation	Indikator-reliabilität	t-Wert der Faktorladung
... analysieren wir Informationen zu Innovationen intensiv.	0,85	- *	- *
... hat die Analyse von Informationen zu möglichen Produktinnovationen einen hohen Stellenwert.	0,85	- *	- *
Gütekriterien zum Faktor „Analyse von Informationen"			
Cronbachsches Alpha:	0,92	Erklärte Varianz:	0,93
χ^2-Wert (Freiheitsgrade):	- *	p-Wert:	- *
GFI:	- *	AGFI:	- *
CFI:	- *	RMSEA:	- *
Faktorreliabilität:	- *	Durchschnittlich erfasste Varianz:	- *
* Bei zwei Indikatoren besitzt ein konfirmatorisches Modell eine negative Zahl von Freiheitsgraden. Eine konfirmatorische Faktorenanalyse ist demzufolge nicht durchführbar.			

Das Konstrukt *Verbreitung von Informationen* wird auf Basis des Konstrukts „Intelligence Dissemination" von Jaworski/Kohli (1993) operationalisiert. Dazu werden vier Indikatoren herangezogen. Ein Indikator wurde insbesondere in Bezug auf den Austausch von Informationen mit Kooperationspartnern modifiziert, da der Austausch mit Kooperationspartnern eine wichtige Facette der Integration von Informationen darstellt (vgl. Grant/Baden-Fuller 2004). Die Erhebung der Indikatoren erfolgte bei den Marketing- bzw. Vertriebsleitern. Die Gütekriterien zur Konstruktmessung werden in Tabelle 4-8 dargestellt.

Von den ursprünglich vier Indikatoren wurde ein Indikator aufgrund zu niedriger Indikatorreliabilität eliminiert (mit der Bezeichnung „In unserem Unternehmen bezieht sich ein großer Teil der informellen Gespräche auf die Taktiken oder Strategien unserer Wettbewerber"). In Bezug auf die verbleibenden Indikatoren zeigt die Überprüfung der Gütekriterien der ersten Generation, dass der Faktor 77 % der Varianz der drei Indikatoren erklärt. Hierbei liegen die Faktorladungen jeweils über dem empfohlenen Mindeswert von 0,4. Auch der Wert des Cronbachschen Alphas von 0,84 übersteigt den empfohlenen Mindestwert von 0,7.

In Bezug auf die Gütekriterien der zweiten Generation ist, wie in Abschnitt 4.2 erläutert, festzuhalten, dass die Betrachtung der globalen Gütekriterien χ^2, GFI, AGFI, CFI und RMSEA bei drei Indikatoren nicht sinnvoll ist. Jedoch weisen die Gütekriterien Indikatorreliabilität, Faktorreliabilität und durchschnittlich erfasste Varianz auf gute Eigenschaften des Messinstruments hin.

Tabelle 4-8: Messung des Konstrukts „Verbreitung von Informationen"

Gütekriterien zu den Indikatoren des Faktors
„Verbreitung von Informationen"

In unserem Unternehmen …	Item-To-Total-Korrelation	Indikator-reliabilität	t-Wert der Faktorladung
… führen wir mindestens einmal im Quartal bereichsübergreifende Treffen durch, um Markttrends und Marktentwicklungen zu diskutieren.	0,67	0,55	22,17
… wenden die Mitarbeiter aus der F&E-Abteilung viel Zeit auf, um mit anderen Funktionsbereichen über die zukünftigen Bedürfnisse der Kunden zu diskutieren.	0,77	0,81	22,17
… werden Produktkonzepte mit Kooperationspartnern ausgetauscht.	0,70	0,62	22,17

Gütekriterien zum Faktor
„Verbreitung von Informationen"

Cronbachsches Alpha:	0,84	Erklärte Varianz:	0,77
χ^2-Wert (Freiheitsgrade):	- *	p-Wert:	- *
GFI:	- *	AGFI:	- *
CFI:	- *	RMSEA:	- *
Faktorreliabilität:	0,85	Durchschnittlich erfasste Varianz:	0,66

* Bei drei Indikatoren besitzt ein konfirmatorisches Modell keine Freiheitsgrade. Die Berechnung dieser Gütekriterien ist daher nicht sinnvoll.

Wie oben erläutert, wird das Konstrukt *Integration von Informationen* anhand der Dimensionen Analyse von Informationen und Verbreitung von Informationen konzeptualisiert. Zur Reduktion der Modellkomplexität (vgl. u.a. Bandalos/Finney 2001) und in Analogie zur Operationalisierung des Konstrukts produktbezogene Innovativität wird für jede Dimension das arithmetische Mittel aus den zugehörigen Indikatorvariablen gebildet. Die Zusammenfassung von inhaltlich nahestehenden Indikatorvariablen mithilfe der Bildung des arithmetischen Mittelwerts stellt eine oft angewandte Vorgehensweise zur Komplexitätsreduktion von Modellen dar und wird in der Literatur als sogenanntes *Item Parceling* bezeichnet (vgl. Bandalos/Finney 2001; Landis/Beal/Tesluk 2000; Little et al. 2002). Die beiden erzeugten Mittelwerte dienen als Indikatoren zur Operationalisierung des Konstrukts Integration von Informationen.

In Tabelle 4-9 werden die Gütekriterien zum Konstrukt Integration von Informationen aufgeführt. Wie oben erläutert, kann aufgrund der Anzahl von zwei Indikatoren keine konfirmatorische Faktorenanalyse durchgeführt werden. Die Überprüfung der Messung erfolgt also insbesondere auf Basis von Gütekriterien der ersten Generation.

Mithilfe der exploratorischen Faktorenanalyse kann ein Faktor ermittelt werden, der 76 % der Varianz der zwei Indikatoren erklärt. Zudem können in Bezug auf die Item-To-Total-Korrelation hohe Werte verzeichnet werden. Der Wert des Cronbachschen Alphas von 0,69 liegt knapp unter dem geforderten Mindestwert von 0,7. Hinsichtlich neuartiger Untersuchungsgegenstände gilt in der Literatur jedoch auch ein Mindestwert von 0,6 als gerechtfertigt (vgl. Malhotra 1993, S. 308; Nunnally 1967, S. 226). Insgesamt kann die Messung des Konstrukts also als akzeptabel eingestuft werden.

Tabelle 4-9:   Messung des Konstrukts „Integration von Informationen"

Gütekriterien zu den Indikatoren des Faktors „Integration von Informationen"			
	Item-To-Total-Korrelation	Indikator-reliabilität	t-Wert der Faktorladung
Arithmetischer Mittelwert der Indikatoren der Dimension „Analyse von Informationen"	0,53	- *	- *
Arithmetischer Mittelwert der Indikatoren der Dimension „Verbreitung von Informationen"	0,53	- *	- *
Gütekriterien zum Faktor „Integration von Informationen"			
Cronbachsches Alpha: 0,69	Erklärte Varianz:		0,76
χ^2-Wert (Freiheitsgrade): - *	p-Wert:		- *
GFI: - *	AGFI:		- *
CFI: - *	RMSEA:		- *
Faktorreliabilität: - *	Durchschnittlich erfasste Varianz:		- *
* Bei zwei Indikatoren besitzt ein konfirmatorisches Modell eine negative Zahl von Freiheitsgraden. Eine konfirmatorische Faktorenanalyse ist demzufolge nicht durchführbar.			

Wie in Abschnitt 2.1.2.1 dargestellt, wird das Konstrukt produktbezogene Innovativität anhand von drei Dimensionen konzeptualisiert. Dabei handelt es sich um die Dimensionen *Grad der Neuartigkeit von Produkten*, *Grad des Nutzens von neuartigen Produkten* und *Häufigkeit der Markteinführung von neuartigen Produkten.* Zunächst erfolgt die Operationalisierung der drei Dimensionen. Anschließend wird das Konstrukt produktbezogene Innovativität operationalisiert.

In der Literatur existiert eine Reihe von Ansätzen zur Messung der Neuartigkeit von Produkten (vgl. dazu Abschnitt 2.2 sowie Garcia/Calantone 2002). Hierbei lassen sich die Ansätze insbesondere dahin gehend unterscheiden, ob die Neuartigkeit von einem bzw. mehreren ausgewählten Produkten (vgl. u.a. Chandy/Tellis 2000; Fang 2008), die Neuartigkeit des Ergebnisses eines Innovationsprojekts (vgl. u.a. Naveh 2005; Talke 2007) oder die Neuartigkeit des gesamten Produktprogramms (vgl. Danneels/Kleinschmidt 2001; Homburg/Stock 2004) gemessen wird.

Wie in Abschnitt 2.1.2.1 erläutert, soll in der vorliegenden Arbeit der Grad der Neuartigkeit von Produkten auf der Ebene des Produktprogramms erfasst werden. Dazu wurden vier Indikatoren in Anlehnung an Moorman (1995) entwickelt und ein Indikator von Danneels/Kleinschmidt (2001) ausgewählt. Der Indikator mit der Bezeichnung „Die Sachgüter/Dienstleistungen des Anbieterunternehmens unterscheiden sich signifikant hinsichtlich Ihrer Neuartigkeit von existierenden Sachgütern/Dienstleistungen anderer Anbieter" (vgl. Tabelle 4-10) wurde von Danneels/Kleinschmidt (2001) übernommen und in Bezug auf die Produkte „anderer Anbieter" modifiziert. Zudem wurden die Indikatoren in Bezug auf die Erfassung der Neuartigkeit des Produktprogramms angepasst. In der Definition des Konstrukts wird die Wahrnehmung der Kunden hervorgehoben (vgl. hierzu Abschnitt 2.1.2.1). Deshalb wurden die Indikatoren bei den Kunden erhoben. Im Rahmen der Gütebeurteilung wurde ein Indikator (mit der Bezeichnung „Die Sachgüter/Dienstleistungen des Anbieterunternehmens sind nicht vorhersehbar") aufgrund einer niedrigen Indikatorreliabilität entfernt, sodass das Konstrukt insgesamt durch vier Indikatoren operationalisiert wird (vgl. Tabelle 4-10).

In Bezug auf die Überprüfung der Gütekriterien der ersten Generation wurde bei der exploratorischen Faktorenanalyse ein Faktor ermittelt, der 82 % der Varianz der Indikatoren erklärt. Hierbei liegen die Werte der Faktorladungen zwischen 0,87 und 0,89, also deutlich über dem empfohlenen Mindestwert von 0,4. Das Gleiche gilt für das Cronbachsche Alpha mit einem Wert von 0,93. Die Gütekriterien der ersten Generation werden also ausnahmslos erfüllt.

Hinsichtlich der Gütekriterien der zweiten Generation kann festgestellt werden, dass alle Gütekriterien der Messung erfüllt werden. Damit kann auf eine gute Messung des Konstrukts geschlossen werden.

Tabelle 4-10: Messung des Konstrukts „Grad der Neuartigkeit von Produkten"

Gütekriterien zu den Indikatoren des Faktors „Grad der Neuartigkeit von Produkten"			
Die Sachgüter/Dienstleistungen des Anbieterunternehmens ...	Item-To-Total-Korrelation	Indikator-reliabilität	t-Wert der Faktorladung
... sind neuartig.	0,82	0,76	18,14
... sind originell.	0,83	0,76	18,22
... unterscheiden sich signifikant hinsichtlich Ihrer Neuartigkeit von existierenden Sachgütern/Dienstleistungen anderer Anbieter.	0,83	0,77	18,59
... sind außergewöhnlich.	0,85	0,79	17,88

Gütekriterien zum Faktor „Grad der Neuartigkeit von Produkten"			
Cronbachsches Alpha:	0,93	Erklärte Varianz:	0,82
χ^2-Wert (Freiheitsgrade):	3,38 (2)	p-Wert:	0,18
GFI:	1,0	AGFI:	1,0
CFI:	1,0	RMSEA:	0,08
Faktorreliabilität:	0,93	Durchschnittlich erfasste Varianz:	0,77

Die zweite Dimension der produktbezogenen Innovativität stellt der Grad des Nutzens von neuartigen Produkten dar. Die Operationalisierung des Konstrukts erfolgt mithilfe der drei Indikatoren von Calantone/Chan/Cui (2006) sowie einem Indikator von Danneels/ Kleinschmidt (2001). Dabei wurden die Indikatoren hinsichtlich der Messung auf der Produktprogrammebene angepasst. Die Erhebung dieser Indikatoren erfolgte ebenfalls bei Kundenunternehmen, da die Definition zum Konstrukt die Kundenwahrnehmung des Produktnutzens umfasst. In Tabelle 4-11 die Gütekriterien zur Messung aufgeführt.

Die Ergebnisse zu den Gütekriterien der ersten Generation zeigen zunächst, dass der Faktor 83 % der Varianz der vier Indikatoren erklärt. Die Faktorladungen dieser Indikatoren liegen zwischen 0,83 und 0,90, also deutlich über dem in der Literatur vorgeschlagenen Mindestwert von 0,4. Das Gütekriterium Cronbach Alpha wird durch den Wert von 0,93 ebenfalls erfüllt.

In Bezug auf die Überprüfung der Gütekriterien der zweiten Generation ist festzuhalten, dass alle Werte durchweg den Empfehlungen der Literatur entsprechen. Mit Blick auf die Gütekriterien der ersten und zweiten Generation kann die Messung des Konstrukts also angenommen werden.

Tabelle 4-11: Messung des Konstrukts „Grad des Nutzens von neuartigen Produkten"

Gütekriterien zu den Indikatoren des Faktors „Grad des Nutzens von neuartigen Produkten"			
Die innovativen Sachgüter/Dienstleistungen des Anbieterunternehmens ...	Item-To-Total-Korrelation	Indikator-reliabilität	t-Wert der Faktorladung
... bringen einmalige Vorteile für uns.	0,85	0,79	17,77
... bieten einen höheren Nutzen als Sachgüter der anderen Anbieter.	0,85	0,79	17,17
... lösen Probleme für uns.	0,79	0,69	16,04
... liefern einen hohen Nutzen für uns.	0,86	0,81	17,32
Gütekriterien zum Faktor „Grad des Nutzens von neuartigen Produkten"			
Cronbachsches Alpha:	0,93	Erklärte Varianz:	0,83
χ^2-Wert (Freiheitsgrade):	2,74 (2)	p-Wert:	0,25
GFI:	1,0	AGFI:	1,0
CFI:	1,0	RMSEA:	0,06
Faktorreliabilität:	0,93	Durchschnittlich erfasste Varianz:	0,77

Als dritte Dimension der produktbezogenen Innovativität wird im Folgenden die Operationalisierung des Konstrukts *Häufigkeit der Markteinführung von neuartigen Produkten* dargestellt. In Anlehnung an die Likert-Skalen zur Häufigkeit der Markteinführung von neuartigen Produkten von Chandy/Tellis (1998) werden in der vorliegenden Arbeit insgesamt vier Indikatoren zur Messung des Konstrukts auf der Produktprogrammebene entwickelt (vgl. Tabelle 4-12). Wie oben erläutert, stellt die Kundenwahrnehmung im Rahmen der Definition der produktbezogenen Innovativität einen wesentlichen Aspekt dar. Daher wird das Konstrukt Häufigkeit der Markteinführung von neuartigen Produkten bei den Kunden erhoben.

Hinsichtlich der Gütekriterien der ersten Generation kann zunächst ein Faktor ermittelt werden, der 84 % der Varianz der vier Indikatoren erklärt, wobei die Faktorladungen zwischen 0,81 und 0,95 liegen. Auch der Mindestwert des Cronbachschen Alphas wird mit einem Wert von 0,94 deutlich überschritten. Die Gütekriterien der ersten Generation werden also alle deutlich erfüllt. Auch die Gütekriterien der zweiten Generation werden für das Konstrukt Häufigkeit der Markteinführung von neuartigen Produkten ausnahmslos erfüllt. So kann durch die vier Indikatoren auf eine gute Messung des Konstrukts geschlossen werden.

Tabelle 4-12: Messung des Konstrukts „Häufigkeit der Markteinführung von neuartigen Produkten"

Gütekriterien zu den Indikatoren des Faktors
„Häufigkeit der Markteinführung von neuartigen Produkten"

Das Anbieterunternehmen …	Item-To-Total-Korrelation	Indikator-reliabilität	t-Wert der Faktorladung
… hat in den letzten fünf Jahren mehr neuartige Sachgüter hervorgebracht als dessen drei stärkste Wettbewerber.	0,79	0,66	15,12
… bringt kontinuierlich innovative Sachgüter auf den Markt.	0,90	0,90	16,45
… ersetzt oder ergänzt häufig die Produktpalette durch neuartige Sachgüter.	0,86	0,79	16,06
… bringt viele innovative Sachgüter auf den Markt.	0,85	0,79	16,26

Gütekriterien zum Faktor
„Häufigkeit der Markteinführung von neuartigen Produkten"

Cronbachsches Alpha:	0,94	Erklärte Varianz:	0,84
χ^2-Wert (Freiheitsgrade):	1,58 (2)	p-Wert:	0,45
GFI:	1,0	AGFI:	1,0
CFI:	1,0	RMSEA:	0
Faktorreliabilität:	0,94	Durchschnittlich erfasste Varianz:	0,79

Wie in Abschnitt 2.1.2.1 erläutert, wird das Konstrukt *produktbezogene Innovativität* anhand der Dimensionen Grad der Neuartigkeit von Produkten, Grad des Nutzens von neuartigen Produkten und Häufigkeit der Markteinführung von neuartigen Produkten konzeptualisiert. Die drei Dimensionen werden insgesamt mithilfe von 12 Indikatoren gemessen. Zur Reduktion der Modellkomplexität wird deshalb je Dimension das arithmetische Mittel über die jeweils zugehörigen Indikatoren gebildet. An dieser Stelle ist anzumerken, dass in einer Reihe von Arbeiten der Innovationsforschung die Dimensionen der produktbezogenen Innovativität konzeptionell getrennt voneinander untersucht werden (vgl. u.a. Franke/Von Hippel/Schreier 2006; Zahra/Nielsen 2002). Weitere empirische Arbeiten der Innovations-forschung messen die produktbezogene Innovativität zwar beispielsweise anhand von Indikatoren zum Grad der Neuartigkeit der Produkte oder zum Grad des Nutzens der neuartigen Produkte, trennen aber nicht konzeptionell zwischen diesen Konstrukten (vgl. u.a. Paladino 2007; Swink/Song 2007). Nach Kenntnis des Autors wird die produktbezogene Innovativität in der vorliegenden Arbeit erstmals mithilfe von drei Dimensionen gemessen. Die drei Mittelwerte stellen hierbei die Indikatoren des Konstrukts produktbezogene Innovativität dar.

In Tabelle 4-13 werden die Gütekriterien zur Messung des Konstrukts produktbezogene Innovativität aufgeführt. Die Überprüfung der Gütekriterien der ersten Generation zeigt, dass der Faktor 85 % der Varianz der zugrunde liegenden Indikatoren erklärt. Hierbei können Faktorladungen zwischen 0,82 und 0,92 festgestellt werden. Auch der Wert des Cronbachschen Alphas liegt mit 0,91 deutlich über dem in der Literatur empfohlenen Mindestwert von 0,7.

Hinsichtlich der Gütekriterien der zweiten Generation kann festgestellt werden, dass die Werte der Indikatorreliabilität, der Faktorreliabilität und der durchschnittlich erfassten Varianz die Empfehlungen der Literatur ausnahmslos erfüllen. Daher sind die Gütekriterien als sehr gut zu bewerten und die Messung des Konstrukts produktbezogene Innovativität kann in dieser Form angenommen werden.

Tabelle 4-13: Messung des Konstrukts „produktbezogene Innovativität"

Gütekriterien zu den Indikatoren des Faktors

„produktbezogene Innovativität"

	Item-To-Total-Korrelation	Indikator-reliabilität	t-Wert der Faktorladung
Arithmetischer Mittelwert der Indikatoren der Dimension „Grad der Neuartigkeit von Produkten"	0,84	0,85	10,43
Arithmetischer Mittelwert der Indikatoren der Dimension „Grad des Nutzens von neuartigen Produkten"	0,78	0,67	10,43
Arithmetischer Mittelwert der Indikatoren der Dimension „Häufigkeit der Markteinführung von neuartigen Produkten"	0,83	0,81	10,43

Gütekriterien zum Faktor

„produktbezogene Innovativität"

Cronbachsches Alpha:	0,91	Erklärte Varianz:	0,85
χ^2-Wert (Freiheitsgrade):	- *	p-Wert:	- *
GFI:	- *	AGFI:	- *
CFI:	- *	RMSEA:	- *
Faktorreliabilität:	0,91	Durchschnittlich erfasste Varianz:	0,78

* Bei drei Indikatoren besitzt ein konfirmatorisches Modell keine Freiheitsgrade. Die Berechnung dieser Gütekriterien ist daher nicht sinnvoll.

Abschließend werden die beiden Erfolgsgrößen des Untersuchungsmodells zur Integration von Informationen operationalisiert. Das Konstrukt *Markterfolg* wird in der vorliegenden Arbeit in Anlehnung an Pflesser (1999) und Stock-Homburg (2007) gemessen, wobei die Erhebung der Indikatoren bei den Marketing- bzw. Vertriebsleitern erfolgte. Hierbei wurden die Befragten gebeten, den Markterfolg relativ zum Branchendurchschnitt zu bewerten. Die Gütekriterien zur Messung des Konstrukts werden in Tabelle 4-14 aufgeführt.

Auf Basis der Gütekriterien der ersten Generation ist zunächst festzustellen, dass der Faktor 69 % der zugrunde liegenden drei Indikatoren erklärt. Dabei liegen die Faktorladungen zwischen 0,57 und 0,84. Der Wert des Cronbachschen Alphas beträgt 0,77 und liegt damit ebenfalls über dem in der Literatur empfohlenen Mindestwert.

Mit Blick auf die Gütekriterien der zweiten Generation kann die Messung des Konstrukts insgesamt als gut bezeichnet werden. Lediglich der dritte Indikator liegt in Bezug auf die Indikatorreliabilität unterhalb des empfohlenen Mindestwerts von 0,4. Neben dem erfolgreichen Einsatz dieses Messinstruments in der Literatur (vgl. Becker 1999; Pflesser 1999; Stock-Homburg 2007) spricht die Bedeutung der Akquise von neuen Kunden für Unternehmen (vgl. Homburg/Pflesser 2000a) gegen die Eliminierung des Indikators.

Tabelle 4-14: Messung des Konstrukts „Markterfolg"

Gütekriterien zu den Indikatoren des Faktors „Markterfolg"			
In welchem Ausmaß hat sich Ihr Unternehmen (Geschäftseinheit) im Vergleich zum Branchendurchschnitt entwickelt?	Item-To-Total-Korrelation	Indikator-reliabilität	t-Wert der Faktorladung
Wachstum der Verkaufszahlen in den letzten zwei Jahren.	0,66	0,71	6,12
Marktanteil.	0,65	0,61	6,12
Anzahl neu gewonnener Kunden.	0,51	0,32	6,12
Gütekriterien zum Faktor „Markterfolg"			
Cronbachsches Alpha: 0,77	Erklärte Varianz:		0,69
χ^2-Wert (Freiheitsgrade): - *	p-Wert:		- *
GFI: - *	AGFI:		- *
CFI: - *	RMSEA:		- *
Faktorreliabilität: 0,78	Durchschnittlich erfasste Varianz:		0,55
* Bei drei Indikatoren besitzt ein konfirmatorisches Modell keine Freiheitsgrade. Die Berechnung dieser Gütekriterien ist daher nicht sinnvoll.			

Die zweite Erfolgsgröße stellt der *wirtschaftliche Erfolg* dar. Die Operationalisierung dieses Konstrukts erfolgt durch einen Indikator zur Umsatzrendite (vgl. hierzu auch Stock-Homburg 2007). Der Indikator bezieht sich in der vorliegenden Arbeit auf die Entwicklung der Umsatzrendite im Vergleich zum Branchendurchschnitt und wird auf einer 7-stufigen Likert-Skala mit den Ankerpunkten „wesentlich schlechter" und „wesentlich besser" gemessen. Die Erhebung des Indikators erfolgte bei den Marketing- bzw. Vertriebsleitern.

Abschließend sollen die Konstrukte des vorliegenden Untersuchungsmodells noch auf Diskriminanzvalidität hin geprüft werden. Wie in Abschnitt 4.2.1 erläutert, wird dazu das Fornell-Larcker-Kriterium herangezogen. Das Kriterium erfordert, dass jede quadrierte Korrelation des zu beurteilenden Faktors mit einem anderen Faktor kleiner als die durchschnittlich erfasste Varianz des zu beurteilenden Faktors ist (vgl. Fornell/Larcker 1981, S. 46). Das Fornell-Larcker-Kriterium wird für alle Paare von Konstrukten erfüllt. Daher kann das Vorliegen von Diskriminanzvalidität angenommen werden.

4.3.2 Ergebnisse der Hypothesenprüfung

In diesem Abschnitt werden die Ergebnisse der Hypothesenprüfung dargestellt (Hypothese H_1 bis H_6). Die Hypothesen werden anhand der Kausalanalyse getestet, die in Abschnitt 4.2.2 ausführlich erläutert wurde. Das zugrunde liegende Kausalmodell wird in Abbildung 4-3 dargestellt. Die Spezifikation des Kausalmodells erfolgt mithilfe der Lisrel-Notation. Die Konstrukte zur Gewinnung von Informationen stellen die vier exogenen latenten Variablen (ξ_1 bis ξ_4) dar. Zudem enthält das Modell die Konstrukte Integration von Informationen, produktbezogene Innovativität, Markterfolg und wirtschaftlichen Erfolg, die als endogene latente Variablen (η_1 bis η_4) spezifiziert sind. Darüber hinaus umfasst das Modell sieben Pfadkoeffizienten, welche die Abhängigkeitsbeziehungen zwischen den latenten Variablen darstellen. Hierbei werden die Effekte der exogenen Variablen auf die endogenen Variablen durch die Pfadkoeffizienten γ_{11}-γ_{14} repräsentiert und die Effekte der exogenen Variablen untereinander durch die Pfadkoeffizienten β_{21}-β_{43}. Während die produktbezogene Innovativität auf Kundenseite erfasst wurde, erfolgte die Messung aller anderen Konstrukte auf Seite des Anbieterunternehmens.

Eine notwendige Bedingung zur Identifikation von Modellen ist dann gegeben, wenn die Anzahl der zu schätzenden Modellparameter höchstens so groß ist wie die Anzahl der empirischen Varianzen und Kovarianzen (vgl. Homburg/Pflesser/Klarmann 2008, S. 559). Die Differenz aus der Anzahl der empirischen Varianzen und Kovarianzen und der Anzahl der zu schätzenden Modellparameter liefert die Anzahl der Freiheitsgrade. Die Anzahl der empirischen Varianzen und Kovarianzen beträgt im vorliegenden Modell 253. Diese Größe ergibt sich aus $q \cdot (q+1)/2$, wobei q für die Anzahl der Indikatorvariablen steht (vgl. hierzu auch Abschnitt 4.2.2). Die Anzahl der zu schätzenden Modellparameter beträgt 56. Sie stellt die Summe aus 14 Faktorladungen des Messmodells, 7 Parametern des Strukturmodells, 10 Varianzen bzw. Kovarianzen der exogenen latenten Variablen, 4 Varianzen der Fehlervariablen des Strukturmodells und 21 Varianzen der Messfehler dar. Hierbei ist anzumerken, dass eine Faktorladung pro Konstrukt auf Eins fixiert wird, um den jeweiligen Konstrukten eine Skala zuzuordnen. Zudem wird die Messfehlervarianz des Indikators zum Konstrukt wirtschaftlicher Erfolg auf Null fixiert (vgl. zu dieser Vorgehensweise auch Homburg/Pflesser/Klarmann 2008). Die Anzahl der Freiheitsgrade beträgt demzufolge 197, d.h., die Anzahl der zu schätzenden Modellparameter ist kleiner als die Anzahl der empirischen Varianzen und Kovarianzen. Eine weitere notwendige Bedingung gilt als erfüllt, wenn die Schätzung des Kausalmodells keine degenerierten Schätzer liefert. Auch diese Bedingung wird im vorliegenden Fall erfüllt, weshalb von einer Identifikation des Untersuchungsmodells ausgegangen werden kann (vgl. Homburg/Pflesser/Klarmann 2008).

Abbildung 4-3:   Ergebnisse der Hypothesenprüfung zu Untersuchungsmodell 1: Integration von Informationen

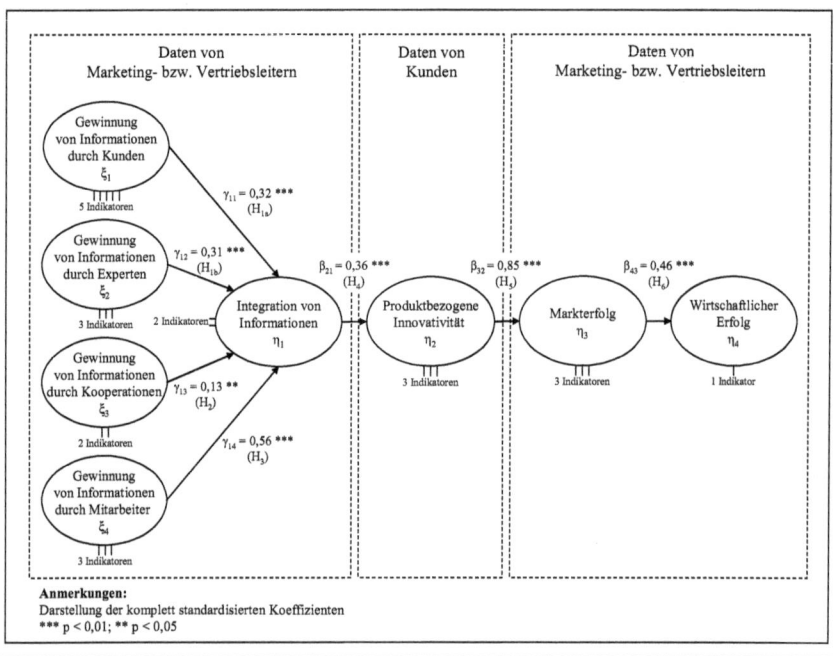

In Bezug auf die Überprüfung des Modells anhand von globalen Gütekriterien kann festgestellt werden, dass die Werte (χ^2 = 356,93 mit df = 197; RMSEA = 0,087; CFI = 1,0; GFI = 0,97; AGFI = 0,96) den Empfehlungen in der Literatur entsprechen (vgl. dazu ausführlich Abschnitt 4.2.1 bzw. 4.2.2). Dies gilt auch für den RMSEA, da in einigen Arbeiten ein Wert unter 0,10 als akzeptabel angesehen wird (vgl. MacCallum/Browne/Sugawara 1996; Steiger 1989). Somit deuten die globalen Gütekriterien auf eine hohe Anpassungsgüte hin.

Die Parameter des Kausalmodells sind, abgesehen von einem Parameter (γ_{13}), alle auf dem 1 %-Niveau signifikant. Lediglich der Parameter zum Einfluss der Gewinnung von Informationen durch Kooperationen auf die produktbezogene Innovativität (γ_{13}) weist eine Signifikanz auf dem 5 %-Niveau auf. Im Folgenden sollen die einzelnen Ergebnisse zur Überprüfung der Hypothesen dargestellt werden.

Zunächst zeigen die Ergebnisse, dass die Gewinnung von Informationen durch Kunden die Integration von Informationen signifikant positiv beeinflusst (*Hypothese 1$_a$*). Ebenfalls findet *Hypothese 1$_b$* empirische Bestätigung. Demnach wirkt sich die Gewinnung von Informationen durch Experten signifikant positiv auf die Integration von Informationen aus. Aus konzeptioneller Perspektive unterstreichen die Ergebnisse, dass die Gewinnung von Informationen durch den Markt die Integration von Informationen positiv beeinflusst.

Hypothese H$_2$ kann ebenfalls bestätigt werden. Somit besitzt die Gewinnung von Informationen durch Kooperationen einen positiv signifikanten Einfluss auf die Integration von Informationen.

Der Einfluss der Gewinnung von Informationen durch Mitarbeiter auf die Integration von Informationen kann ebenfalls bestätigt werden (*Hypothese H$_3$*). Der positive Effekt weist eine Signifikanz auf dem 1 %-Niveau auf. Im Vergleich der exogenen Variablen ist dieser Effekt am stärksten.

In Bezug auf den Einfluss der Integration von Informationen auf die produktbezogene Innovativität zeigen die Ergebnisse, dass ein positiver signifikanter Effekt vorliegt. Somit kann die *Hypothese H$_4$* empirisch belegt werden. Vor dem Hintergrund der Datenerhebung auf unterschiedlichen Seiten, d.h. zum einen auf der Anbieterseite (Integration von Informationen) und zum anderen auf der Kundenseite (produktbezogene Innovativität), kann mit $\beta_{21} = 0,36$ ein relativ starker Effekt auf dem 1 %-Signifikanzniveau nachgewiesen werden.

Als weiteres Ergebnis der Hypothesenprüfung kann der positiv signifikante Einfluss der produktbezogenen Innovativität auf den Markterfolg empirisch gezeigt werden. Somit wird ebenfalls *Hypothese H$_5$* bestätigt. Die Datenerhebung fand hierbei ebenfalls auf unterschiedlichen Seiten (Anbieter- bzw. Kundenunternehmen) statt. Aus diesem Grund ist der Parameterschätzer β_{32} mit einem Wert von 0,85 als relativ hoch zu bewerten.

Abschließend kann festgestellt werden, dass der Markterfolg den wirtschaftlichen Erfolg beeinflusst. Hier wird ein relativ starker, positiv signifikanter Effekt nachgewiesen (β_{43} = 0,46). Demzufolge wird auch *Hypothese H_6* empirisch bestätigt (vgl. Abbildung 4-3).

4.4 Untersuchung des Modells zur Gewinnung von Informationen

Mit dem vorliegenden Abschnitt sollen die Forschungsfragen 3 und 4 beantwortet werden. Dazu erfolgt in Abschnitt 4.4.1 die Operationalisierung der Konstrukte des Untersuchungsmodells zur Gewinnung von Informationen. Anschließend werden in Abschnitt 4.4.2 die Ergebnisse der Hypothesenprüfung dargestellt.

4.4.1 Operationalisierung der Konstrukte

In Abschnitt 4.3.1 wurden bereits alle Konstrukte zu den direkten Effekten des vorliegenden Untersuchungsmodells operationalisiert. Lediglich die Operationalisierung der Moderatoren wurde bislang nicht vorgenommen. Daher beschäftigt sich dieser Abschnitt mit der Operationalisierung der Konstrukte Innovationsorientierung der Personalentwicklung und Marktdynamik.

Das Konstrukt *Innovationsorientierung der Personalentwicklung* wird anhand von fünf Indikatoren operationalisiert. Zwei Indikatoren werden von Stock-Homburg (2008) übernommen und auf die Innovationsorientierung hin angepasst. Drei weitere Indikatoren wurden zusätzlich entwickelt. Im Rahmen der empirischen Untersuchung wurden diese Indikatoren bei den Forschungs- bzw. Entwicklungsleitern erhoben. Die Ankerpunkte der siebenstufigen Likert-Skala wurden mit „stimme völlig zu" und „stimme überhaupt nicht zu" bezeichnet.

Hinsichtlich der Gütekriterien der ersten Generation zeigt die explorative Faktorenanalyse zunächst, dass der Faktor 63 % der Varianz der Indikatoren erklärt. Hierbei weisen die Indikatoren Faktorladungen von 0,57 bis 0,86 auf und übersteigen so den in der Literatur empfohlenen Mindestwert von 0,4. Auch der Wert des Cronbachschen Alphas erfüllt mit 0,85 deutlich die Anforderungen. Somit wird keine Eliminierung der Indikatoren vorgenommen.

In Bezug auf die Gütekriterien der zweiten Generation zeigt sich bei einem Vergleich der ermittelten Werte mit den Empfehlungen in der Literatur (vgl. dazu Abschnitt 4.2.2), dass fast vollständig alle Werte die Gütekriterien erfüllen. Lediglich der zweite Indikator liegt unter dem empfohlenen Mindestwert der Indikatorreliabilität von 0,4. Vor dem Hintergrund der sonst allesamt positiv ausgefallenen Gütekriterien sowie der Bedeutung der Schulung von fachlichen Inhalten (vgl. u.a. Benson/Zhu 2002) wird der Indikator beibehalten (vgl. Tabelle 4-15).

Tabelle 4-15: Messung des Konstrukts „Innovationsorientierung der Personalentwicklung"

Gütekriterien zu den Indikatoren des Faktors
„Innovationsorientierung der Personalentwicklung"

	Item-To-Total-Korrelation	Indikator-reliabilität	t-Wert der Faktorladung
Bei Mitarbeitern werden im Rahmen von Schulungen Fähigkeiten, die zur Innovativität des Verhaltens beitragen (z. B. Kreativitätstechniken), geschult.	0,74	0,66	27,32
Bei Mitarbeiterschulungen zur Steigerung der Innovativität des Unternehmens stehen fachliche Inhalte (wie z. B. Schulung zu einem neuen Produktionsverfahren) im Vordergrund.	0,53	0,32	21,48
Bei Mitarbeiterschulungen zur Steigerung der Innovativität des Unternehmens steht die Entwicklung sozialer Kompetenzen im Vordergrund.	0,60	0,44	23,22
Weiterbildungsmaßnahmen, welche die Innovativität von Mitarbeitern erhöhen, werden regelmäßig angeboten.	0,70	0,59	26,71
Im Rahmen von Schulungen wird den Mitarbeitern die strategische Bedeutung hoher Innovationsorientierung kommuniziert.	0,77	0,74	28,83

Gütekriterien zum Faktor
„Innovationsorientierung der Personalentwicklung"

Cronbachsches Alpha:	0,85	Erklärte Varianz:	0,63
χ^2-Wert (Freiheitsgrade):	8,12 (5)	p-Wert:	0,15
GFI:	1,0	AGFI:	0,99
CFI:	1,0	RMSEA:	0,076
Faktorreliabilität:	0,86	Durchschnittlich erfasste Varianz:	0,55

Zur Messung des Konstrukts *Marktdynamik* werden die vier Indikatoren der Skala von Maltz/Kohli (1996) herangezogen. Dabei erhält einer der Indikatoren die Bezeichnung „neue Wettbewerber", da in der Literatur die Entstehung neuer Unternehmen mit einem dynamischen Marktumfeld assoziiert wird (vgl. u.a. Kirchhoff/Phillips 2002). Die vier Indikatoren des Konstrukts wurden bei den F&E- bzw. Produktionsleitern erfasst. Die F&E-bzw. Produktionsleiter wurden ausgewählt, da F&E- bzw. Produktionsleiter hinsichtlich der Wahrnehmung der Marktdynamik eine objektivere Perspektive einnehmen können als

Marketingleiter- bzw. Vertriebsleiter. So können Marketing- bzw. Vertriebsleiter eine hohe Marktdynamik als Rechtfertigung für gescheiterte Marketingaktivitäten heranziehen (in Anlehnung an Staw 1981), wie beispielsweise eine relativ erfolglose Preispromotion aufgrund des Markteintritts neuer Wettbewerber. Da also insbesondere Marketing- bzw. Vertriebsleiter mit der Marktdynamik Erfolg bzw. Nichterfolg ihrer operativen Aktivitäten rechtfertigen können, ist das Auftreten eines Informant Bias, d.h. eines Messfehlers aufgrund eines bestimmten Motivs, möglich (vgl. Huber/Power 1985; Hurrle/Kieser 2005). Die Ankerpunkte der siebenstufigen Likert-Skala tragen die Bezeichnungen „stimme völlig zu" und „stimme überhaupt nicht zu".

Tabelle 4-16: Messung des Konstrukts „Marktdynamik"

Gütekriterien zu den Indikatoren des Faktors „Marktdynamik"			
In unserem Markt gibt es häufig bedeutende Veränderungen in Bezug auf ...	Item-To-Total-Korrelation	Indikator-reliabilität	t-Wert der Faktorladung
... die Produkte der Wettbewerber.	0,68	0,59	16,91
... die Marktbearbeitungsstrategien der Wettbewerber.	0,70	0,64	16,75
... die Kundenpräferenzen hinsichtlich der Produkteigenschaften.	0,71	0,66	16,76
... neue Wettbewerber.	0,57	0,38	15,97
Gütekriterien zum Faktor „Marktdynamik"			
Cronbachsches Alpha: 0,83	Erklärte Varianz:		0,67
χ^2-Wert (Freiheitsgrade): 0,85 (2)	p-Wert:		0,65
GFI: 1,0	AGFI:		1,0
CFI: 1,0	RMSEA:		0
Faktorreliabilität: 0,84	Durchschnittlich erfasste Varianz:		0,57

Die Überprüfung der Gütekriterien der ersten Generation zeigt, dass der Faktor 67 % der Varianz der zugrunde liegenden Indikatoren erklärt. Hierbei liegen die Faktorladungen zwischen 0,62 und 0,81. Das Cronbachsche Alpha weist einen Wert von 0,83 auf und entspricht deshalb ebenfalls deutlich den Empfehlungen in der Literatur. Folglich wurden, basierend auf den Gütekriterien der ersten Generation, keine Indikatoren entfernt.

In Bezug auf die Gütekriterien der zweiten Generation kann festgestellt werden, dass die Werte der Gütekriterien χ^2-Teststatistik, Faktorreliabilität, durchschnittlich erfasste Varianz,

RMSEA, CFI, GFI und AGFI alle die Empfehlungen in der Literatur erfüllen. Lediglich der vierte Indikator liegt in Bezug auf die Indikatorreliabilität etwas unter dem empfohlenen Mindestwert. Aufgrund der inhaltlichen Bedeutung des Indikators und der Gegebenheit, dass alle übrigen Anforderungen an die Messung erfüllt werden, wird der Indikator jedoch beibehalten (vgl. Tabelle 4-16).

Zusätzlich werden die zwei Konstrukte in Verbindung mit den in Abschnitt 4.3.1 operationalisierten Konstrukten auf Diskriminanzvalidität hin beurteilt. Dazu wird das Fornell-Larcker-Kriterium herangezogen (vgl. hierzu auch Abschnitt 4.2.1). Das Fornell-Larcker-Kriterium wird für alle Paare von Faktoren erfüllt. Somit kann von einer vorliegenden Diskriminanzvalidität ausgegangen werden.

4.4.2 Ergebnisse der Hypothesenprüfung

Mit dem vorliegenden Abschnitt sollen die Forschungsfragen 3 und 4 beantwortet werden. Hierzu werden zunächst die empirischen Ergebnisse zur Forschungsfrage 3 dargestellt (vgl. Abschnitt 4.4.2.1). Anschließend werden die Ergebnisse zur Forschungsfrage 4 erläutert (vgl. Abschnitt 4.4.2.2).

4.4.2.1 Ergebnisse der Hypothesenprüfung zu den Haupteffekten

Die Hypothesenprüfung erfolgt im vorliegenden Abschnitt, wie auch in Abschnitt 4.3.2, mithilfe der Kausalanalyse (vgl. hierzu Abschnitt 4.2.2). In Abbildung 4-4 wird das Kausalmodell zu den direkten Effekten der Gewinnung von Informationen aus den zentralen Quellen auf die produktbezogene Innovativität dargestellt. Wie in Abschnitt 3.1.2 bereits erläutert und in Abschnitt 4.3.2 empirisch gezeigt, wird auch in dem vorliegenden Modell von einem positiven Einfluss der produktbezogenen Innovativität auf den Markterfolg ausgegangen. Zudem wird ebenfalls der positive Einfluss des Markterfolgs auf den wirtschaftlichen Erfolg unterstellt.

Die Spezifikation des vorliegenden Modells erfolgt ebenfalls in der Lisrel-Notation. Das Modell umfasst hierbei vier exogene latente Variablen (ξ_1 bis ξ_4) und drei endogene latente Variablen (η_1 bis η_3). Das Kausalmodell beinhaltet neben den vier Abhängigkeitsbeziehungen zwischen den exogenen latenten Variablen und einer der endogenen Variablen (γ_{11}-γ_{14}) auch zwei Abhängigkeitsbeziehungen zwischen den drei endogenen Variablen (β_{21}-β_{43}).

Zunächst wird für das vorliegende Modell die Anzahl der Freiheitsgrade berechnet (vgl. hierzu ausführlich Abschnitt 4.3.2). Die Anzahl der empirischen Varianzen und Kovarianzen beträgt hier 210. Die Anzahl der zu schätzenden Modellparameter ergibt sich aus der Summe von 13 Faktorladungen des Messmodells, 6 Parametern des Strukturmodells, 10 Varianzen bzw. Kovarianzen der exogenen latenten Variablen, 3 Varianzen der Fehlervariablen des Strukturmodells und 19 Varianzen der Messfehler. Somit beträgt die Anzahl der zu schätzenden Modellparameter 51 und die Anzahl der Freiheitsgrade 159. Zudem liefert die Schätzung des Modells keine degenerierten Schätzer, weshalb von einer Identifikation des Modells ausgegangen werden kann (vgl. Homburg/Pflesser/Klarmann 2008). Hinsichtlich der Überprüfung der globalen Gütekriterien (vgl. hierzu Abschnitt 4.2.1) kann zudem gezeigt werden, dass die Werte innerhalb der in der Literatur empfohlenen Grenzen liegen (χ^2 = 300,18 mit df = 159; RMSEA = 0,091; CFI = 1,0; GFI = 0,96; AGFI = 0,95).

Abbildung 4-4: Ergebnisse der Hypothesenprüfung zu Untersuchungsmodell 2: Gewinnung von Informationen

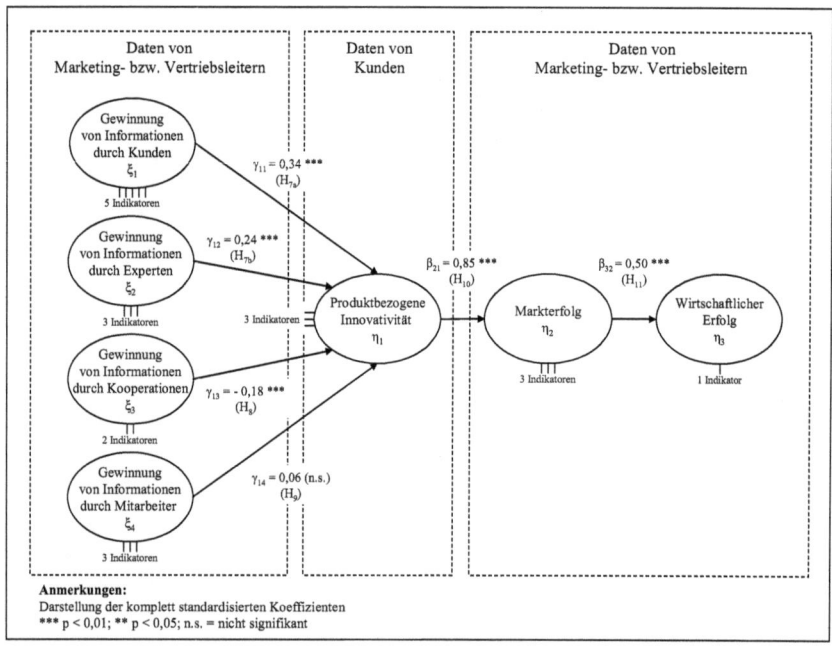

Im Folgenden sollen die Ergebnisse der Hypothesenprüfung dargestellt werden. Zunächst kann empirisch gezeigt werden, dass die Gewinnung von Informationen durch Kunden die produktbezogene Innovativität signifikant positiv beeinflusst (*Hypothese H7a*). An dieser Stelle ist darauf hinzuweisen, dass die Erhebung der empirischen Daten auf unterschiedlichen Seiten vorgenommen wurde. Während die vier Konstrukte zur Gewinnung von Informationen bei den Marketing- bzw. Vertriebsleitern erhoben wurden, erfolgte die Erfassung der produktbezogenen Innovativität bei den Ansprechpartnern der Kundenunternehmen. Vor diesem Hintergrund ist insbesondere hervorzuheben, dass der Parameterschätzer zum Einfluss der Gewinnung von Informationen durch Kunden auf die produktbezogene Innovativität einen hohen Wert aufweist (γ_{11} = 0,34). Ebenfalls hat die Gewinnung von Informationen durch Experten einen deutlich positiven Effekt auf die produktbezogene Innovativität (*Hypothese* H_{7b}). Darüber hinaus ist in Bezug auf die Hypothese H_{7a} und Hypothese H_{7b} hervorzuheben, dass die in den Hypothesen formulierten Abhängigkeiten auf dem 1 %-Niveau signifikant sind.

Die Ergebnisse zeigen des Weiteren, dass die Gewinnung von Informationen durch Kooperationen die produktbezogene Innovativität negativ beeinflusst. Somit kann die *Hypothese* H_8 empirisch bestätigt werden.

Die empirischen Daten liefern jedoch keinen Hinweis zum positiven Einfluss der Gewinnung von Informationen durch Mitarbeiter auf die produktbezogene Innovativität. Die *Hypothese* H_9 kann also nicht empirisch belegt werden.

Wie in Abschnitt 4.3.2 bereits empirisch festgestellt, wirkt sich die produktbezogene Innovativität positiv auf den Markterfolg aus (*Hypothese* H_{10}). Die Daten wurden hierbei auf unterschiedlichen Seiten erhoben (Anbieterunternehmen bzw. Kunden). Mit β_{21} = 0,85 kann also ein relativ starker signifikanter Effekt auf dem 1 %-Niveau nachgewiesen werden. Der positive Einfluss des Markterfolgs auf den wirtschaftlichen Erfolg (β_{32} = 0,50) kann ebenfalls empirisch gezeigt werden (*Hypothese* H_{11}). Der Effekt ist ebenfalls auf dem 1 %-Niveau signifikant (vgl. Abbildung 4-4).

4.4.2.2 Ergebnisse der Hypothesenprüfung zu den moderierenden Effekten

In diesem Abschnitt sollen die Ergebnisse der Hypothesenprüfung zu den moderierenden Effekten dargestellt werden. Hierbei wird das Ziel verfolgt, moderierende Effekte zu untersuchen, die einen Einfluss auf die Zusammenhänge zwischen der Gewinnung von Informationen aus den unterschiedlichen Quellen und der produktbezogenen Innovativität haben. Zunächst wird der moderierende Effekt des Konstrukts Innovationsorientierung der Personalentwicklung untersucht (Hypothese H_{12a}, H_{12b}, H_{13} und H_{14}). Anschließend werden die Ergebnisse zum moderierenden Effekt des Konstrukts Marktdynamik auf die Zusammenhänge zwischen der Gewinnung von Informationen aus den unterschiedlichen Quellen und der produktbezogenen Innovativität dargestellt (Hypothese H_{15a}, H_{15b}, H_{16} und H_{17}). Zur Untersuchung der moderierenden Effekte wird die Mehrgruppenkausalanalyse herangezogen (vgl. hierzu Abschnitt 4.2.2). Insgesamt können die Hypothesen zu den moderierenden Effekten zum größten Teil empirisch bestätigt werden.

Zunächst wird in der Hypothese H_{12a} bzw. Hypothese H_{12b} ein negativ moderierender Effekt des Moderators *Innovationsorientierung der Personalentwicklung* auf den Zusammenhang zwischen der Gewinnung von Informationen durch Kunden bzw. der Gewinnung von Informationen durch Experten unterstellt. Die *Hypothese H_{12a}* und die *Hypothese H_{12b}* können jedoch nicht empirisch bestätigt werden. So wird der Zusammenhang zwischen der Gewinnung von Informationen durch Kunden bzw. der Gewinnung von Informationen durch Experten und der produktbezogenen Innovativität nicht von der Innovationsorientierung der Personalentwicklung beeinflusst. Das Ergebnis lässt sich dahin gehend interpretieren, dass Unternehmen auf die Gewinnung von Informationen durch Kunden bzw. die Gewinnung von Informationen durch Experten zum einen angewiesen sind und zum anderen die Kosten für die Suche nach Transaktionspartnern vergleichsweise gering sind (vgl. Tabelle 4-17).

In *Hypothese H_{13}* wird ein negativ moderierender Effekt des Konstrukts Innovationsorientierung der Personalentwicklung auf den Zusammenhang zwischen der Gewinnung von Informationen durch Kooperationen und der produktbezogenen Innovativität postuliert. Die empirischen Ergebnisse bestätigen diesen Zusammenhang. Die Begründung dieses Effekts erfolgt mithilfe der Transaktionskostentheorie (vgl. Abschnitt 3.2.2.2). Danach sind Kooperationen bei einer sehr hohen Spezifität mit relativ hohen Transaktionskosten, wie beispielsweise der Schutz der Informationen im Unternehmen, verbunden. Zudem kann argumentiert werden, dass Unternehmen bei einer intensiven Personalentwicklung eine Strategie verfolgen, welche die Gewinnung von Informationen im Unternehmen vorsieht.

In *Hypothese H_{14}* wird ein positiv moderierender Effekt des Konstrukts Innovationsorientierung der Personalentwicklung auf den Zusammenhang zwischen der Gewinnung von Informationen durch Mitarbeiter und der produktbezogenen Innovativität postuliert. Die empirischen Ergebnisse bestätigen diese Hypothese. Zwar ist dieser Effekt lediglich auf dem 10 %-Niveau signifikant, die Vorzeichen der γ-Parameter zeigen jedoch einen deutlichen Richtungswechsel. Während der Parameter bei der Gruppe mit einer niedrigen Innovationsorientierung der Personalentwicklung mit $\gamma_n = -0{,}02$ negativ ist, weist der Parameter bei der Gruppe mit einer hohen Innovationsorientierung der Personalentwicklung mit $\gamma_h = 0{,}23$ einen positiven Wert auf.

Tabelle 4-17: Ergebnisse der Hypothesenprüfung zum Moderator
„Innovationsorientierung der Personalentwicklung"

Moderator „Innovationsorientierung der Personalentwicklung"

Unabhängige Variable: Hypothese[1]	Gruppe 1: Moderator niedrig[2]	Gruppe 2: Moderator hoch[2]	Wert der χ^2-Test-statistik mit Identitäts-restriktion	Differenz der χ^2-Teststatistik und moderierender Effekt[3]	Bestätigung der Hypothese[4]
Gewinnung von Informationen durch Kunden: H_{12a}	$\gamma_n = 0,17$ (t = 1,49)	$\gamma_h = 0,57$ (t = 2,75)	514,49 (df = 319)	1,28 n.s.	n.b.
Gewinnung von Informationen durch Experten: H_{12b}	$\gamma_n = 0,08$ (t = 2,91)	$\gamma_h = -0,17$ (t = -3,08)	515,08 (df = 319)	1,87 n.s.	n.b.
Gewinnung von Informationen durch Kooperationen: H_{13}	$\gamma_n = 0,03$ (t = 0,77)	$\gamma_h = -0,15$ (t = -1,86)	519,75 (df = 319)	6,54 ** (-)	OK
Gewinnung von Informationen durch Mitarbeiter: H_{14}	$\gamma_n = -0,02$ (t = -0,19)	$\gamma_h = 0,23$ (t = 3,16)	515,92 (df = 319)	2,71 * (+)	OK

1) H_{12a}: Der Zusammenhang zwischen der Gewinnung von Informationen durch Kunden und der produkt-bezogenen Innovativität ist umso niedriger, je höher die Innovationsorientierung der Personalentwicklung ist.

H_{12b}: Der Zusammenhang zwischen der Gewinnung von Informationen durch Experten und der produkt-bezogenen Innovativität ist umso niedriger, je höher die Innovationsorientierung der Personalentwicklung ist.

H_{13}: Der Zusammenhang zwischen der Gewinnung von Informationen durch Kooperationen und der produkt-bezogenen Innovativität ist umso niedriger, je höher die Innovationsorientierung der Personalentwicklung ist.

H_{14}: Der Zusammenhang zwischen der Gewinnung von Informationen durch Mitarbeiter und der produkt-bezogenen Innovativität ist umso höher, je höher die Innovationsorientierung der Personalentwicklung ist.

2) γ_n bzw. γ_h bezeichnen die Strukturkoeffizienten (vgl. Jaccard/Wan 1996) der Gruppe mit niedrigen bzw. hohen Ausprägungen der moderierenden Variable:

positive Moderation (+): $\gamma_h > \gamma_n$

negative Moderation (-): $\gamma_h < \gamma_n$

3) Signifikanzniveau:

*** 1 %-Niveau ($\Delta\chi^2 \geq 6,63$)

** 5 %-Niveau ($\Delta\chi^2 \geq 3,84$)

* 10 %-Niveau ($\Delta\chi^2 \geq 2,71$)

4) OK = Bestätigung der Hypothese; n.b. = Nichtbestätigung der Hypothese

In *Hypothese H$_{15a}$* bzw. *Hypothese H$_{15b}$* wird ein positiv moderierender Effekt der Marktdynamik auf den Zusammenhang zwischen der Gewinnung von Informationen durch Kunden
bzw. der Gewinnung von Informationen durch Experten und der produktbezogenen
Innovativität unterstellt. Die empirischen Ergebnisse bestätigen die zwei Hypothesen (vgl.
hierzu Tabelle 4-18). Die Effekte werden neben der Transaktionskostentheorie (vgl. Abschnitt
2.3.4) durch die Informationsökonomie (vgl. Abschnitt 2.3.3) gestützt. Danach liegt bei
wechselnden Kundenpräferenzen Unsicherheit hinsichtlich der zukünftigen Bedürfnisse der
Kunden seitens der Anbieterunternehmen vor. Die Gewinnung von Informationen durch
Kunden bzw. die Gewinnung von Informationen durch Experten kann zu einer Reduktion der
Unsicherheit führen und demzufolge die produktbezogene Innovativität steigern (vgl. Tabelle
4-18).

In *Hypothese H$_{16}$* wird ein negativ moderierender Effekt der Marktdynamik auf den Zusammenhang zwischen der Gewinnung von Informationen durch Kooperationen und der
produktbezogenen Innovativität postuliert. Diese Hypothese findet ebenfalls empirische Bestätigung. Im Rahmen der Transaktionskostentheorie wird der Effekt dadurch begründet, dass
bei einer hohen Unsicherheit ein vergleichsweise hoher Aufwand zur gegenseitigen Abstimmung zwischen Kooperationspartnern nötig ist. Damit ist insbesondere ein hoher zeitlicher Aufwand verbunden, durch welchen Produkte beispielsweise erst spät auf den Markt
gebracht werden können und folglich die Wahrnehmung der Neuartigkeit der Produkte sinkt.
Zudem wird argumentiert, dass Kooperationspartner unter bestimmten Umständen dazu
tendieren, Informationen vorzuenthalten.

In *Hypothese H$_{17}$* wird ein positiver moderierender Effekt der Marktdynamik auf den Zusammenhang zwischen der Gewinnung von Informationen durch Mitarbeiter und der produktbezogenen Innovativität unterstellt. Die empirischen Ergebnisse zeigen, dass die Marktdynamik keinen signifikanten Effekt auf den unterstellten Zusammenhang hat (mit einer
Differenz der χ^2-Teststatistik von 0,36).

Zusammenfassend ist zu konstatieren, dass die Innovationsorientierung der Personalentwicklung und die Marktdynamik wichtige Bedingungen hinsichtlich der Zusammenhänge
zwischen der Gewinnung von Informationen aus den zentralen Quellen und der produktbezogenen Innovativität darstellen. Wie in Tabelle 4-17 und Tabelle 4-18 zu sehen ist, können
die Hypothesen zu den moderierenden Effekten anhand der Empirie zu einem großen Teil
bestätigt werden.

Tabelle 4-18: Ergebnisse der Hypothesenprüfung zum Moderator „Marktdynamik"

Moderator „Marktdynamik"

Unabhängige Variable: Hypothese[1]	Gruppe 1: Moderator niedrig[2]	Gruppe 2: Moderator hoch[2]	Wert der χ^2-Teststatistik mit Identitäts-restriktion	Differenz der χ^2-Teststatistik und moderierender Effekt[3]	Bestätigung der Hypothese[4]
Gewinnung von Informationen durch Kunden: H_{15a}	$\gamma_n = -0,10$ (t = -1,0)	$\gamma_h = 0,50$ (t = 3,80)	518,96 (df = 319)	3,83 * (+)	OK
Gewinnung von Informationen durch Experten: H_{15b}	$\gamma_n = 0,06$ (t = 2,26)	$\gamma_h = 0,11$ (t = 3,47)	518,23 (df = 319)	3,1 * (+)	OK
Gewinnung von Informationen durch Kooperationen: H_{16}	$\gamma_n = 0,03$ (t = 0,81)	$\gamma_h = -0,13$ (t = -3,01)	524,92 (df = 319)	9,79 *** (-)	OK
Gewinnung von Informationen durch Mitarbeiter: H_{17}	$\gamma_n = 0,16$ (t.= 2,30)	$\gamma_h = -0,09$ (t = -1,28)	515,49 (df = 319)	0,36 n.s.	n.b.

1) H_{15a}: Der Zusammenhang zwischen der Gewinnung von Informationen durch Kunden und der produktbezogenen Innovativität ist umso höher, je höher die Marktdynamik ist.

H_{15b}: Der Zusammenhang zwischen der Gewinnung von Informationen durch Experten und der produktbezogenen Innovativität ist umso höher, je höher die Marktdynamik ist.

H_{16}: Der Zusammenhang zwischen der Gewinnung von Informationen durch Kooperationen und der produktbezogenen Innovativität ist umso niedriger, je höher die Marktdynamik ist.

H_{17}: Der Zusammenhang zwischen der Gewinnung von Informationen durch Mitarbeiter und der produktbezogenen Innovativität ist umso höher, je höher die Marktdynamik ist.

2) γ_n bzw. γ_h bezeichnen die Strukturkoeffizienten (vgl. Jaccard/Wan 1996) der Gruppe mit niedrigen bzw. hohen Ausprägungen der moderierenden Variable:

positive Moderation (+): $\gamma_h > \gamma_n$

negative Moderation (-): $\gamma_h < \gamma_n$

3) Signifikanzniveau:

*** 1 %-Niveau ($\Delta\chi^2 \geq 6,63$)

** 5 %-Niveau ($\Delta\chi^2 \geq 3,84$)

* 10 %-Niveau ($\Delta\chi^2 \geq 2,71$)

4) OK = Bestätigung der Hypothese; n.b. = Nichtbestätigung der Hypothese

5 Zusammenfassende Betrachtung

Das grundlegende Ziel der vorliegenden Arbeit ist es (vgl. Abschnitt 1.1), einen Erkenntnisbeitrag zu den informationsbezogenen Einflussgrößen der produktbezogenen Innovativität zu leisten. In diesem Kapitel werden deshalb die zentralen Ergebnisse der vorliegenden Arbeit zusammenfassend dargestellt (vgl. Abschnitt 5.1). Anschließend werden in Abschnitt 5.2 Implikationen für die Forschung abgeleitet. Den Abschluss der Arbeit bilden die Implikationen für die Praxis (vgl. Abschnitt 5.3).

5.1 Zusammenfassung der zentralen Ergebnisse

In der vorliegenden Arbeit wird eingangs festgestellt (vgl. Abschnitt 1.1), dass unterschiedliche Quellen zur Gewinnung von Informationen in Bezug auf die Realisierung von produktbezogenen Innovationen von Relevanz sein können. Trotz der hohen Bedeutung für die Unternehmenspraxis ist die wissenschaftliche Forschung zu den Zusammenhängen zwischen der Gewinnung von Informationen aus den zentralen Quellen und der produktbezogenen Innovativität, insbesondere auf der Produktprogrammebene, noch nicht weiter fortgeschritten. Zur Schließung der Forschungslücken werden in der Arbeit fünf Forschungsfragen formuliert (vgl. Abschnitt 1.2).

Zur Beantwortung der fünf Forschungsfragen werden zwei Zielsetzungen verfolgt. Die *erste Zielsetzung* besteht in der Entwicklung von zwei Untersuchungsmodellen. Die konzeptionellen Grundlagen der beiden Untersuchungsmodelle werden mithilfe der definitorischen Grundlagen (vgl. Abschnitt 2.1), der Literaturbestandsaufnahme (vgl. Abschnitt 2.2) und der theoretischen Bezugspunkte (vgl. Abschnitt 2.3) gelegt. Darüber hinaus mangelt es bislang an einer methodisch anspruchsvollen empirischen Untersuchung der betrachteten Zusammenhänge (vgl. hierzu ausführlich Abschnitt 2.2). Daher besteht die *zweite Zielsetzung* in der Überprüfung dieser Untersuchungsmodelle mithilfe von empirischen Daten. In Bezug auf die fünf Forschungsfragen lauten die zentralen Erkenntnisse wie folgt:

1. Wie lässt sich die produktbezogene Innovativität konzeptualisieren?

Auf Basis der definitorischen Grundlagen dieser Arbeit (vgl. hierzu Abschnitt 2.1.2.1) können die folgenden drei Dimensionen der produktbezogenen Innovativität identifiziert werden:

- Grad der Neuartigkeit von Produkten,
- Grad des Nutzens von neuartigen Produkten und
- Häufigkeit der Markteinführung von neuartigen Produkten.

Die empirische Untersuchung der Modelle (vgl. hierzu Abschnitt 4.3) liefert darüber hinaus Hinweise auf die Richtigkeit der Konzeptualisierung der produktbezogenen Innovativität. So kann im Rahmen der Operationalisierung der produktbezogenen Innovativität gezeigt werden, dass die drei Dimensionen das Konstrukt produktbezogene Innovativität sehr gut messen.

2. Welche zentralen Quellen zur Gewinnung von Informationen gibt es auf organisationaler Ebene?

Die Quellen zur Gewinnung von Informationen werden auf Basis der Literaturbestandsaufnahme und der theoretischen Bezugspunkte der vorliegenden abgeleitet. Zunächst können auf Basis der Literaturbestandsaufnahme vier unterschiedliche Quellen zur Gewinnung von Informationen identifiziert werden (vgl. Abschnitt 2.2.3). Einen theoretischen Rahmen zur Einordnung dieser Quellen liefert die Transaktionskostentheorie. So können anhand der Transaktionskostentheorie die drei Koordinationsformen Markt, Hybridform und Hierarchie zur Gewinnung von Informationen unterschieden werden (vgl. Abschnitt 2.3.4). In diesem Zusammenhang wird mithilfe der Informationsökonomie das Konstrukt Gewinnung von Informationen abgeleitet (vgl. Abschnitt 2.3.3). Auf Basis dieser konzeptionellen Grundlagen können die folgenden vier zentralen Quellen zur Gewinnung von Informationen, aus welchen Ideen für produktbezogene Innovationen hervorgehen, auf organisationaler Ebene identifiziert werden:

- Kunden,
- Experten,
- Kooperationen und
- Mitarbeiter.

Die empirische Untersuchung der Konstrukte (vgl. hierzu Abschnitt 4.3) deutet auf eine gute Messung dieser Konstrukte hin. Darüber hinaus zeigen die Ergebnisse das Vorliegen von Diskriminanzvalidität der Konstrukte. Die empirischen Ergebnisse stützen also die theoretischen Überlegungen zu den unterschiedlichen Quellen der Gewinnung von Informationen.

3. Welche Auswirkungen hat die Gewinnung von Informationen aus den zentralen Quellen auf die Integration von Informationen und welche Auswirkung hat die Integration von Informationen auf die produktbezogene Innovativität?

Zur Beantwortung der Forschungsfrage 3 wird zunächst das theoretisch fundierte Untersuchungsmodell zur Integration von Informationen entwickelt (vgl. Abschnitt 3.1). Anschließend wird das Untersuchungsmodell in Abschnitt 4.3 empirisch überprüft (zweite Zielsetzung). Die Konzeptualisierung und Operationalisierung der Konstrukte des Untersuchungsmodells erfolgt auf Basis der definitorischen Grundlagen (vgl. Abschnitt 2.1), der Literaturbestandsaufnahme (vgl. Abschnitt 2.2) und der theoretischen Bezugspunkte (vgl. Abschnitt 2.3). Die Formulierung der Hypothesen wird im Wesentlichen auf Basis der theoretischen Bezugspunkte vorgenommen. Mithilfe der empirischen Untersuchung des Modells im Rahmen der zweiten Zielsetzung können die folgenden zentralen Erkenntnisse gewonnen werden:

- Die *Gewinnung von Informationen* kann durch Kunden, Experten, Kooperationen und Mitarbeiter erfolgen. Hierbei haben alle vier Konstrukte zur Gewinnung von Informationen aus den zentralen Quellen einen positiven Einfluss auf die Integration von Informationen. Die Gewinnung von Informationen durch Mitarbeiter weist dabei den stärksten Einfluss auf die Integration von Informationen auf.

- Die *Integration von Informationen* wirkt sich positiv auf die produktbezogene Innovativität aus. Hierbei sollte neben der Verbreitung von Informationen insbesondere die Analyse von Informationen gewährleistet sein, um eine hohe produktbezogene Innovativität zu erzielen.

- Darüber hinaus zeigt die empirische Überprüfung, dass sich die produktbezogene Innovativität auf den Markterfolg auswirkt. Zudem wirkt sich die produktbezogene Innovativität über den Markterfolg indirekt auf den wirtschaftlichen Erfolg aus.

4. Welche Auswirkungen hat die Gewinnung von Informationen aus den zentralen Quellen auf die produktbezogene Innovativität?

Um die Forschungsfrage 4 zu beantworten, wird im Rahmen der ersten Zielsetzung zudem das theoretisch fundierte Untersuchungsmodell zur Gewinnung von Informationen entwickelt (vgl. Abschnitt 3.2). Auch dieses Untersuchungsmodell wird im Rahmen der zweiten Zielsetzung empirisch überprüft (vgl. Abschnitt 4.4). Die Herleitung der Hypothesen erfolgt auch hier vor allem auf Basis von theoretischen Ansätzen. Mithilfe der empirischen Überprüfung ergeben sich die folgenden zentralen Erkenntnisse:

- Die *Gewinnung von Informationen durch Kunden* hat einen positiven Einfluss auf die produktbezogene Innovativität. Auch die *Gewinnung von Informationen durch Experten* beeinflusst die produktbezogene Innovativität positiv. Diese zwei Quellen zur Gewinnung von Informationen werden nach der Transaktionskostentheorie der Koordinationsform Markt zugeordnet.

- Die *Gewinnung von Informationen durch Kooperationen* wirkt sich hingegen negativ auf die produktbezogene Innovativität von Unternehmen aus.

- Die *Gewinnung von Informationen durch Mitarbeiter* scheint dagegen keinen direkten Einfluss auf die produktbezogene Innovativität zu besitzen.

5. Unter welchen Bedingungen ist die Auswirkung der Gewinnung von Informationen aus den zentralen Quellen auf die produktbezogene Innovativität stärker bzw. schwächer?

Das Untersuchungsmodell zur Gewinnung von Informationen (zweites Untersuchungsmodell) wird sowohl zur Beantwortung der Forschungsfrage 4 als auch zur Beantwortung der Forschungsfrage 5 herangezogen. Hierbei geht es um den Einfluss von moderierenden Effekten auf die Zusammenhänge zwischen der Gewinnung von Informationen aus den zentralen Quellen und der produktbezogenen Innovativität. Die folgenden Erkenntnisse können mithilfe der empirischen Untersuchung gewonnen werden:

- In Bezug auf den Moderator *Innovationsorientierung der Personalentwicklung* kann gezeigt werden, dass die Innovationsorientierung der Personalentwicklung den Zusammenhang zwischen der Gewinnung von Informationen durch Kooperationen und der produktbezogenen Innovativität negativ beeinflusst. Im Gegensatz dazu hat die Innovationsorientierung der Personalentwicklung einen positiv moderierenden Effekt auf den Zusammenhang zwischen der Gewinnung von Informationen durch Mitarbeiter und der produktbezogenen Innovativität. Die empirischen Ergebnisse liefern jedoch keinen Hinweis darauf, dass die Innovationsorientierung der Personalentwicklung den Zusammenhang zwischen der Gewinnung von Informationen durch Kunden bzw. der Gewinnung von Informationen durch Experten und der produktbezogenen Innovativität beeinflusst.
- Zudem wurde der moderierende Effekt der *Marktdynamik* untersucht. Wie mithilfe der Transaktionskostentheorie postuliert, hat die Marktdynamik einen positiven moderierenden Effekt auf den Zusammenhang zwischen der Gewinnung von Informationen durch Kunden bzw. der Gewinnung von Informationen durch Experten und der produktbezogenen Innovativität. Darüber hinaus beeinflusst der Moderator Marktdynamik, wie auf Basis der Transaktionskostentheorie argumentiert, den Zusammenhang zwischen der Gewinnung von Informationen durch Kooperationen und der produktbezogenen Innovativität negativ. Die Marktdynamik scheint hingegen den Zusammenhang zwischen der Gewinnung von Informationen durch Mitarbeiter und der produktbezogenen Innovativität nicht zu beeinflussen.

5.2 Implikationen für die Forschung

Zur Ableitung von Implikationen für die Forschung werden die Beiträge der vorliegenden Arbeit zunächst aus konzeptioneller, theoretischer und methodischer Perspektive beurteilt. Anschließend werden einige Restriktionen der Untersuchung erläutert.

Aus *konzeptioneller Perspektive* leistet die vorliegende Arbeit im Wesentlichen die folgenden drei Beiträge zur Forschung. Der *erste Beitrag* besteht in der integrativen Untersuchung der Gewinnung von Informationen aus den Quellen Kunden, Experten, Kooperationen sowie Mitarbeiter und der produktbezogenen Innovativität bzw. Integration von Informationen. In bisherigen empirischen Arbeiten werden lediglich einzelne Quellen untersucht. So wird die Gewinnung von Informationen im Wesentlichen entweder aus unternehmensinternen oder unternehmensexternen Quellen untersucht. Die vorliegende Arbeit verknüpft diese zwei Perspektiven, indem die Auswirkung der Gewinnung von Informationen aus den zentralen Quellen auf die produktbezogene Innovativität bzw. die Integration von Informationen im Rahmen einer kausalen Kette untersucht wird. Hierbei kann eine Reihe von signifikanten Effekten festgestellt werden. Demzufolge sollte die integrative Betrachtung in zukünftigen Arbeiten eine stärkere Rolle spielen.

Der *zweite Beitrag* besteht in der Untersuchung von moderierenden Effekten auf die Zusammenhänge zwischen der Gewinnung von Informationen aus den zentralen Quellen und der produktbezogenen Innovativität. Hierbei können moderierende Effekte der Konstrukte Innovationsorientierung der Personalentwicklung und Marktdynamik nachgewiesen werden. Es liegen bislang wenig empirische Erkenntnisse zum moderierenden Einfluss dieser Konstrukte auf den Zusammenhang zwischen der Gewinnung von Informationen und der produktbezogenen Innovativität vor. Die konzeptionellen Grundlagen und die empirischen Ergebnisse zeigen jedoch, dass sowohl die Innovationsorientierung der Personalentwicklung als auch die Marktdynamik hierbei eine wichtige Rolle spielen. Zukünftige Arbeiten sollten deshalb diese Moderatoren für Untersuchungen zum Zusammenhang zwischen der Gewinnung von Informationen und der produktbezogenen Innovativität in Betracht ziehen.

Der *dritte Beitrag* zur Forschung besteht in der Konzeptualisierung der produktbezogenen Innovativität mithilfe der drei Dimensionen Grad der Neuartigkeit von Produkten, Grad des Nutzens von neuartigen Produkten und Häufigkeit der Markteinführung von neuartigen Produkten. Diese Dimensionen werden auf Basis einer umfassenden Literatursichtung identifiziert. Nach Kenntnis des Autors dieser Arbeit haben bisherige Arbeiten diese Dimensionen nicht integrativ untersucht. Ein weiterer Beitrag besteht in diesem Zusammenhang in der Konzeptualisierung des Konstrukts Integration von Informationen. Dazu werden in der vorliegenden Arbeit die zwei Dimensionen Analyse von Informationen und Verbreitung von Informationen herangezogen. Hierbei ist hervorzuheben, dass die Bedeutung der Analyse von Informationen in bisherigen Arbeiten nur ansatzweise beachtet wurde. Hieraus ergeben sich Anknüpfungspunkte für zukünftige Arbeiten.

Aus *theoretischer Perspektive* leistet die vorliegende Arbeit im Wesentlichen zwei Beiträge. Der *erste theoretische Beitrag* bezieht sich auf die Bedeutung der Transaktionskostentheorie für die vorliegende Arbeit. Die Transaktionskostentheorie wird zum einen zur Einordnung der zentralen Quellen zur Gewinnung von Informationen in einen theoretisch fundierten Rahmen angewandt. Hierbei werden die Kategorien Markt, Hybridform und Hierarchie unterschieden. Zum anderen wird die Transaktionskostentheorie zur theoretischen Fundierung der Hypothesen herangezogen. Hierbei findet die Transaktionskostentheorie im Rahmen der Hypothesenformulierung zu den moderierenden Effekten der Innovationsorientierung der Personalentwicklung und der Marktdynamik Anwendung.

Die auf Basis der Transaktionskostentheorie abgeleiteten Hypothesen können größtenteils empirisch bestätigt werden. In der empirischen Innovationsforschung findet die Transaktionskostentheorie hingegen bislang nur wenig Anwendung. Gerade in Bezug auf die Bedeutung von kurzen Entwicklungszeiten zur Realisierung von produktbezogenen Innovationen kommt der Effizienz der Transaktionsabwicklung - ein zentraler Aspekt der Transaktionskostentheorie - eine wichtige Rolle zu. Vor diesem Hintergrund sollte die Transaktionskostentheorie zukünftig eine stärkere Beachtung in der Innovationsforschung finden.

Der *zweite theoretische Beitrag* dieser Arbeit bezieht sich auf die Anwendung der Informationsökonomie. Die Informationsökonomie wird in der vorliegenden Arbeit zum einen zur Herleitung des Konstrukts Gewinnung von Informationen und zum anderen zur theoretischen Fundierung des Zusammenhangs zwischen der Gewinnung von Informationen durch Kunden und der produktbezogenen Innovativität herangezogen. Die empirischen Ergebnisse bestätigen die theoretischen Überlegungen. In bisherigen empirischen Arbeiten der Innovationsforschung findet die Informationsökonomie jedoch wenig Aufmerksamkeit, obwohl Kaas (1990) explizit die Bedeutung der Informationsökonomie für die Innovationsforschung hervorhebt. Vor diesem Hintergrund wird empfohlen, in zukünftigen Arbeiten den Aussagen der Informationsökonomie mehr Beachtung zu schenken.

Abschließend sollen die Beiträge der vorliegenden Arbeit aus *methodischer Perspektive* aufgezeigt werden. Der *erste methodische Beitrag* bezieht sich auf die Verwendung von triadischen Daten zur empirischen Untersuchung der Modelle. Das Problem des Common Method Bias (Podsakoff/Organ 1986) kann mithilfe der Messung der Variablen bei unterschiedlichen Informanten (zwei Informanten auf Anbieterseite für unterschiedliche Variablen und mindestens ein Informant auf Kundenseite für die produktbezogene Innovativität) umgangen werden. Der Kenntnis des Autors nach existieren in der Innovationsforschung bislang keine Untersuchungen, welche auf triadischen Daten basieren.

Aufgrund der Bedeutung der Kundenperspektive hinsichtlich der Wahrnehmung der produktbezogenen Innovativität (vgl. Abschnitt 2.1.2.1) wird vor allem empfohlen, in zukünftigen Arbeiten die produktbezogene Innovativität bei Kunden zu erfassen. Darüber hinaus spielen die Funktionsbereiche Marketing bzw. Vertrieb sowie F&E bzw. Produktion eine wichtige Rolle im Rahmen der Realisierung von produktbezogenen Innovationen (vgl. hierzu auch

Abschnitt 2.2.3). Daher wird hinsichtlich zukünftiger Untersuchungen die Verwendung von triadischen Daten empfohlen.

Hinsichtlich des *zweiten methodischen Beitrags* ist die Untersuchung der moderierenden Effekte mithilfe der Mehrgruppen-Kausalanalyse zu erwähnen. Wie in Abschnitt 4.2.2 bereits ausführlich erläutert, besitzt das Verfahren der Mehrgruppen-Kausalanalyse wesentliche Stärken im Vergleich zur oft angewandten Methode der moderierten Regressionsanalyse (vgl. hierzu ausführlich Homburg 1992; Klarmann 2008). Neben der Berücksichtigung von Messfehlern ermöglicht die Mehrgruppen-Kausalanalyse insbesondere die Untersuchung von moderierenden Effekten im Rahmen eines Untersuchungsmodells mit komplexen Wirkungszusammenhängen (vgl. Klarmann 2008). Deshalb ist die Verwendung dieser Methode in zukünftigen Arbeiten wünschenswert.

Die vorliegende Arbeit unterliegt allerdings auch einigen *Restriktionen*. Diese können zur Ableitung für weitere Forschung herangezogen werden. Die *erste Restriktion* wird darin gesehen, dass die Untersuchung der zugrunde liegenden Zusammenhänge lediglich im B2B-Kontext durchgeführt wurde. Eine interessante Fragestellung für zukünftige Arbeiten wäre es, ob sich die in der vorliegenden Arbeit gefundenen Zusammenhänge auch im B2C-Kontext bestätigen lassen.

Die *zweite Restriktion* bezieht sich darauf, dass keine Untersuchung von nicht-linearen Effekten zwischen der Gewinnung von Informationen aus den zentralen Quellen und der produktbezogenen Innovativität durchgeführt wird. Die Untersuchung von nicht-linearen Effekten könnte einen weiteren Einblick in die Zusammenhänge zwischen diesen Konstrukten geben.

5.3 Implikationen für die Praxis

Die Ergebnisse der vorliegenden Untersuchung liefern eine Reihe von Anregungen für die Unternehmenspraxis. Im Folgenden werden die zentralen Implikationen herausgestellt.

Von zentraler Bedeutung für die Unternehmenspraxis ist zunächst die Erkenntnis, dass die produktbezogene Innovativität auf der Ebene des Produktprogramms einen starken Einfluss auf den Markterfolg hat. Zudem wirkt sich die produktbezogene Innovativität indirekt über den Markterfolg auf den wirtschaftlichen Erfolg aus. Zur Steigerung des Unternehmenserfolgs ist es daher zu empfehlen eine hohe produktbezogene Innovativität auf der Ebene des Produktprogramms zu erzielen.

Zur Realisierung einer hohen produktbezogenen Innovativität kommt der Wahl der Quelle zur Gewinnung von Informationen, aus welchen Ideen für produktbezogene Innovationen hervorgehen, eine hohe Bedeutung zu. Hierbei lassen sich Kunden, Experten (wie beispielsweise Beratungsunternehmen oder Universitäten), Kooperationen und Mitarbeiter des Unternehmens unterscheiden.

Es kann in der Arbeit gezeigt werden, dass sich die Gewinnung von Informationen durch Kunden als auch die Gewinnung von Informationen durch Experten positiv auf die produktbezogene Innovativität auswirkt. Daher sollten Unternehmen versuchen, Informationen zur Generierung von Produktideen durch Kunden und Experten in einem hohen Ausmaß zu gewinnen. Zur Steigerung der produktbezogenen Innovativität ist es dagegen nicht zu empfehlen, derartige Informationen in einem hohen Ausmaß durch Kooperationen zu gewinnen. So zeigen die Ergebnisse der vorliegenden Arbeit, dass die Gewinnung von Informationen durch Kooperationen die produktbezogene Innovativität negativ beeinflusst. Als Grund hierfür lassen sich insbesondere langwierige Abstimmungsprozesse mit Kooperationspartnern nennen, welche die Realisierung eines innovativen Produktprogramms verhindern. An dieser Stelle ist anzumerken, dass sich diese Ausführungen auf die Gewinnung von Informationen durch Kooperationen, aus welchen Ideen für produktbezogene Innovationen hervorgehen, beziehen, aber beispielsweise nicht auf die Umsetzung von Ideen mithilfe von Kooperationspartnern.

Aus der Perspektive der Unternehmenspraxis ist darüber hinaus die Erkenntnis relevant, dass die Integration von Informationen einen positiven Einfluss auf die produktbezogene Innovativität besitzt. Die Integration von Informationen umfasst sowohl die Analyse von Informationen als auch die Verbreitung von Informationen. Die Verbreitung von Informationen allein kann jedoch nicht als effizient angesehen werden. Daneben sollte die Analyse von Informationen gewährleistet werden. In Bezug auf die Analyse von Informationen ist vor allem die Bereitstellung von Ressourcen zur Interpretation der Informationen zu empfehlen, beispielsweise in Form von anspruchsvollen IT-Tools zur Auswertung von Informationen. Die Verbreitung von Informationen kann beispielsweise durch regelmäßige bereichsübergreifende Treffen gewährleistet werden.

Darüber hinaus zeigen die Ergebnisse, dass die Zusammenhänge zwischen der Gewinnung von Informationen aus den zentralen Quellen und der produktbezogenen Innovativität von bestimmten Bedingungen abhängen. Als Bedingungen werden die Innovationsorientierung der Personalentwicklung und die Marktdynamik untersucht. Hierbei kann festgestellt werden, dass bei einer hohen Innovationsorientierung der Personalentwicklung die Gewinnung von Informationen durch Mitarbeiter vorteilhafter ist, als bei einer niedrigen Innovationsorientierung der Personalentwicklung. Deshalb sollten Unternehmen, die in einem hohen Maße in die Innovationsorientierung der Personalentwicklung investiert haben, wie beispielsweise in Form von regelmäßigen intensiven Workshops zu Kreativitätstechniken, die

Informationen, aus welchen Ideen für produktbezogene Innovationen hervorgehen durch Mitarbeiter und weniger durch Kooperationen gewinnen.

In Bezug auf eine hohe Marktdynamik wird zudem festgestellt, dass die ausgeprägte Gewinnung von Informationen durch Kooperationen der Realisierung von produktbezogener Innovativität abträglich ist. Daher sollten Unternehmen nur bei einer niedrigen Marktdynamik, beispielsweise bei geringen Änderungen der Kundenpräferenzen, die Informationen aus welchen Ideen für Innovationen hervorgehen, durch Kooperationen gewinnen. Bei einer hohen Marktdynamik kann hingegen die Gewinnung von Informationen durch Kunden bzw. die Gewinnung von Informationen durch Experten empfohlen werden.

Literaturverzeichnis

Abbey, A./Dickson, J. (1983), R&D Work Climate and Innovation in Semiconductors, in: Academy of Management Journal, 26, 2, S. 362-368.

Aboulnasr, K./Narasimhan, O./Blair, E./Chandy, R. (2008), Competitive Response to Radical Product Innovations, in: Journal of Marketing, 72, 3, S. 94-110.

Acs, Z./Audretsch, D. (1990), Innovation and Small Firms, Cambridge.

Acedo, F./Barroso, C./Galan, J. (2006), The Resource-Based Theory: Dissemination and Main Trends, in: Strategic Management Journal, 27, 7, S. 621-636.

Adams, R./Bessant, J./Phelps, R. (2006), Innovation Management Measurement: A Review, in: International Journal of Management Reviews, 8, 1, S. 21-47.

Agarwala, T. (2003), Innovative Human Resource Practices and Organizational Commitment: An Empirical Investigation, in: International Journal of Human Resource Management, 14, 2, S. 175-197.

Akbar, H. (2003), Knowledge Levels and Their Transformation: Towards the Integration of Knowledge Creation and Individual Learning, in: Journal of Management Studies, 40, 8, S. 1997-2021.

Akerlof, G. (1970), The Market for "Lemons": Quality Uncertainty and the Market Mechanism, in: Quarterly Journal of Economics, 84, 3, S. 488-500.

Albers, S./Eggers, S. (1991), Organisatorische Gestaltungen von Produktinnovations-Prozessen - Führt der Wechsel des Organisationsgrades zu Innovationserfolg?, in: Zeitschrift für betriebswirtschaftliche Forschung, 43, 12, S. 44-64.

Alchian, A. (1961), Some Economics of Property Rights, Santa Monica.

Alchian, A. (1965), Some Economics of Property Rights, in: Il Politico, 30, 4, S. 816-829.

Alchian, A./Demsetz, H. (1972), Production, Information Costs, and Economic Organization, in: American Economic Review, 62, 5, S. 777-795.

Alchian, A./Demsetz, H. (1973), The Property-Rights-Paradigm, in: Journal of Economic History, 33, 1, S. 16-27.

Alchian, A./Woodward, S. (1988), The Firm is Dead - Long Live the Firm: A Review of Oliver E. Williamson's The Economic Institutions of Capitalism, in: Journal of Economic Literature, 26, 1, S. 65-79.

Aldrich, H./Pfeffer, J. (1976), Environments and Organizations, in: Annual Review of Sociology, 2, S. 92-109.

Ali, A./Krapfel, R./LaBahn, D. (1995), Product Innovativeness and Entry Strategy: Impact on Cycle Time and Break-Even Time, in: Journal of Product Innovation Management, 12, 1, S. 54-69.

Alpert, F./Kamins, M. (1995), An Empirical Investigation of Consumer Memory, Attitude, and Perceptions toward Pioneer and Follower Brands, in: Journal of Marketing, 59, 4, S. 34-46.

Ambler, T./Kokkinaki, F. (1997), Measures of Marketing Success, in: Journal of Marketing Management, 13, 7, S. 665-678.

Amit, R./Schoemaker, P. (1993), Strategic Assets and Organizational Rent, in: Strategic Management Journal, 14, 1, S. 33-46.

Anand, N./Gardner, H./Morris, T. (2007), Knowledge-Based Innovation: Emergence and Embedding of New Practice Areas in Management Consulting Firms, in: Academy of Management Journal, 50, 2, S. 406-428.

Anderson, N./De Dreu, C./Nijstad, B. (2004), The Routinization of Innovation Research: A Constructively Critical Review of the State-of-the-Science, in: Journal of Organizational Behavior, 25, 2, S. 147-173.

Anderson, J./Gerbing, D. (1993), Proposed Template for JMR Measurement Appendix, unveröffentlichtes Manuskript, J.L. Kellogg Graduate School of Management, Northwestern University.

Anderson, J./Gerbing, D./Hunter, J. (1987), On the Assessment of Unidimensional Measurement: Internal and External Consistency, and Overall Consistency Criteria, in: Journal of Marketing Research, 24, 4, S. 432-437.

Anderson, E./Sullivan, M. (1993), The Antecedents and Consequences of Customer Satisfaction for Firms, in: Marketing Science, 12, 2, S. 125-143.

Andrew, J./Sirkin, H./Haanaes, K./Michael, D. (2006), Innovation 2006, The Boston Consulting Group - BCG Senior Management Survey, Boston.

Argote, L. (1999), Organizational learning: Creating, Retaining and Transferring Knowledge, Boston.

Argyres, N./Silverman, B. (2004), R&D, Organization Structure, and the Development of Corporate Technological Knowledge, in: Strategic Management Journal, 25, 8/9, S. 929-958.

Armstrong, S./Overton, T. (1977), Estimating Nonresponse Bias in Mail Surveys, in: Journal of Marketing Research, 14, 3, S. 396-402.

Arrow, K. (1969), The Organization of Economic Activity: Issues Pertinent to the Choice of Market versus Non-Market Allocation, in: Committee, Joint Economic (Hrsg.), The Analysis and Evaluation of Public Expenditures: The PBB System, Washington, S. 47-64.

Atuahene-Gima, K. (1995), An Exploratory Analysis of the Impact of Market Orientation on New Product Performance: A Contingency Approach, in: Journal of Product Innovation Management, 12, 4, S. 275-293.

Atuahene-Gima, K. (2005), Resolving the Capability-Rigidity Paradox in New Product Innovation, in: Journal of Marketing, 69, 4, S. 61-83.

Atuahene-Gima, K./Ko, A. (2001), An Empirical Investigation of the Effect of Market Orientation and Entrepreneurship Orientation Alignment on Product Innovation, in: Organization Science, 12, 1, S. 54-74.

Aufderheide, D./Backhaus, K. (1995), Institutionenökonomische Fundierung des Marketing: Der Geschäftstypenansatz, in: Zeitschrift für betriebswirtschaftliche Forschung, 47, 35, S. 43-60.

Avlonitis, G./Salavou, H. (2007), Entrepreneurial Orientation of SMEs, Product Innovativeness, and Performance, in: Journal of Business Research, 60, 5, S. 566-575.

Axtell, C./Holman, D./Unsworth, K./Wall, T./Waterson, P./Harrington, E. (2000), Shopfloor Innovation: Facilitating the Suggestion and Implementation of Ideas, in: Journal of Occupational and Organizational Psychology, 73, 3, S. 265-285.

Backhaus, K./Erichson, B./Plinke, W./Weiber, R. (2006), Multivariate Analysemethoden. Eine anwendungsorientierte Einführung, 11. Auflage, Berlin.

Bagozzi, R. (1994), Structural Equation Models in Marketing Research: Basic Principles, in Bagozzi, R. (Hrsg.), Principles of Marketing Research, Cambridge, S. 411-423.

Bagozzi, R./Baumgartner, H. (1994), The Evaluation of Structural Equation Models and Hypothesis Testing, in: Bagozzi, R. (Hrsg.), Principles of Marketing Research, Cambridge, S. 386-422.

Bagozzi, R./Fornell, C. (1982), Theoretical Concepts, Measurements, and Meaning, in: Fornell, C. (Hrsg.), A Second Generation of Multivariate Analysis, Band 2, New York, S. 24-38.

Bagozzi, R./Phillips, L. (1982), Representing and Testing Organizational Theories: A Holistic Construal, in: Administrative Science Quarterly, 27, 3, S. 459-489.

Bagozzi, R./Yi, Y./Phillips, L. (1991), Assessing Construct Validity in Organizational Research, in: Administrative Science Quarterly, 36, 3, S. 421-458.

Bagozzi, R./Yi, Y. (1988), On the Evaluation of Structural Equation Models, in: Journal of the Academy of Marketing Science, 16, 1, S. 74-95.

Bamberger, I./Wrona, T. (1996), Der Ressourcenansatz und seine Bedeutung für die Strategische Unternehmensführung, in: Zeitschrift für betriebswirtschaftliche Forschung, 48, 2, S. 130-152.

Bandalos, D./Finney, S. (2001), Item Parceling Issues in Structural Equation Modeling, in: Marcoulides, G./Schumacker, R. (Hrsg.), New Development and Techniques in Structural Equation Modeling, Mahwah, S. 269-296.

Bangert-Drowns, R. (1986), Review of Developments in Meta-Analytic Method, in: Psychological Bulletin, 99, 3, S. 388-399.

Barney, J. (1986), Strategic Factor Markets: Expectations, Luck, and Business Strategy, in: Management Science, 32, 10, S. 1231-1241.

Barney, J. (1991), Firm Resources and Sustained Competitive Advantage, in: Journal of Management, 17, 1, S. 99-120.

Barney, J. (2001), Resource-Based Theories of Competitive Advantage: A Ten-Year Retrospective on the Resource-Based View, in: Journal of Management, 27, 6, S. 643-651.

Baron, R./Kenny, D. (1986), The Moderator-Mediator Variable Distinction in Social Psychological Research: Conceptual, Strategic, and Statistical Considerations, in: Journal of Personality and Social Psychology, 51, 6, S. 1173-1182.

Baumgartner, H./Homburg, C. (1996), Applications of Structural Equation Modeling in Marketing and Consumer Research: A Review, in: International Journal of Research in Marketing, 13, 2, S. 139-161.

Baumgartner, H./Steenkamp, J. (1998), Multi-Group Latent Variable Models for Varying Numbers of Items and Factors with Cross-National and Longitudinal Applications, in: Marketing Letters, 9, 1, S. 21-35.

Bausch, A./Rosenbusch, N. (2006), Innovation und Unternehmenserfolg: Eine meta-analytische Untersuchung, in: Die Unternehmung, 60, 2, S. 125-140.

Beatty, C./Lee, G. (1992), Leadership Among Middle Managers - An Exploration in the Context of Technological Change, in: Human Relations, 45, 9, S. 957-989.

Becker, J. (1999), Marktorientierte Unternehmensführung. Messung - Determinanten - Erfolgsauswirkungen, Wiesbaden.

Becker, M./Lillemark, M. (2006), Marketing/R&D Integration in the Pharmaceutical Industry, in: Research Policy, 35, 1, S. 105-120.

Benson, J./Zhu, Y. (2002), The Emerging External Labor Market and the Impact on Enterprise's Human Resource Development in China, in: Human Resource Development Quarterly, 13, 4, S. 449-466.

Bentler, P./Bonett, D. (1980), Significance Tests and Goodness of Fit in the Analysis of Covariance Structures, in: Psychological Bulletin, 88, 3, S. 588-606.

Bentler, P/Bonett, D. (1982), Significance Test and Goodness of Fit in the Analysis of Covariance Structures, in: Fornell, C. (Hrsg.), A SecondGeneration of Multivariate Analysis, Band 2, New York, S. 588-606.

Bergen, M./Dutta, S./Walker, O. (1992), Agency Relationships in Marketing: A Review of the Implications and Applications of Agency and Related Theories, in: Journal of Marketing, 56, 3, S. 1-25.

Bharadwaj, S./Menon, A. (2000), Making Innovation Happen in Organizations: Individual Creativity Mechanisms, Organizational Creativity Mechanisms or Both?, in: Journal of Product Innovation Management, 17, 6, S. 424-434.

Bidault, F./Cummings, T. (1994), Innovating Through Alliances: Expectations and Limitations, in: R&D Management, 24, 1, S. 33-45.

Biemans, W./Griffin, A./Moenaert, R. (2007), Twenty Years of the Journal of Product Innovation Management: History, Participants, and Knowledge Stock and Flows, in: Journal of Product Innovation Management, 24, 3, S. 193-213.

Black, E./Carnes, T./Richardson, V. (2000), The Market Valuation of Corporate Reputation, in: Corporate Reputation Review, 3, 1, S. 31-42.

Bohrnstedt, G. (1970), Reliability and Validity Assessment in Attitude Measurement, in: Summers, G. (Hrsg.), Attitude Measurement, London, S. 80-99.

Boland, R./Lyytinen, K./Youngjin, Y. (2007), Wakes of Innovation in Project Networks: The Case of Digital 3-D Representations in Architecture, Engineering, and Construction, in: Organization Science, 18, 4, S. 631-647.

Bollen, K. (1989), Structural Equations with Latent Variables, New York.

Bolton, G./Loebecke, C./Ockenfels, A. (2008), Does Competition Promote Trust and Trustworthiness in Online Trading? An Experimental Study, in: Journal of Management Information Systems, 25, 2, S. 145-169.

Bourgeois, L. (1985), Strategic Goals, Perceived Uncertainty, and Economic Performance in Volatile Environments, in: Academy of Management Journal, 28, 3, S. 548-573.

Brockhoff, K. (1992), R&D Cooperation between Firms - A Perceived Transaction Cost Perspective, in: Management Science, 38, 4, S. 514-524.

Brockman, B./Morgan, R. (2006), The Moderating Effect of Organizational Cohesiveness in Knowledge Use and New Product Development, in: Journal of the Academy of Marketing Science, 34, 3, S. 295-307.

Brosius, F. (2004), SPSS 12, Landsberg.

Brown, S./Eisenhardt, K. (1995), Product Development: Past Research, Present Findings, and Future Directions, in: Academy of Management Review, 23, 2, S. 343-378.

Browne, M. (1984), Asymptotically Distribution Free Methods for the Analysis of Covariance Structures, in: British Journal of Mathematical and Statistical Psychology, 37, 1, S. 62-82.

Browne, M./Cudeck, R. (1993), Alternative Ways of Assessing Model Fit, in: Bollen, K./Long, J. (Hrsg.), Testing Structural Equation Models, Newbury Park, S. 136-162.

Buxmann, P./Diefenbach. H./Hess, T. (2008), Die Softwareindustrie - Ökonomische Prinzipien, Strategien, Perspektiven, Heidelberg.

Calantone, R./Chan, K./Cui, A. (2006), Decomposing Product Innovativeness and Its Effects on New Product Success, in: Journal of Product Innovation Management, 23, 5, S. 408-421.

Camelo-Ordaz, C./Fernández-Alles, M./Valle-Cabrera, R. (2008), Top Management Team's Vision and Human Resources Management Practices in Innovative Spanish Companies, in: International Journal of Human Resource Management, 19, 4, S. 620-638.

Cardinal, L. (2001), Technological Innovation in the Pharmaceutical Industry: The Use of Organizational Control in Managing Research and Development, in: Organization Science, 12, 1, S. 19-36.

Carmines, E./Zeller, R. (1979), Reliability and Validity Assessment, Newbury Park.

Cash, J./Earl, M./Morison, R. (2008), Teaming Up to Crack Innovation & Enterprise Integration, in: Harvard Business Review, 86, 11, S. 90-100.

Cassiman, B./Veugelers, R. (2006), In Search of Complementarity in Innovation Strategy: Internal R&D and External Knowledge Acquisition, in: Management Science, 52, 1, S. 68-82.

Castellacci, F./Grodal, S./Mendonca, S./Wibe, M. (2005), Advances and Challenges in Innovation Studies, in: Journal of Economic Issues, 39, 1, S. 91-121.

Cavusgil, E./Seggie, S./Talay, M. (2007), Dynamic Capabilities View: Foundations and Research Agenda, in: Journal of Marketing Theory & Practice, 15, 2, S. 159-166.

Chandy, R./Tellis, G. (1998), Organizing for Radical Product Innovation: The Overlooked Role of Willingness to Cannibalize, in: Journal of Marketing Research, 35, 11, S. 474-487.

Chandy, R./Tellis, G. (2000), The Incumbent's Curse? Incumbency, Size, and Radical Product Innovation, in: Journal of Marketing, 64, 3, S. 1-17.

Chandy, R./Hopstaken, B./Narasimhan, O./Prabhu, J. (2006), From Invention to Innovation: Conversion Ability in Product Development, in: Journal of Marketing Research, 43, 3, S. 494-508.

Chang, M./Harrington, J. (2007), Innovators, Imitators, and the Evolving Architecture of Problem-Solving Networks, in: Organization Science, 18, 4, S. 648-666.

Chiou, J./Hsieh, C./Shen, C. (2007), Product Innovativeness, Trade Show Strategy and Trade Show Performance: The Case of Taiwanese Global Information Technology Firms, in: Journal of Global Marketing, 20, 2/3, S. 31-42.

Choudhury, V./Sampler, J. (1997), Information Specificity and Environmental Scanning: An Economic Perspective, in: MIS Quarterly, 21, 1, S. 25-53.

Churchill, G. (1979), A Paradigm for Developing Better Measures of Marketing Constructs, in: Journal of Marketing Research, 16, 1, S. 64-73.

Churchill, G. (1991), Marketing Research - Methodological Foundations, 5. Auflage, Fort Worth.

Coase, R. (1937), The Nature of the Firm, in: Econometrica, 4, 4, S. 386-405.

Cohen, W./Levinthal, D. (1990), Absorptive Capacity: A New Perspective on Learning and Innovation, in: Administrative Science Quarterly, 35, 1, S. 128-152.

Conant, J./Mokwa, M./Varadarajan, P. (1990), Strategic Types, Distinctive Marketing Competencies and Organizational Performance: A Multiple-Measures-Based Study, in: Strategic Management Journal, 11, 5, S. 365-383.

Conger, J./Fishel, B. (2007), Accelerating Leadership Performance at the Top: Lessons from the Bank of America's Executive On-Boarding Process, in: Human Resource Management Review, 17, 4, S. 442-454.

Conner, K./Prahalad, C. (1996), A Resource-Based Theory of the Firm: Knowledge Versus Opportunism, in: Organization Science, 7, 5, S. 477-501.

Cooper, R. (1992), The Newprod System: The Industry Experience, in: Journal of Product Innovation Management, 9, 2, S. 113-127.

Cooper, R./De Brentani, U. (1991), New Industrial Financial Services: What Distinguishes the Winners, in: Journal of Product Innovation Management, 8, 2, S. 75-90.

Cooper, R./Kleinschmidt, E. (1986), An Investigation into the New Product Process: Steps, Deficiencies, and Impact, in: Journal of Product Innovation Management, 3, 2, S. 71-85.

Corbett, C./Zhou, D./Tang, C. (2004), Designing Supply Contracts: Contract Type and Information Asymmetry, in: Management Science, 50, 4, S. 550-559.

Cortina, J. (1993), What Is Coefficient Alpha? An Examination of Theory and Applications, in: Journal of Applied Psychology, 78, 1, S. 98-104.

Couper, M./Traugott, M./Lamias, M. (2001), Web Survey Design and Administration, in: Public Opinion Quarterly, 65, 2, S. 230-253.

Cronbach, L. (1947), Test 'Reliability': Its Meanings and Determination, in: Psychometrika, 12, 1, S. 1-16.

Cronbach, L. (1951), Coefficient Alpha and the Internal Structure of Tests, in: Psychometrika, 16, 3, S. 297-334.

Cross, R./Sproull, L. (2004), More Than an Answer: Information Relationships for Actionable Knowledge, in: Organization Science, 15, 4, S. 446-462.

Cudeck, R./Browne, M. (1983), Cross-Validation of Covariance Structures, in: Multivariate Behavioral Research, 18, 2, S. 147-167.

Cyert, R./March, J. (1963), A Behavioral Theory of the Firm, Englewood Cliffs, NJ.

D'Aveni, R. (1994), Hypercompetition: Managing the Dynamics of Strategic Maneuvering, New York.

Damanpour, F. (1991), Organizational Innovation: A Meta-Analysis of Effects of Determinants and Moderators, in: Academy of Management Journal, 34, 3, S. 555-590.

Danaher, P./Hardie, B./Putsis, W. (2001), Marketing-Mix Variables and the Diffusion of Successive Generations of a Technological Innovation, in: Journal of Marketing Research, 38, 4, S. 501-514.

Danneels, E./Kleinschmidt, E. (2001), Product Innovativeness from the Firm's Perspective: Its Dimensions and Their Relation with Project Selection and Performance, in: Journal of Product Innovation Management, 18, 6, S. 357-73.

Davenport, T./Prusak, L. (1998), Working Knowledge, Cambridge.

Day, G. (1994), The Capabilities of Market-Driven Organizations, in: Journal of Marketing, 58, 4, S. 37-53.

De Brentani, U./Kleinschmidt, E. (2004), Corporate Culture and Commitment: Impact on Performance of International New Product Development Programs, in: Journal of Product Innovation Management, 21, 5, S. 309-333.

De Dreu, C./West, M. (2001), Minority Dissent and Team Innovation: The Importance of Participation in Decision Making, in: Journal of Applied Psychology, 86, 6, S. 1191-1201.

De Jong, J./Vermeulen, P. (2006), Determinants of Product Innovation in Small Firms, in: International Small Business Journal, 24, 6, S. 587-609.

De Luca, L./Atuahene-Gima, K. (2007), Market Knowledge Dimensions and Cross-Functional Collaboration: Examining the Different Routes to Product Innovation Performance, in: Journal of Marketing, 71, 1, S. 95-112.

De Saá-Pérez, P./García-Falcón, J. (2002), A Resource-Based View of Human Resource Management and Organizational Capabilities Development, in: International Journal of Human Resource Management, 13, 1, S. 123-140.

De Sarbo, W./Di Benedetto, C./Jedidi, K./Song, M. (2006), Identifying Sources of Heterogeneity for Empirically Deriving Strategic Types: A Constrained Finite-Mixture Structural-Equation Methodology, in: Management Science, 52, 6, S. 909-924.

De Sarbo, W./Di Benedetto, C./Song, M./Sinha, I. (2005), Revisiting the Miles and Snow Strategic Framework: Uncovering Interrelationships between Strategic Types, Capabilities, Environmental Uncertainty, and Firm Performance, in: Strategic Management Journal, 26, 1, S. 47-74.

Demsetz, H. (1966), Some Aspects of Property Rights, in: Journal of Law & Economics, 9, 1, S. 61-70.

Demsetz, H. (1967), Toward a Theory of Property Rights, in: American Economic Review, 57, 2, S. 347-360.

Denison, E. (1968), Economic Growth, in: Caves, R. (Hrsg.), Britain's Economic Prospects, Washington, S. 231-278.

Deshpandé, R./Farley, J. (2004), Organizational Culture, Market Orientation, Innovativeness, and Firm Performance: An International Research Odyssey, in: International Journal of Research in Marketing, 21, 1, S. 3-23.

Deshpandé, R./Farley, J./Webster, F. (1993), Corporate Culture Customer Orientation, and Innovativeness in Japanese Firms: A Quadrad Analysis, in: Journal of Marketing, 57, 1, S. 23-37.

Diamantopoulos, A./Siguaw, J. (2000), Introducing LISREL: A Guide for the Uninitiated, London.

Dibrell, C./Davis, P./Craig, J. (2008), Fueling Innovation through Information Technology in SMEs, in: Journal of Small Business Management, 46, 2, S. 203-218.

DiMaggio, P. (1995), Comments on "What Theory is Not", in: Administrative Science Quarterly, 40, 3, S. 391-397.

DiMaggio P./Powell W. (1983), The Iron Cage Revisited: Institutional Isomorphism and Collective Rationality in Organizational Fields, in: American Sociology Review, 48, 2, S. 147-160.

Dömötör, R./Franke, N./Hienerth, C. (2007), What a Difference a DV Makes ... The Impact of Conceptualizing the Dependent Variable in Innovation Success Factor Studies, in: Zeitschrift für Betriebswirtschaft, Special Issue 2, S. 23-45.

Dorsch, F./Häcker, H./Stapf, K. (1994), Psychologisches Wörterbuch, 14. Auflage. Bern.

Dougherty, D. (2001), Reimagining the Differentiation and Integration of Work for Sustained Product Innovation, in: Organization Science, 12, 5, S. 612-621.

Dougherty, D./Hardy, C. (1996), Sustained Product Innovation in Large, Mature Organizations: Overcoming Innovation-to-Organization Problems, in: Academy of Management Journal, 39, 5, S. 1120-1153.

Dretske, F. (1981), Knowledge and the Flow of Information, Cambridge.

Dyer, J. (1996), Specialized Supplier Networks as a Source of Competitive Advantage: Evidence from the Auto Industry, in: Strategic Management Journal, 17, 4, S. 271-291.

Dyer, J./Singh, H. (1998), The Relational View: Cooperative Strategy And Sources of Interorganizational Competitive Advantage, in: Academy of Management Review, 23, 4, S. 660-679.

Ebers, M./Gotsch, W. (2002), Insitutionenökonomische Theorien der Organisation, in: Kieser, A. (Hrsg.), Organisationstheorien, Stuttgart, S. 225-251.

Eisenhardt, K./Martin, J. (2000), Dynamic Capabilities: What Are They?, in: Strategic Management Journal, 21, 10/11, S. 1105-1121.

Eisenhardt, K./Tabrizi, B. (1995), Accelerating Adaptive Processes: Product Innovation in the Global Computer Industry, in: Administrative Science Quarterly, 40, 1, S. 84-110.

Ellinger, A./Ketchen, D./Hult, G./Elmadağ, A./Richey, R. (2008), Market Orientation, Employee Development Practices, and Performance in Logistics Service Provider Firms, in: Industrial Marketing Management, 37, 4, S. 353-366.

Ernst, H./Kohn, S. (2007), Organisational Culture and Fuzzy-Front End Performance in New Product Development, in: Zeitschrift für Betriebswirtschaft, Special Issue 2, S. 123-140.

Fang, E. (2008), Customer Participation and the Trade-Off Between New Product Innovativeness and Speed to Market, in: Journal of Marketing, 72, 4, S. 90-104.

Feeny, S./Rogers, M. (2003), Innovation and Performance: Benchmarking Australian Firms, in: Australian Economic Review, 36, 3, S. 253-264.

Feist, G. (1999), The Influence of Personality on Artistic and Scientific Creativity, in: Sternberg, R. (Hrsg.), Handbook of Creativity, New York, S. 273-296.

Fennell, M. (1984), Synergy, Influence, and Information in the Adoption of Administrative Innovations, in: Academy of Management Journal, 27, 1, S. 113-129.

Festinger, L. (1957), A Theory of Cognitive Dissonance. Stanford, Stanford.

Fey, C./Birkinshaw, J. (2005), External Sources of Knowledge, Governance Mode, and R&D Performance, in: Journal of Management, 31, 4, S. 597-621.

Fornell, C. (1986), A Second Generation of Multivariate Analysis: Classification of Methods and Implications for Marketing Research, Arbeitspapier, University of Michigan, Ann Arbor.

Fornell, C./Larcker, D. (1981), Evaluating Structural Equation Models with Unobservable Variables and Measurement Error, in: Journal of Marketing Research, 18, 1, S. 39-50.

Foster, R. (1986), Innovation: The Attacker's Advantage, New York.

Foss, N. (1999), Research in the Strategic Theory of the Firm: 'Isolationism' and 'Integrationism', in: Journal of Management Studies, 36, 6, S. 725-755.

Fourt, L./Woodlock, J. (1960), Early Prediction of Market Success for New Grocery Products, in: Journal of Marketing, 25, 2, S. 31-38.

Frambach, R./Schillewaert, N. (2002), Organizational Innovation Adoption: A Multi-Level Framework of Determinants and Opportunities for Future Research, in: Journal of Business Research, 55, 2, S. 163-176.

Franke, N./Von Hippel, E./Schreier, M. (2006), Finding Commercially Attractive User Innovations: A Test of Lead-User Theory, in: Journal of Product Innovation Management, 23, 4, S. 301-315.

Frese, M./Teng, E./Wijnen, C. (1999), Helping to Improve Suggestion Systems: Predictors of Making Suggestions in Companies, in: Journal of Organizational Behavior, 20, 7, S. 1139-1155.

Fritz, W. (1995), Marketing-Management und Unternehmenserfolg, 2. Auflage, Stuttgart.

Galbraith, J. (1973), Designing Complex Organizations, Reading.

Galunic, C./Rodan, S. (1998), Resource Recombinations in the Firm: Knowledge Structures and the Potential for Schumpeterian Innovation, in: Strategic Management Journal, 19, 12, S. 1193-1202.

Garcia, R./Calantone, R. (2002), A Critical Look at Technological Innovation Typology and Innovativeness Terminology: A Literature Review, in: Journal of Product Innovation Management, 19, 2, S. 110-132.

García-Morales, V./Matías-Reche, F./Hurtado-Torres, N. (2008), Influence of Transformational Leadership on Organizational Innovation and Performance Depending on the Level of Organizational Learning in the Pharmaceutical Sector, in: Journal of Organizational Change Management, 21, 2, S. 188-212.

Gates, S. (1993), Strategic Alliances: Guidelines for Successful Management, New York.

Gerbing, D./Anderson, J. (1988), An Updated Paradigm for Scale Development Incorporating Unidimensionality and its Assessment, in: Journal of Marketing Research, 25, 2, S. 186-192.

Germain, R./Droge, C. (1997), An Empirical Study of the Impact of Just-In-Time Task Scope versus Just-In-Time Workflow Integration on Organizational Design, in: Decision Sciences, 28, 3, S. 615-635.

Gerpott, T. (2005), Prognose des Markterfolgs von Produktinnovationen, in: Albers, S./Gassmann, O. (Hrsg.), Handbuch Technologie- und Innovationsmanagement. Strategie - Umsetzung - Controlling, Wiesbaden, S. 435-456.

Getz, K./De Bruin, A. (2000), Speed Demons of Drug Development, in: Pharmaceutical Executive, 20, 7, S. 78-84.

Geyskens, I./Steenkamp, J./Kumar, N. (2006), Make, Buy, or Ally: A Transaction Cost Theory Meta-Analysis, in: Academy of Management Journal, 49, 3, S. 519-543.

Glaser, R. (1999), Expert Knowledge and Processes of Thinking, in: McCormick, R./Paechter, C. (Hrsg.), Learning and Knowledge, London, S. 88-102.

Glazer, R. (1991), Marketing in an Information-Intensive Environment: Strategic Implications of Knowledge as an Asset, in: Journal of Marketing, 55, 4, S. 1-20.

Gopalakrishnan, S./Bierly, P. (1999), A Reexamination of Product and Process Innovations Using a Knowledge-Based View, in: Journal of High Technology Management Research, 10, 1, S. 147-167.

Gopalakrishnan, S./Damanpour, F. (1997), A Review of Innovation Research in Economics, Sociology and Technology Management, in: Omega, 25, 1, S. 15-29.

Grant, R. (1991), The Resource Based Theory of Competitive Advantage: Implications for Strategy Formulation, in: California Management Review, 33, 3, S. 114-135.

Grant, R. (1996a), Prospering in Dynamically-Competitive Environments: Organizational Capability as Knowledge Integration, in: Organization Science, 7, 4, S. 375-387.

Grant, R. (1996b), Toward a Knowledge-Based Theory of the Firm, in: Strategic Management Journal, 17, Special Issue, S. 109-122.

Grant, R./Baden-Fuller, C. (2004), A Knowledge Accessing Theory of Strategic Alliances, in Journal of Management Studies, 41, 1, S. 61-84.

Green, S./Gavin, M./Aiman-Smith, L. (1995), Assessing a Multidimensional Measure of Radical Technological Innovation, in: IEEE Transactions on Engineering Management, 42, 3, S. 203-214.

Griffin, A./Hauser, J. (1993), The Voice of the Customer, in: Marketing Science, 12, 1, S. 1-27.

Grinstein, A. (2008), The Effect of Market Orientation and Its Components on Innovation Consequences: A Meta-Analysis, in: Journal of the Academy of Marketing Science, 36, 2, S. 166-173.

Grupp, H. (1997), Messung und Erklärung des Technischen Wandels: Grundzüge einer empirischen Innovationsökonomik, Heidelberg.

Guan, J./Yam, R./Mok, C./Ma, N. (2006), A Study of the Relationship between Competitiveness and Technological Innovation Capability Based on DEA Models, in: European Journal of Operational Research, 170, 3, S. 971-986.

Gümbel, R./Woratschek, H. (1995), Institutionenökonomik, in: Tietz, B./Köhler, R./Zentes, J. (Hrsg.), Handwörterbuch des Marketing, 2. Auflage, Stuttgart, S. 1008-1019.

Hall, R. (1992), The Strategic Analysis of Intangible Resources, in: Strategic Management Journal, 13, 2, S. 135-144.

Hambrick, D. (2007), Upper Echelons Theory - An Update, in: Academy of Management Review, 32, 2, S. 334-343.

Hambrick, D./Mason, P. (1984), Upper Echelons: The Organization as a Reflection of Its Top Managers, in: Academy of Management Review, 9, 2, S. 193-206.

Han, J./Kim, N./Srivastava, R. (1998), Market Orientation and Organizational Performance: Is Innovation a Missing Link?, in: Journal of Marketing, 62, 4, S. 30-45.

Hansen, M./Birkinshaw, J. (2007), The Innovation Value Chain, in: Harvard Business Review, 85, 6, S. 121-130.

Hargadon, A./Sutton, R. (1997), Technology Brokering and Innovation in a Product Development Firm, in: Administrative Science Quarterly, 42, 4, S. 716-749.

Hartung, J./Elpelt, B./Klösener, H. (2002), Statistik: Lehr- und Handbuch der angewandten Statistik, 13. Auflage, München.

Hauser, J./Tellis, G./Griffin, A. (2006), Research on Innovation: A Review and Agenda for Marketing Science, in: Marketing Science, 25, 6, S. 687-717.

Häusler, J./Hohn, H./Lütz, S. (1994), Contingencies of Innovative Networks: A Case Study of Successful Interfirm R & D Collaboration, in: Research Policy, 23, 1, S. 47-66.

Hax, H. (1991), Theorie der Unternehmung. Information, Anreize und Vertragsgestaltung, in: Ordelheide, D./Bernd, R./Büsselmann, E. (Hrsg.), Betriebswirtschaftslehre und ökonomische Theorie, Stuttgart, S. 51-72.

Heide, J. (2003), Plural Governance in Industrial Purchasing, in: Journal of Marketing, 67, 4, S. 18-29.

Heim, G./Field, J. (2007), Process Drivers of E-Service Quality: Analysis of Data from an Online Rating Site, in: Journal of Operations Management, 25, 5, S. 962-984.

Helm, S. (1995), Neue Institutionenökonomie, Arbeitspapier, Nr. 2, Düsseldorfer Schriften zum Marketing, Heinrich-Heine Universität, Düsseldorf.

Henard, D./Szymanski, D. (2001), Why Some New Products Are More Successful Than Others, in: Journal of Marketing Research, 38, 3, S. 362-375.

Herold, D./Jayaraman, N./Narayanaswamy, C. (2006), What is the Relationship between Organizational Slack and Innovation?, in: Journal of Managerial Issues, 18, 3, S. 372-392.

Herrmann, A./Gassmann, O./Eisert, U. (2007), An Empirical Study of the Antecedents for Radical Product Innovations and Capabilities for Transformation, in: Journal of Engineering & Technology Management, 24, 1/2, S. 92-120.

Herrmann, A./Homburg, C./Klarmann, M. (2008), Marktforschung: Ziele, Vorgehensweise und Nutzung, in: Herrmann, A./Homburg, C./Klarmann, M. (Hrsg.), Handbuch Marktforschung: Methoden - Anwendungen - Praxisbeispiele, 3. Auflage, Wiesbaden, S. 3-20.

Herstatt, C./Lüthje, C. (2005), Der Prozess zur Gewinnung von Innovationsideen, in: Albers, S./Gassmann, O. (Hrsg.), Handbuch Technologie- und Innovationsmanagement. Strategie - Umsetzung - Controlling, Wiesbaden, S. 265-284.

Hildebrandt, L. (1983), Konfirmatorische Analysen von Modellen des Konsumentenverhaltens, Berlin.

Hildebrandt, L. (1998), Kausalanalytische Validierung in der Marketingforschung, in: Hildebrandt, L./Homburg, C. (Hrsg.), Die Kausalanalyse: Ein Instrument der empirischen betriebswirtschaftlichen Forschung, Stuttgart, S. 85-110.

Hill, R./Hellriegel, D. (1994), Critical Contingencies in Joint Venture Management: Some Lessons from Managers, in: Organization Science, 5, 4, S. 594-607.

Hirshleifer, J./Riley, J. (1979), The Analytics of Uncertainty and Information - An Expository Survey, in: Journal of Economic Literature, 17, 4, S. 1375-1422.

Hitt, M./Hoskisson, R./Johnson, R./Moesel, D. (1996), The Market for Corporate Control and Firm Innovation, in: Academy of Management Journal, 39, 5, S. 1084-1120.

Hoffman, R./Hegarty, W. (1993), Top Management Influence on Innovations: Effects of Executive Characteristics and Social Culture, in: Journal of Management, 19, 3, S. 549-575.

Homburg, C. (1989), Exploratorische Ansätze der Kausalanalyse als Instrument der Marketingplanung, Frankfurt am Main.

Homburg, C. (1992), Die Kausalanalyse: Eine Einführung, in: WiSt - Wirtschaftswissenschaftliches Studium, 21, 10, S. 499-508.

Homburg, C. (2000), Kundennähe von Industriegüterunternehmen. Konzeption - Erfolgsauswirkungen - Determinanten, 3. Auflage, Wiesbaden.

Homburg, C./Baumgartner, H. (1995), Beurteilung von Kausalmodellen: Bestandsaufnahme und Anwendungsempfehlungen, in: Marketing - Zeitschrift für Forschung und Praxis, 17, 3, S. 162-176.

Homburg, C./Dobratz, A. (1991), Iterative Modellselektion in der Kausalanalyse, in: Zeitschrift für betriebswirtschaftliche Forschung, 43, 3, S. 213-237.

Homburg, C./Dobratz, A. (1992), Covariance Structure Analysis via Specification Searches, Statistical Papers, 33, 2, S. 119-142.

Homburg, C./Giering, A. (1996), Konzeptualisierung und Operationalisierung komplexer Konstrukte. Ein Leitfaden für die Marktforschung, in: Marketing - Zeitschrift für Forschung und Praxis, 18, 1, S. 5-24.

Homburg, C./Grozdanovic, M./Klarmann, M. (2007), Responsiveness to Customers and Competitors: The Role of Affective and Cognitive Organizational Systems, in: Journal of Marketing, 71, 3, S. 18-38.

Homburg, C./Herrmann, A./Pflesser, C./Klarmann, M. (2008), Methoden der Datenanalyse im Überblick, in: Herrmann, A./Homburg, C./Klarmann, M. (Hrsg.), Handbuch Marktforschung: Methoden - Anwendungen - Praxisbeispiele, 3. Auflage, Wiesbaden, S. 151-174.

Homburg, C./Klarmann, M. (2006), Die Kausalanalyse in der empirischen betriebswirtschaftlichen Forschung - Problemfelder und Anwendungsempfehlungen, in: Die Betriebswirtschaft, 66, 6, S. 727-748.

Homburg, C./Klarmann, M./Pflesser, C. (2008), Konfirmatorische Faktorenanalyse, in: Herr-mann, A./Homburg, C./Klarmann, M. (Hrsg.), Handbuch Marktforschung: Methoden - Anwendungen - Praxisbeispiele, 3. Auflage, Wiesbaden, S. 271-304.

Homburg, C./Krohmer, H. (2006), Marketingmanagement, Studienausgabe: Strategie - Instrumente - Umsetzung - Unternehmensführung, Wiesbaden.

Homburg, C./Krohmer, H. (2008), Der Prozess der Marktforschung: Festlegung der Daten-erhebungsmethode, Stichprobenbildung und Fragebogengestaltung, in: Herrmann, A./Homburg, C./Klarmann, M. (Hrsg.), Handbuch Marktforschung: Methoden - Anwendungen - Praxisbeispiele, 3. Auflage, Wiesbaden, S. 21-52.

Homburg, C./Pflesser, C. (2000a), A Multiple-Layer Model of Market-Oriented Organiza-tional Culture: Measurement Issues and Performance Outcomes, in: Journal of Mar-keting Research, 37, 4, S. 449-462.

Homburg, C./Pflesser, C. (2000b), Konfirmatorische Faktorenanalyse, in: Herrmann, A./Homburg, C. (Hrsg.), Marktforschung: Methoden - Anwendungen - Praxisbei-spiele, 2. Auflage, Wiesbaden, S. 413-438.

Homburg, C./Pflesser, C./Klarmann, M. (2008), Strukturgleichungsmodelle mit latenten Variablen: Kausalanalyse, in: Herrmann, A./Homburg, C./Klarmann, M. (Hrsg.), Handbuch Marktforschung: Methoden - Anwendungen - Praxisbeispiele, 3. Auflage, Wiesbaden, S. 547-578.

Homburg, C./Schilke, O./Reimann, M. (2009), Triangulation von Umfragedaten in der Marketing- und Managementforschung: Inhaltsanalyse und Anwendungshinweise, in: Die Betriebswirtschaft, 69, 2, S. 175-195.

Homburg, C./Stock, R. (2004), The Link Between Sales People's Job Satisfaction and Cus-tomer Satisfaction in a Business-to-Business Context: A Dyadic Analysis, in: Journal of the Academy of Marketing Science, 32, 2, S. 144-158.

Homburg, C./Stock, R./Kühlborn, S. (2005), Die Vermarktung von Systemen im Industrie-gütermarketing, in: Die Betriebswirtschaft, 65, 6, S. 537-562.

Homburg, C./Sütterlin, S. (1990), Kausalmodelle in der Marketingforschung, Marketing - Zeitschrift für Forschung und Praxis, 12, 3, S. 181-192.

Homburg, C./Workman, J./Krohmer, H. (1999), Marketing's Influence Within the Firm, in: Journal of Marketing, 63, 2, S. 1-17.

Hoopes, D./Postrel, S. (1999), Shared Knowledge, "Glitches," and Product Development Per-formance, in: Strategic Management Journal, 20, 9, S. 837-865.

Hoti, S./McAleer, M. (2006), How Does Country Risk Affect Innovation? An Application to Foreign Patents Registered in the USA, in: Journal of Economic Surveys, 20, 4, S. 691-714.

Huber, G. (1991), Organizational Learning: The Contributing Processes and the Literatures, in: Organization Science, 2, 1, S. 88-115.

Huber, G./Power, D. (1985), Retrospective Reports of Strategic-level Managers: Guidelines for Increasing Their Accuracy, in: Strategic Management Journal, 6, 2, S. 171-180.

Hull, F. (2004), Innovation Strategy and the Impact of a Composite Model of Service Product Development on Performance, in: Journal of Service Research, 7, 2, S. 167-180.

Hull, C./Rothenberg, S. (2008), Firm Performance: The Interactions of Corporate Social Performance with Innovation and Industry Differentiation, in: Strategic Management Journal, 29, 7, S. 781-789.

Hult, G. (2003), An Integration of Thoughts on Knowledge Management, in: Decision Sciences, 34, 2, S. 189-196.

Hult, G./Ketchen, D./Slater, S. (2004), Information Processing, Knowledge Development, and Strategic Supply Chain Performance, in: Academy of Management Journal, 47, 2, S. 241-253.

Hun, L./Smith, K./Grimm, C./Schomburg, A. (2000), Timing, Order and Durability of New Product Advantages with Imitation, in: Strategic Management Journal, 21, 1, S. 23-31.

Hunt, S./Sparkman, R./Wilcox, J. (1982), The Pretest in Survey Research: Issues and Preliminary Findings, in: Journal of Marketing Research, 19, 2, S. 269-273.

Hunt, S./Morgan, R. (1995), The Comparative Advantage Theory of Competition, in: Journal of Marketing, 59, 2, S. 1-16.

Hurley, R./Hult, G. (1998), Innovation, Market Orientation, and Organizational Learning: An Integration and Empirical Examination, in: Journal of Marketing, 62, 3, S. 42-54.

Hurrle, B./Kieser, A. (2005), Sind Key Informants verlässliche Datenlieferanten?, in: Die Betriebswirtschaft, 65, 6, S. 584-602.

IBM Studie (2007), The Power of Many, IBM Institute for Business Value, Somers, NY.

Ilieva, J./Baron, S./Healey, N. (2002), Online Surveys in Marketing Research: Pros and Cons, in: International Journal of Market Research, 44, 3, S. 361-376.

Jaccard, J./Wan, C. (1996), LISREL Approaches to Interaction Effects in Multiple Regression, Thousand Oaks.

Jacobides, M./Winter, S. (2005), The Co-Evolution of Capabilities and Transaction Costs: Explaining the Institutional Structure of Production, in: Strategic Management Journal, 26, 5, S. 395-413.

Jacoby, J. (1977), Information Load and Decision Quality: Some Contested Issues, in: Journal of Marketing Research, 14, 4, S. 569-573.

Jacoby, J. (1978), Consumer Research: How Valid and Useful are all Our Consumer Behavior Research Findings? A State of the Art Review, in: Journal of Marketing, 42, 2, S. 87-96.

James, J. (1993), New Technologies, Employment and Labor Markets in Developing Countries, in: Development and Change, 24, S. 405-437.

James, L./Demaree, R./Wolf, G. (1984), Estimating Within-Group Interrater Reliability With and Without Response Bias, in: Journal of Applied Psychology, 69, 1, S. 85-98.

Jansen, J./Van den Bosch, F./Volberda, H. (2005), Exploratory Innovation, Exploitative Innovation, and Ambidexterity: The Impact of Environmental and Organizational Antecedents, in: Schmalenbach Business Review, 57, 4, S. 351-363.

Jap, S./Anderson, E. (2004), Challenges and Advances in Marketing Strategy Field Research, in: Moorman, C./Lehmann, D. (Hrsg.), Assessing Marketing Strategy Performance, Cambridge, S. 269-292.

Jaworski, B./Kohli, A. (1993), Market Orientation: Antecedents and Consequences, in: Journal of Marketing, 57, 3, S. 53-71.

Jensen, O./Mertesdorf, S. (2006), Einführung in die Meta-Analyse, in: Wirtschaftswissenschaftliches Studium, 35, 12, S. 657-663.

Jensen, M./Johnson, B./Lorenz, E./Lundvall, B. (2007), Forms of Knowledge and Modes of Innovation, in: Research Policy, 36, 5, S. 680-693.

Jöreskog, K. (1966), Testing a Simple Structure Hypothesis in Factor Analysis, in: Psychometrika, 31, 2, S. 165-178.

Jöreskog, K. (1969), A General Approach to Confirmatory Maximum Likelihood Factor Analysis, in: Psychometrika, 34, 2, S. 183-202.

Jöreskog, K. (1978), Structural Analysis of Covariance and Correlation Matrices, in: Psychometrica, 43, 4, S. 443-477.

Jöreskog, K./Sörbom, D. (1982), Recent Developments in Structural Equation Modeling, in: Journal of Marketing Research, 19, 4, S. 404-416.

Jöreskog, K./Sörbom, D. (1989), LISREL 7 - User's Reference Guide, Mooresville.

Jöreskog, K./Sörbom, D. (1993), LISREL 8 - A Guide to the Program and Applications, Chicago.

Kaas, K. (1990), Marketing als Bewältigung von Informations- und Unsicherheitsproblemen im Markt, in: Die Betriebswirtschaft, 50, 4, S. 539-548.

Kass, K. (1991), Marktinformationen: Screening und Signaling unter Partnern und Rivalen, in: Zeitschrift für Betriebswirtschaft, 61, 3, S. 357-370.

Kaiser, H. (1974), An Index of Factorial Simplicity, in: Psychometrika, 39, 1, S. 31-36.

Kandampully, J. (2003), B2B Relationships and Networks in the Internet Age, in: Management Decision, 41, 5, S. 443-452.

Katila, R. (2002), New Product Search over Time: Past Ideas in Their Prime?, in: Academy of Management Journal, 45, 5, S. 995-1010.

Katila, R./Ahuja, G. (2002), Something Old, Something New: A Longitudinal Study of Search Behavior and New Product Introduction, in: Academy of Management Journal, 45, 6, S. 1183-1194.

Katila, R./Shane, S. (2005), When Does Lack of Resources Make New Firms Innovative?, in: Academy of Management Journal, 48, 5, S. 814-829.

Katz, M./Shapiro, C. (1985), On the Licensing of Innovations, in: Journal of Economics, 16, 4, S. 504-520.

Kim, D./Cavusgil, S./Calantone, R. (2006), Information System Innovations and Supply Chain Management: Channel Relationships and Firm Performance, in: Journal of the Academy of Marketing Science, 34, 1, S. 40-54.

Kim, K./Oh, C. (2002), On Distributor Commitment in Marketing Channels for Industrial Products: Contrast Between the United States and Japan, in: Journal of International Marketing, 10, 1, S. 72-97.

Kirchhoff, B./Phillips, B. (2002), The Effect of Firm Formation and Growth on Job Creation in the United States, in: Krueger, N. (Hrsg.), Entrepreneurship, Florence, S. 372-387.

Klarmann, M. (2008), Methodische Problemfelder der Erfolgsfaktorenforschung: Bestandsaufnahme und empirische Analysen, Wiesbaden.

Kleinschmidt, E./De Brentani, U./Salomo, S. (2007), Performance of Global New Product Development Programs: A Resource-Based View, in: Journal of Product Innovation Management, 24, 5, S. 419-441.

Knight, G./Cavusgil, S. (2004), Innovation Organizational Capabilities and the Born-Global Firm, in: Journal of International Business Studies, 35, 2, S. 124-141.

Knudsen, M. (2007), The Relative Importance of Interfirm Relationships and Knowledge Transfer for New Product Development Success, in: Journal of Product Innovation Management, 24, 2, S. 117-138.

Kock, A. (2007), Innovativeness and Innovation Success - A Meta-Analysis, in: Zeitschrift für Betriebswirtschaftslehre, Special Issue 2, S. 1-21.

Kogut, B./Zander, U. (1992), Knowledge of the Firm, Combinative Capabilities, and the Replication of Technology, in: Organization Science, 3, 3, S. 383-397.

Kohli, A./Jaworski, B. (1990), Market Orientation: The Construct, Research Propositions, and Managerial Implications, in: Journal of Marketing, 54, 2, S. 1-18.

Kohli, A./Jaworski, B./Kumar, A. (1993), MARKOR: A Measure of Market Orientation, in: Journal of Marketing Research, 30, 4, S. 467-477.

Kuemmerle, W. (1999), Foreign Direct Investment in Industrial Research in the Pharmaceutical and Electronics Industries - Results from a Survey of Multinational Firms, in: Research Policy, 28, 2/3, S. 179-194.

Lado, A./Boyd, N./Wright, P./Kroll, M. (2006), Paradox and Theorizing within the Resource-Based View, in: Academy of Management Review, 31, 1, S. 115-131.

Landis, R./Beal, D./Tesluk, P. (2000), A Comparison of Approaches to Forming Composite Measures in Structural Equation Models, in: Organizational Research Methods, 3, 2, S. 186-208.

Langerak, F./Hultink, E. (2006), The Impact of Product Innovativeness on the Link between Development Speed and New Product Profitability, in: Journal of Product Innovation Management, 23, 3, S. 203-214.

Langerak, F./Hultink, E./Robben, H. (2004), The Impact of Market Orientation, Product Advantage, and Launch Proficiency on New Product Performance and Organizational Performance, in: Journal of Product Innovation Management, 21, 2, S. 79-94.

Lavie, D. (2006), The Competitive Advantage of Interconnected Firms: An Extension of the Resource-Based View, in: Academy of Management Review, 31, 3, S. 638-658.

Lawrence, P./Lorsch, J. (1967), Organization and Environment: Managing Differentiation and Integration, Boston.

Lee, Y./O'Connor, G. (2003), The Impact of Communication Strategy on Launching New Products:The Moderating Role of Product Innovativeness, in: Journal of Product Innovation Management, 20, 1, S. 4-22.

Leonard-Barton, D. (1992), Core Capabilities and Core Rigidities: A Paradox in Managing New Product Development, in: Strategic Management Journal, 13, 1, S. 111-125.

Leonard-Barton, D. (1995), Wellspring of Knowledge: Building and Sustaining the Sources of Innovation, Harvard Business School Press, Cambridge.

Lepak, D./Snell, S. (1999), The Human Resource Architecture: Toward a Theory of Human Capital Allocation and Development, in: Academy of Management Review, 24, 1, S. 31-48.

Li, H./Atuahene-Gima, K. (2001), Product Innovation Strategy and the Performance of New Technology Ventures in China, in: Academy of Management Journal, 44, 6, S. 1123-1134.

Li, T./Calantone, R. (1998), The Impact of Market Knowledge Competence on New Product Advantage: Conceptualization and Empirical Examination, in: Journal of Marketing, 62, 4, S. 13-29.

Liao, Y. (2007), The Effects of Knowledge Management Strategy and Organization Structure on Innovation, in: International Journal of Management, 24, 1, S. 53-60.

Lieberman, M./Montgomery, D. (1988), First Mover Advantages, in: Strategic Management Journal, 9, 1, S. 41-58.

Lievens, F./Highhouse, S. (2003), The Relation of Instrumental and Symbolic Attributes to a Company's Attractiveness as an Employer, in: Personnel Psychology, 56, 1, S. 75-102.

Lilien, G./Morrison, P./Searls, K./Sonnack, M./Von Hippel, E. (2002), Performance Assessment of the Lead User Idea-Generation Process for New Product Development, in: Management Science, 48, 8, S. 1042-1059.

Little, T./Cunningham, W./Shahar, G./Widaman, K. (2002), To Parcel or Not to Parcel: Exploring the Question, Weighing the Merits, Structural Equation Modeling, 9, 2, S. 151-173.

Little, T./Lindenberger, U./Nesselroade, J. (1999), On Selecting Indicators for Multivariate Measurement and Modeling with Latent Variables: When 'Good' Indicators are Bad and 'Bad' Indicators are Good, in: Psychological Methods, 4, 2, S. 192-211.

Lorange, P./Roos, J. (1992), Strategic Alliances: Formation, Implementation, and Evolution, Cambridge.

MacCallum, R./Browne, M./Sugawara, H. (1996), Power Analysis and Determination of Sample Size for Covariance Structure Modeling, in: Psychological Methods, 1, 2, S. 130-149.

Mahoney, J. (2001), A Resource-Based Theory of Sustainable Rents, in: Journal of Management, 27, 6, S. 651-661.

Malhotra, N. (1993), Marketing Research: An Applied Orientation, Englewood Cliffs.

Maltz, E./Kohli, A. (1996), Market Intelligence Dissemination Across Functional Boundaries, in: Journal of Marketing Research, 33, 1, S. 47-61.

Masten, S. (1996), Empirical Research in Transaction Cost Economics: Challenges, Progress, Directions, in: Groenewegen J. (Hrsg.), Transaction Cost Economics and Beyond, Boston, S. 43-64.

Mathieu, J./Tannenbaum, S./Salas, E. (1992), Influences of Individual and Situational Characteristics on Measures of Training Effectiveness, in: Academy of Management Journal, 35, 4, S. 828-847.

Mathisen, G./Torsheim, T./Einarsen, S. (2006), The Team-level Model of Climate for Innovation: A Two-level Confirmatory Factor Analysis, in: Journal of Occupational & Organizational Psychology, 79, 1, S. 23-35.

Matsuno, K./Mentzer, J. (2000), The Effects of Strategy Type on the Market Orientation - Performance Relationship, in: Journal of Marketing, 64, 4, S. 1-16.

Matzler, K./Schwarz, E./Deutinger, N./Harms, R. (2008), The Relationship between Transformational Leadership, Product Innovation and Performance in SMEs, in: Journal of Small Business & Entrepreneurship, 21, 2, S. 139-151.

McEvily, S./Chakravarthy, B. (2002), The Persistence of Knowledge-Based Advantage: An Empirical Test for Product Performance and Technological Knowledge, in Strategic Management Journal, 23, 4, S. 285 -306.

Miles, R./Snow, C. (1978), Organizational Strategy, Structure, and Process, New York.

Miller, D./Fern, M./Cardinal, L. (2007), The Use of Knowledge for Technological Innovation within Diversified Firms, in: Academy of Management Journal, 50, 2, S. 307-326.

Milgrom, P./Roberts, J. (1992), Economics, Organization and Management, Upper Saddle River.

Milgrom, P./Roberts, J. (1995), Bargaining Costs, Influence Costs, and the Organization of Economic Activities, in: Williamson, O./Masten, S. (Hrsg.), Transaction Cost Economics, Aldershot-Brookfield, S. 423-456.

Min, S./Kalwani, M./Robinson, W. (2006), Market Pioneer and Early Follower Survival Risks: A Contingency Analysis of Really New Versus Incrementally New Product-Markets, in: Journal of Marketing, 70, 1, S. 15-33.

Miron, E./Erez, M./Naveh, E. (2004), Do Personal Characteristics and Cultural Values that Promote Innovation, Quality, and Efficiency Compete or Complement Each Other?, in: Journal of Organizational Behavior, 25, 2, S. 175-199.

Möller, K./Rajala, R./Westerlund, M. (2008), Service Innovation Myopia? A New Recipe for Client-Provider Value Creation, in: California Management Review, 50, 3, S. 31-48.

Moguillansky, G. (2006), Innovation, the Missing Link in Latin American Countries, in: Journal of Economic Issues, 40, 2, S. 343-357.

Montoya-Weiss, M./Calantone, R. (1994), Determinants of New Product Performance: A Review and Meta-Analysis, in: Journal of Product Innovation Management, 11, 5, S. 397-417.

Moorman, C. (1995), Organizational Market Information Processes: Cultural Antecedents and New Product Outcomes, in: Journal of Marketing Research, 32, 3, S. 318-336.

Morrison, P./Roberts, J./Von Hippel, E. (2000), Determinants of User Innovation and Innovation Sharing in a Local Market, in: Management Science, 46, 12, S. 1513-1528.

Mowery, D./Rosenberg, N. (1979), The Influence of Market Demand upon Innovation: A Critical Review of Some Recent Empirical Studies, in: Research Policy, 8, 1, S. 103-153.

Naveh, E. (2005), The Effect of Integrated Product Development on Efficiency and Innovation, in: International Journal of Production Research, 43, 13, S. 2789-2808.

Nelson, R./Winter, S. (1982), An Evolutionary Theory of Economic Change, Boston.

Newbert, S. (2007), Empirical Research on the Resource-Based View of the Firm: An Assessment and Suggestions for Future Research, in: Strategic Management Journal, 28, 2, S. 121-146.

Nijssen, E./Hillebrand, B./Vermeulen, P./Kemp, R. (2006), Exploring Product and Service Innovation Similarities and Differences, in: International Journal of Research in Marketing, 23, 3, S. 241-251.

Nunnally, J. (1967), Psychometric Theory, New York.

Nunnally, J. (1978), Psychometric Theory, 2. Auflage, New York.

Nonaka, I. (1991), The Knowledge-Creating Company, in: Harvard Business Review, 69, 6, S. 96-104.

Nonaka, I. (1994), A Dynamic Theory of Organizational Knowledge Creation, in: Organization Science, 5, 1, S. 14-37.

Nonaka, I. (2007), The Knowledge-Creating Company, in: Harvard Business Review, 85, 7/8, S. 162-171.

Nonaka, I./Takeuchi, H. (1995), The Knowledge-Creating Company: How Japanese Companies Create the Dynamics of Innovation, New York.

O'Connor, G. (1998), Market Learning and Radical Innovation: Across Case Comparison of Eight Radical Innovation Projects, in: Journal of Product Innovation Management, 15, 2, S. 151-166.

O'Connor, G. (2008), Major Innovation as a Dynamic Capability: A Systems Approach, in: Journal of Product Innovation Management, 25, 4, S. 313-330.

O'Connor, G./DeMartino, R. (2006), Organizing for Radical Innovation: An Exploratory Study of the Structural Aspects of RI Management Systems in Large Established Firms, in: Journal of Product Innovation Management, 23, 6, S. 475-497.

Olavarrieta, S./Friedmann, R. (2008), Market Orientation, Knowledge-Related Resources and Firm Performance, in: Journal of Business Research, 61, 6, S. 623-630.

Olsen, N./Sallis, J. (2006), Market Scanning for New Service Development, in: European Journal of Marketing, 40, 5/6, S. 466-484.

Olson, E./Slater, S./Hult, G. (2005), The Performance Implications of Fit Among Business Strategy, Marketing Organization Structure, and Strategic Behavior, in: Journal of Marketing, 69, 3, S. 49-65.

Olson, E./Walker, O./Ruekert, R. (1995), Organizing for Effective New Product Development: The Moderating Role of Product Innovativeness, in: Journal of Marketing, 59, 1, S. 48-63.

Ottum, B./Moore, W. (1997), The Role of Market Information in New Product Success/Failure, in: Journal of Product Innovation Management, 14, 4, S. 258-273.

Page, A./Schirr, G. (2008), Growth and Development of a Body of Knowledge: 16 Years of New Product Development Research, 1989-2004, in: Journal of Product Innovation Management, 25, 3, S. 233-248.

Paladino, A. (2007), Investigating the Drivers of Innovation and New Product Success: A Comparison of Strategic Orientations, in: Journal of Product Innovation Management, 24, 6, S. 534-553.

Paladino, A. (2008), Analyzing the Effects of Market and Resource Orientations on Innovative Outcomes in Times of Turbulence, in: Journal of Product Innovation Management, 25, 6, S. 577-592.

Palmatier, R./Dant, R./Grewal, D. (2007), A Comparative Longitudinal Analysis of Theoretical Perspectives of Interorganizational Relationship Performance, in: Journal of Marketing, 71, 4, S. 172-194.

Parasuraman, A./Zeithaml, V./Berry, L. (1988), SERVQUAL: A Multiple-Item Scale for Measuring Consumer Perceptions of Service Quality, in: Journal of Retailing, 64, 1, S. 12-40.

Parkhe, A. (1993), Strategic Alliance Structuring: A Game Theoretic and Transaction Cost Examination of Interfirm Cooperation, in: Academy of Management Journal, 36, 4, S. 794-829.

Paruchuri, S./Nerkar, A./Hambrick, D. (2006), Acquisition Integration and Productivity Losses in the Technical Core: Disruption of Inventors in Acquired Companies, in: Organization Science, 17, 5, S. 545-562.

Patterson, F. (1999), Innovation Potential Predictor, Oxford.

Pavlou, P./Dimoka, A. (2006), The Nature and Role of Feedback Text Comments in Online Marketplaces: Implications for Trust Building, Price Premiums, and Seller Differentiation, in: Information Systems Research, 17, 4, S. 392-414.

Penrose, E. (1959), The Theory of the Growth of the Firm, New York.

Perretti, F./Negro, G. (2007), Mixing Genres and Matching People: A Study in Innovation and Team Composition in Hollywood, in: Journal of Organizational Behavior, 28, 5, S. 563-586.

Peter, J. (1979), Reliability: A Review of Psychometric Basics and Recent Marketing Practices, in: Journal of Marketing Research, 16, 1, S. 6-17.

Peter, J./Churchill, G. (1986), Relationships among Research Design Choices and Psychometric Properties of Rating Scales: A Meta-Analysis, in: Journal of Marketing Research, 23, 1, S. 1-10.

Peteraf, M. (1993), The Cornerstones of Competitive Advantage: A Resource-Based View, in: Strategic Management Journal, 14, 3, S. 179-191.

Peterson, R. (1994), A Meta-Analysis of Variance Accounted for and Factor Loadings in Exploratory Factor Analysis, in: Marketing Letters, 11, 3, S. 261-275.

Pfeffer, J./Salancik, G. (1978), The External Control of Organizations: A Resource Dependence Perspective, New York.

Pflesser, C. (1999), Marktorientierte Unternehmenskultur. Konzeption und Untersuchung eines Mehrebenennmodells, Wiesbaden.

Picot, A./Dietl, H. (1990), Transaktionskostentheorie, in: Wirtschaftswissenschaftliches Studium, 19, 4, S. 178-184.

Pittaway, L./Robertson, M./Munir, K./Denyer, D./Neely, A. (2004), Networking and Innovation: A Systematic Review of the Evidence, in: International Journal of Management Reviews, 5/6, 3/4, S. 137-168.

Pleschak, F./Sabisch, H. (1996), Innovationsmanagement, Stuttgart.

Podsakoff, P./Organ, D. (1986), Self-Reports in Organizational Research: Problems and Prospects, in: Journal of Management, 12, 4, S. 531-544.

Prabhu, J./Chandy, R./Ellis, M. (2005), The Impact of Acquisitions on Innovation: Poison Pill, Placebo, or Tonic?, in: Journal of Marketing, 69, 1, S. 114-130.

Prajogo, D./Ahmed, P. (2007), The Relationships between Quality, Innovation and Business Performance: An Empirical Study, in: International Journal of Business Performance Management, 9, 4, S. 380-405.

Prescott, J./Kohli, A./Venkatraman, N. (1986), The Market Share - Profitability Relationship: An Empirical Assessment of Major Assertions and Contradictions, in: Strategic Management Journal, 7, 4, S. 377-394.

Priem, R./Butler, J. (2001), Is the Resource-Based "View" a Useful Perspective for Strategic Management Research?, in: Academy of Management Review, 26, 1, S. 22-40.

Prokesch, S. (2009), How GE Teaches Teams to Lead Change, in: Harvard Business Review, 87, 1, S. 99-106.

Rank, J./Pace, V./Frese, M. (2004), Three Avenues for Future Research on Creativity, Innovation, and Initiative, in: Applied Psychology: An International Review, 53, 4, S. 518-528.

Rao, H./Drazin, R. (2002), Overcoming Resource Constraints on Product Innovation by Recruiting Talent from Rivals: A Study of the Mutual Fund Industry, 1986-94, in: Academy of Management Journal, 45, 3, S. 491-507.

Reichart, S./Reichart, M. (2006), Erfolgsfaktor Innovationsprozess bei der Siemens AG, in: Zeitschrift Führung und Organisation, 75, 3, S. 163-175.

Rindfleisch, A./Heide, J. (1997), Transaction Cost Analysis: Past, Present, and Future Applications, in: Journal of Marketing, 61, 4, S. 30-55.

Rindfleisch, A./Moorman, C. (2001), The Acquisition and Utilization of Information in New Product Alliances: A Strength-of-Ties Perspective, in: Journal of Marketing, 65, 2, S. 1-18.

Ring, P./Van de Ven, A. (1994), Developmental Processes of Cooperative Interorganizational Relationships, in: Academy of Management Review, 19, 1, S. 90-118.

Ritter, T./Gemünden, H. (2004), The Impact of a Company's Business Strategy on its Technological Competence, Network Competence and Innovation Success, in: Journal of Business Research, 57, 5, S. 548-557.

Roberts, P./Amit, R. (2003), The Dynamics of Innovative Activity and Competitive Advantage: The Case of Australian Retail Banking, 1981 to 1995, in: Organization Science, 14, 2, S. 107-122.

Roberts, P./Dowling, G. (2002), Corporate Reputation and Sustained Superior Financial Performance, in: Strategic Management Journal, 23, 12, S. 1077-1093.

Rogers, E. (1962), Diffusion of Innovations, New York.

Rogers, E. (2003), Diffusion of Innovations, 5. Auflage, New York.

Rosenthal, R./DiMatteo, M. (2001), Meta-Analysis: Recent Developments in Quantitative Methods for Literature Reviews, in: Annual Review of Psychology, 52, 1, S. 59-111.

Rothaermel, F./Hess, A. (2007), Building Dynamic Capabilities: Innovation Driven by Individual-, Firm-, and Network-Level Effects, in: Organization Science, 18, 6, S. 898-921.

Ruekert, R./Walker, O. (1987), Interactions Between Marketing and R&D Departments in Implementing Different Business Strategies, in: Strategic Management Journal, 8, 3, S. 233-248.

Rust, R./Zaborik, A. (1993), Customer Satisfaction, Customer Retention, and Market Share, in: Journal of Retailing, 69, 2, S. 193-216.

Safizadeh, M./Field, J./Ritzman, L. (2008), Sourcing Practices and Boundaries of the Firm in the Financial Services Industry, in: Strategic Management Journal, 29, 1, S. 79-91.

Salaün, Y./Flores, K. (2001), Information Quality: Meeting the Needs of the Consumer, in: International Journal of Information Management, 21, 1, S. 21-38.

Salomo, S./Steinhoff, F./Trommsdorff, V. (2003), Customer Orientation in Innovation Projects and New Product Development Success - The Moderating Effect of Product Innovativeness, in: International Journal of Technology Management, 26, 5/6, S. 442-463.

Salomo, S./Weise, J./Gemünden, H. (2007), NPD Planning Activities and Innovation Performance: The Mediating Role of Process Management and the Moderating Effect of Product Innovativeness, in: Journal of Product Innovation Management, 24, 4, S. 285-302.

Saltiel, J./Bauder, J./Palakovich, S. (1994), Adoption of Sustainable Agricultural Practices: Diffusion, Farm Structure, and Profitability, in: Rural Sociology, 59, 2, S. 333-349.

Sarvary, M./Parker, P. (1997), Marketing Information: A Competitive Analysis, in: Marketing Science, 16, 1, S. 24-39.

Schmickl, C./Kieser, A. (2008), How Much Do Specialists Have to Learn from Each Other When They Jointly Develop Radical Product Innovations?, in: Research Policy, 37, 6/7, S. 1148-1163.

Schumpeter, J. (1911), Theorie der wirtschaftlichen Entwicklung, München und Leipzig.

Schumpeter, J. (1934), The Theory of Economic Development, Cambridge.

Schwartz, J. (2006), The Five Founding Principles That Drive Innovation, in: The Financial Times, Internetquelle: „http://www.ft.com/cms/s/b8f95c9e-4283-11db-8dc3-0000779e2340.html" [30.01.2007 = Datum der Recherche].

Sethi, R. (2000), New Product Quality and Product Development Teams, in: Journal of Marketing, 64, 2, S. 1-14.

Sethi, R./Smith, D./Park, C. (2001), Cross-Functional Product Development Teams, Creativity, and the Innovativeness of New Consumer Products, in: Journal of Marketing Research, 38, 1, S. 73-85.

Shan, W./Walker, G./Kogut, B. (1994), Interfirm Cooperation and Startup Innovation in the Biotechnology Industry, in: Strategic Management Journal, 15, 5, S. 387-394.

Shannon, C./Weaver, W. (1949), The Mathematical Theory of Communication, Urbana.

Sharma, S./Durand, R./Gur-Arie, O. (1981), The Identification and Analysis of Moderator Variables, in: Journal of Marketing Research, 18, 3, S. 291-300.

Sheremata, W. (2000), Centrifugal and Centripetal Forces in Radical New Product Development Under Time Pressure, in: Academy of Management Review, 25, 2, S. 389-408.

Shipton, H./West, M./Dawson, J./Birdi, K./Patterson, M. (2006), HRM as a Predictor of Innovation, in: Human Resource Management Journal, 16, 1, S. 3-27.

Shortell, S./Zajac, E. (1990), Perceptual and Archival Measures of Miles and Snow's Strategic Types: A Comprehensive Assessment of Reliability and Validity, in: Academy of Management Journal, 33, 4, S. 817-832.

Shu, S./Wong, V./Lee, N. (2005), The Effects of External Linkages on New Product Innovativeness: An Examination of Moderating and Mediating Influences, in: Journal of Strategic Marketing, 13, 3, S. 199-218.

Sinkula, J. (1994), Market Information Processing and Organizational Learning, in: Journal of Marketing, 58, 1, S. 35-45.

Sivadas, E./Dwyer, R. (2000), An Examination of Organizational Factors Influencing New Product Success in Internal and Alliance-Based Processes, in: Journal of Marketing, 64, 1, S. 31-49.

Slater, S./Mohr, J. (2006), Successful Development and Commercialization of Technological Innovation: Insights Based on Strategy Type, in: Journal of Product Innovation Management, 23, 1, S. 26-33.

Slotegraaf, R./Pauwels, K. (2008), The Impact of Brand Equity and Innovation on the Long-Term Effectiveness of Promotions, in: Journal of Marketing Research, 45, 3, S. 293-306.

Smith, K./Collins, C./Clark, K. (2005), Existing Knowledge, Knowledge Creation Capability, and the Rate of New Product Introduction in High-Technology Firms, in: Academy of Management Journal, 48, 2, S. 346-357.

Smith, G./Nagle, T. (1994), Financial Analysis for Profit-Driven Pricing, in: Sloan Management Review, 35, 3, S. 71-84.

Song, M./Thieme, R. (2006), A Cross-National Investigation of the R&D-Marketing Interface in the Product Innovation Process, in: Industrial Marketing Management, 35, 3, S. 308-322.

Sood, A./Tellis, G. (2005), Technological Evolution and Radical Innovation, in: Journal of Marketing, 69, 3, S. 152-168.

Sorescu, A./Chandy, R./Prabhu, J. (2003), Sources and Financial Consequences of Radical Innovation: Insights from Pharmaceuticals, in: Journal of Marketing, 67, 4, S. 82-102.

Sorescu, A./Spanjol, J. (2008), Innovation's Effect on Firm Value and Risk: Insights from Consumer Packaged Goods, in: Journal of Marketing, 72, 2, S. 114-132.

Souder, W./Jenssen, S. (1999), Management Practices Influencing New Product Success and Failure in the United States and Scandinavia: A Cross-Cultural Comparative Study, in: Journal of Product Innovation Management, 16, 2, S. 183-203.

Spence, M. (1973), Job Market Signaling, in: Quarterly Journal of Economics, 87, 3, S. 355-374.

Spence, M. (1976), Informational Aspects of Market Structure: An Introduction, in: Quarterly Journal of Economics, 90, 4, S. 591-597.

Spence, M./Brucks, M. (1997), The Moderating Effects of Problem Characteristics on Experts' and Novices' Judgments, in: Journal of Marketing Research, 34, 2, S. 233-247.

Spender, J. (1996), Making Knowledge the Basis of a Dynamic Theory of the Firm, in: Strategic Management Journal, 17, Special Issue, S. 45-62.

Staw, B. (1981), The Escalation of Commitment to a Course of Action, in: Academy of Management Review, 6, 4, S. 577-587.

Steiger, J. (1989), EzPATH: A Supplementary Module for SYSTAT and SYGRAPH, Evanston.

Steenkamp, J./Baumgartner, H. (1998), Assessing Measurement Invariance in Cross-National Consumer Research, in: Journal of Consumer Research, 25, 1, S. 78-90.

Stiglitz, J. (2000), The Contribution of the Economics of Information to Twentieth Century Economics, in: Quarterly Journal of Economics, 115, 4, S. 1441-1478.

Stiglitz, J. (2002), Information and the Change in the Paradigm in Economics, in: American Economic Review, 92, 3, S. 460-501.

Stock, R. (2003), Teams an der Schnittstelle zwischen Anbieter- und Kunden-Unternehmen, Wiesbaden.

Stock, R. (2005), Erfolgsfaktoren von Teams: Eine Analyse direkter und indirekter Effekte, Zeitschrift für Betriebswirtschaft, 75, 10, S. 971-1004.

Stock, R./Krohmer, H. (2005), Interne Ressourcen als Einflussgrößen des internationalen Markenerfolgs: Ressourcenbasierte Betrachtung und empirische Analyse, Die Unternehmung, 59, 1, S. 79-100.

Stock-Homburg, R. (2007), Der Zusammenhang zwischen Mitarbeiter- und Kundenzufriedenheit. Direkte, indirekte und moderierende Effekte, 3. Auflage, Wiesbaden.

Stock-Homburg, R. (2008), Die Rolle des marktorientierten Personalmanagements im Rahmen der Umsetzung marktorientierter Strategien: Eine empirische Untersuchung, in: Zeitschrift für betriebswirtschaftliche Forschung, 60, 3, S. 124-152.

Stock-Homburg, R./Herrmann, L./Bieling, G. (2009), Erfolgsrelevanz der Personalmanagement-Systeme: Ein Überblick über 17 Jahre empirische Personalforschung, in: Die Unternehmung.

Stoker, J./Looise, J./Fisscher, O./De Jong, R. (2001), Leadership and Innovation: Relations between Leadership, Individual Characteristics and the Functioning of R&D Teams, in: International Journal of Human Resource Management, 12, 7, S. 1141-1151.

Stringer, H. (2005), Sony's Revitalization in the Changing CE World. Howard Stringer's remarks, CEaTEC, Tokyo, October, Internetquelle: „http://www.sony.com/SCa/speeches/051004_stringer.shtml" [20.12.2006 = Datum der Recherche].

Stubner, S./Wulf, T./Hungenberg, H. (2007), Management Support and the Performance of Entrepreneurial Start-Ups - An Empirical Analysis of Newly Founded Companies in Germany, in: Schmalenbach Business Review, 59, 2, S. 138-159.

Subramani, M./Venkatraman, N. (2003), Safeguarding Investments in Asymmetric Interorganizational Relationships: Theory and Evidence, in: Academy of Management Journal, 46, 1, S. 46-62.

Subramaniam, M./Youndt, M. (2005), The Influence of Intellectual Capital on the Types of Innovative Capabilities, in: Academy of Management Journal, 48, 3, S. 450-463.

Sutton, R./Staw, B. (1995), What Theory is Not, in: Administrative Science Quarterly, 40, 3, S. 371-384.

Swait, J./Erdem, T. (2007), Brand Effects on Choice and Choice Set Formation Under Uncertainty, in: Marketing Science, 26, 5, S. 679-697.

Swink, M./Song, M. (2007), Effects of Marketing-Manufacturing Integration on New Product Development Time and Competitive Advantage, in: Journal of Operations Management, 25, 1, S. 203-217.

Szulanski, G. (1996), Exploring Internal Stickiness: Impediments to the Transfer of Best Practice Within the Firm, in: Strategic Management Journal, 17, Special Issue, S. 27-43.

Szymanski, D./Kroff, M./Troy, L. (2007), Innovativeness and New Product Success: Insights from the Cumulative Evidence, in: Journal of the Academy of Marketing Science, 35, 1, S. 35-52.

Talke, K. (2007), How a Corporate Mindset Drives Product Innovativeness, in: Zeitschrift für Betriebswirtschaft, Special Issue 2, S. 47-70.

Tatikonda, M./Montoya-Weiss, M. (2001), Integrating Operations and Marketing Perspectives of Product Innovation: The Influence of Organizational Process Factors and Capabilities on Development Performance, in: Management Science, 47, 1, S. 151-173.

Taylor, J./McAdam, R. (2004), Innovation Adoption and Implementation in Organizations: A Review and Critique, in: Journal of General Management, 30, 1, S. 17-38.

Teece, D./Pisano, G./Shuen, A. (1997), Dynamic Capabilities and Strategic Management, in: Strategic Management Journal, 18, 7, S. 509-533.

Tellis, G./Prabhu, J./Chandy, R. (2009), Radical Innovation Across Nations: The Preeminence of Corporate Culture, in: Journal of Marketing, 73, 1, S. 3-23.

Troy, L./Szymanski, D./Varadarajan, P. (2001), Generating New Product Ideas: An Initial Investigation of the Role of Market Information and Organizational Characteristics, in: Journal of the Academy of Marketing Science, 29, 1, S. 89-102.

Tsoukas, H./Vladimirou, E. (2001), What is Organizational Knowledge?, in: Journal of Management Studies, 38, 7, S. 973-993.

Thornhill, S. (2006), Knowledge, Innovation and Firm Performance in High- and Low-Technology Regimes, in: Journal of Business Venturing, 21, 5, S. 687-703.

Tuominen, M./Rajala, A./Möller, K. (2004), How Does Adaptability Drive Firm Innovativeness?, in: Journal of Business Research, 57, 5, S. 495-506.

Turban, D./Greening, D. (1996), Corporate Social Performance and Organizational Attractiveness to Prospective Employees, in: Academy of Management Journal, 40, 3, S. 658-672.

Utterback, J. (1994), Mastering the Dynamics of Innovation, Boston.

Uzzi, B. (1996), The Sources and Consequences of Embeddedness for the Economic Performance of Organizations: The Network Effect, in: American Sociological Review, 61, 4, S. 674-698.

Van de Ven, A. (1986), Central Problems in the Management of Innovation, in: Management Science, 32, 5, S. 590-607.

Van der Panne, G./Van Beers, C./Kleinknecht, A. (2003), Success and Failure of Innovation: A Literature Review, in: International Journal of Innovation Management, 7, 3, S. 309-339.

Van Wijk, R./Jansen, J./Lyles, M. (2008), Inter- and Intra-Organizational Knowledge Transfer: A Meta-Analytic Review and Assessment of its Antecedents and Consequences, in: Journal of Management Studies, 45, 4, S. 830-853.

Vega-Jurado, J./Gutiérrez-Gracia, A./Fernández-de-Lucio, I./Manjarrés-Henríquez, L. (2008), The Effect of External and Internal Factors on Firms' Product Innovation, in: Research Policy, 37, 4, S. 616-632.

Veldhuizen, E./Hultink, E./Griffin, A. (2006), Modeling Market Information Processing in New Product Development: An Empirical Analysis, in: Journal of Engineering & Technology Management, 23, 4, S. 353-373.

Von Hippel, E. (1988), Sources of Innovation, New York.

Voss, K./Stem, D./Fotopoulos, S. (2000), A Comment on the Relationship Between Coefficient Alpha and Scale Characteristics, in: Marketing Letters, 11, 2, S. 177-191.

Wadhwa, A./Kotha, S. (2006), Knowledge Creation Through External Venturing: Evidence from the Telecommunications Equipment Manufacturing Industry, in: Academy of Management Journal, 49, 4, S. 819-835.

Wang, C./Ahmed, P. (2007), Dynamic Capabilities: A Review and Research Agenda, in: International Journal of Management Reviews, 9, 1, S. 31-51.

Warschat, J./Spath, D./Ohlhausen, P. (2006), Innovationen sind die Vorraussetzungen für Wachstum, in: Industrie Management, 22, 5, S. 51-54.

Weiber, R./Adler, J. (1995), Informationsökonomisch begründete Typologisierung von Kaufprozessen, in: Zeitschrift für betriebswirtschaftliche Forschung, 47, 1, S. 43-65.

Weick, K. (1995), What Theory Is Not, Theorizing Is, in: Administrative Science Quarterly, 40, 3, S. 385-390.

Weiner, N. (1949), Cybernetics, New York.

Weinstein, M./Obloj, K. (2002), Strategic and Environmental Determinants of HRM Innovations in Post-Socialist Poland, in: International Journal of Human Resource Management, 13, 4, S. 642-659.

Wejnert, B. (2002), Integrating Models of Diffusion of Innovations: A Conceptual Framework, in: Annual Review of Sociology, 28, 1, S. 297-326.

Wernerfelt, B. (1984), A Resource-Based View of the Firm, in: Strategic Management Journal, 5, 2, S. 171-180.

West, M. (1987), Role Innovation in the World of Work, British Journal of Social Psychology, 26, 4, S. 305-315.

West, M. (2002), Sparkling Fountains or Stagnant Ponds: An Integrative Model of Creativity and Innovation Implementation in Work Groups, in: Applied Psychology: An International Review, 51, 3, S. 355-387.

Westerman, G./McFarlan, F./Iansiti, M. (2006), Organization Design and Effectiveness over the Innovation Life Cycle, in: Organization Science, 17, 2, S. 230-238.

White, H./Boorman, S./Breiger, R. (1976), Social Structure from Multiple Networks: I Blockmodels of Roles and Positions, in: American Journal of Sociology, 81, 6, S. 730-780.

White, S./Lui, S. (2005), Distinguishing Costs of Cooperation and Control in Alliances, in: Strategic Management Journal, 26, 10, S. 913-932.

Winter, S. (1986), The Research Program of the Behavioral Theory of the Firm: Orthodox Critique and Evolutionary Perspective, in: Gilad, B./Kaish, S. (Hrsg.), Handbook of Behavioral Economics, Greenwich, S. 151-188.

Williamson, O. (1975), Markets and Hierarchies: Analysis and Antitrust Implications, New York.

Williamson, O. (1979), Transaction-Cost Economics: The Governance of Contractual Relations, in: Journal of Law & Economics, 22, 2, S. 233-261.

Williamson, O. (1981), The Economics of Organizations: The Transaction Cost Approach, in: American Journal of Sociology, 87, 3, S. 548-577.

Williamson, O. (1985), The Economic Institutions of Capitalism: Firms, Markets, Relational Contracting, New York.

Williamson, O. (1990), Die ökonomischen Institutionen des Kapitalismus: Unternehmen, Märkte, Kooperationen, Tübingen.

Williamson, O. (1991a), Comparative Economic Organization: The Analysis of Discrete Structural Alternatives, in: Administrative Science Quarterly, 36, 2, S. 269-296.

Williamson, O. (1991b), Strategizing, Economizing, and Economic Organization, in: Strategic Management Journal, 12, Special Issue, S. 75-94.

Williamson, O. (1996), Transaktionskostenökonomik, 2. Auflage, Hamburg.

Williamson, O. (1998), Transaction Cost Economics: How it Works: Where it is Headed, in: De Economist, 146, 1, S. 23-59.

Williamson, O. (1999), Strategy Research: Governance and Competence Perspectives, in: Strategic Management Journal, 20, 12, S. 1087-1108.

Williamson, O. (2005), The Economics of Governance, in: American Economic Review, 95, 2, S. 1-18.

Wolfe, R. (1995), Human Resource Management Innovations: Determinants of Their Adoption and Implementation, in: Human Resource Management, 34, 2, S. 313-327.

Wong, A./Tjosvold, D./Su, F. (2007), Social Face for Innovation in Strategic Alliances in China: The Mediating Roles of Resource Exchange and Reflexivity, in: Journal of Organizational Behavior, 28, 8, S. 961-978.

Wolter, C./Veloso, F. (2008), The Effects of Innovation on Vertical Structure: Perspectives on Transaction Costs and Competences, in: Academy of Management Review, 33, 3, S. 586-605.

Wood, S./Moreau, C. (2006), From Fear to Loathing? How Emotion Influences the Evaluation and Early Use of Innovations, in: Journal of Marketing, 70, 3, S. 44-57.

Yadav, M./Prabhu, J./Chandy, R. (2007), Managing the Future: CEO Attention and Innovation Outcomes, in: Journal of Marketing, 71, 4, S. 84-101.

Yalcinkaya, G./Calantone, R./Griffith, D. (2007), An Examination of Exploration and Exploitation Capabilities: Implications for Product Innovation and Market Performance, in: Journal of International Marketing, 15, 4, S. 63-93.

Yli-Renko, H./Autio, E./Sapienza, H. (2001), Social Capital, Knowledge Acquisition, and Knowledge Exploitation in Young Technology-Based Firms, in: Strategic Management Journal, 22, 6/7, S. 587-614.

Young, G./Charns, M./Heeren, T. (2004), Product-Line Management in Professional Organizations: An Empirical Test of Competing Theoretical Perspectives, in: Academy of Management Journal, 47, 5, S. 723-734.

Zahra, S./Nielsen, A. (2002), Sources of Capabilities, Integration and Technology Commercialization, in: Strategic Management Journal, 23, 5, S. 377-398.

Zhou, K./Yim, C./Tse, D. (2005), The Effects of Strategic Orientations on Technology- and Market-Based Breakthrough Innovations, in: Journal of Marketing, 69, 2, S. 42-60.

MIX
Papier aus verantwortungsvollen Quellen
Paper from responsible sources
FSC® C105338

If you have any concerns about our products,
you can contact us on
ProductSafety@springernature.com

In case Publisher is established outside the EU,
the EU authorized representative is:
Springer Nature Customer Service Center GmbH
Europaplatz 3, 69115 Heidelberg, Germany

Printed by Libri Plureos GmbH
in Hamburg, Germany